광복 후 독도와 언론보도 Ⅰ

1948년 독도폭격사건

일러두기

- 이 책은 2018년도 동북아역사재단 기획연구 수행 결과물이다(NAHF-2018-현안연구 25).
- 이 책의 언론보도 기사는 원문 기사를 다음과 같이 교정하였다.
  - 기사의 내용은 띄어쓰기, 외래어 표기 등 현대의 한글 맞춤법에 따라 교정하였다.
  - 한자는 한글로 바꾸고, 성명 등 고유명사나 한글만으로 이해가 곤란한 글자는 한글(한자)로 병기하였다.
  - 기사 중 '죽도', '일본해' 표기는 '죽도(독도)', '일본해(동해)'로 수정 표기하였다.
  - 신문의 인쇄 상태가 좋지 않아 알아볼 수 없는 글자는 '□'로 표시하였다.
- 2편 〈목록〉에서 내용이 중복되는 기사는 하나의 대표 기사만 수록하고 나머지는 각주에 출처를 표기하였다.

동북아역사 자료총서 60

광복 후 독도와 언론보도 I

1948년 독도폭격사건

홍성근 편

동북아역사재단
NORTHEAST ASIAN HISTORY FOUNDATION

촬영: 최계복, 소장: 타임캡슐박물관

사진작가 최계복 씨가 촬영한 1950년 6월 8일 독도의 모습이다. 1948년 독도폭격사건 2주기를 맞아 독도 현지에서 독도조난어민위령비 제막식과 위령제가 열렸다. 경상북도 지사(조재천)를 비롯한 일행 70여 명이 해군 함정 등을 타고 8일 새벽 울릉도를 출발하여 독도로 향했다. 그들은 8시간의 항해 끝에 오후 1시 독도에 도착하였다.

*참조: 『국도신문』, 1950년 6월 13일, 2면

"원혼 길이 이 섬 지키시라, 독도 조난 어민 위령제 참관기,

갈매기 날아드는 천애의 고도, 땅 치며 우짖는 유족 모습 처량"

촬영: 최계복, 소장: 타임캡슐박물관

1950년 6월 8일 오후 3시 독도의 동도 몽돌해변에서 독도조난어민위령비 제막식이 거행되었다. 이 자리에는 독도폭격사건으로 희생된 어민들의 유가족과 생환자를 비롯하여 경상북도 지사, 포항 해군경비부 사령관, 울릉도 주민 등 중앙과 지방의 관민이 참석하였다. 국민의례가 끝난 다음 위령비를 엄숙히 제막하였다.

*참조: 『연합신문』, 1950년 6월 8일, 2면

"오늘 독도사건 2주년, 고혼들의 명복을 빌며, 현지서 위령비 제막식 거행"

촬영: 최계복, 소장: 타임캡슐박물관

독도조난어민위령비 제막식 후에 위령제를 거행하였다. 조재천 지사가 제문을 낭독하고 있다. 그의 애절한 제문은 이렇게 마무리된다. "아울러 피세(彼世)의 안락을 기원하노니 영령들이여 강복하시고 조국 강토의 동부(東部)를 수호하소서."

*참조: 『한성일보』, 1950년 6월 9일, 2면

"[제문] 조 경북지사, 아! 청천의 벽력! 평화를 깨트린 오인 폭격, 원혼이여, 고이 잠드시라"

촬영: 최계복, 소장: 타임캡슐박물관

1948년 독도폭격사건 희생자들을 위한 위령제의 마지막 순서로 유가족의 분향에 이어 해군 장병들이 조포(弔砲)를 쏘고 있다. 해군 장병들의 조포 소리는 제막식과 위령제가 국가의식으로 치러졌다는 것과 독도가 우리의 영토라는 것을 재천명하고 민족애를 용솟음치게 하였다.

*참조: 『경제신문』, 1950년 6월 11일, 2면

"통분한 회상 독도! 망령이여 수호신 되라"

책머리에

이 책은 『광복 후 독도와 언론보도』의 첫 번째 자료총서로 1948년 독도폭격사건에 관한 언론보도를 정리한 것이다.

1948년 6월 8일 독도에서 일어난 폭격사건은 광복 직후 독도에 관한 최대의 사건이었다. 이 사건은 독도가 우리 삶의 터전이라는 것을 실증적으로 보여준 사건이기도 했다. 지금 우리에게는 언제 그런 일이 있었냐는 듯 낯설기도 하다. 하지만 피해자들의 유족과 독도에 있는 독도조난어민위령비는 여전히 그날의 아픔을 고스란히 기억하고 있다.

그날의 상황을 생생히 기억하고 있는 것이 또 하나 있다. 기록이다. 그중에서도 1948년 사건 당시 언론보도다. 1948년 6월 11일 독도폭격사건에 대한 첫 언론보도가 있고 나서 1950년 6월 8일 독도조난어민위령비가 독도에 건립되기까지 최소 530여 건의 독도폭격사건과 관련된 기사가 국내외 신문에 게재되었다. 그 언론보도는 독도폭격사건의 발생과 인지, 당국의 사건 처리 과정, 각계각층의 반응 등을 생생하게 전해주고 있다.

이 책은 1948년 독도폭격사건 발생 후 1950년 독도조난어민위령비가 세워지기까지 국내외 신문과 잡지, 해외통신에 실린 기록을 정리한 것으로, 사건 관련 언론보도에 대한 〈개설〉(1편)과 〈자료〉(2편), 〈목록〉(3편) 크게 세 부분으로 구성되어 있다.

1편 〈개설〉에서는 2편 〈자료〉에 수록된 언론보도를 기초로 1948년 독도폭격사건에 대한 내용을 정리하였다. 언론보도는 사건의 발생과 처리 과정을 비롯하여 여전히 의문점으로 남아있는 독도폭격사건의 진상을 규명하는 데 많은 도움을 준다. 〈개설〉의 내용은 사건의 진상과 사건의 흐름을 전체적으로 파악할 수 있도록 기사를 시간순으로 구분하여 정리하였다. 그리고 관련 기사 내용을 확인할 수 있도록 이 책에 수록된 기사 위주로 그 출처를 각주에 표시하였다.

2편 〈자료〉에서는 1948년 6월~1950년 6월까지 독도폭격사건에 관한 주요 언론보도 기사를 정리하여 실었다. 기사는 내용에 따라 시간대별로 구분하였다. 내용이 중복되는 기사도 많이 있어 대표적인 기사만 수록하고 관련 기사는 각주에 그 출처를 표시하였다. 또한 기사와 관련된 참고자료(국회 속기록, 보도자료, 전문)도 기사 다음에 게재하여 기사에 대한 이해를 돕고자 했다.

마지막으로 3편 〈목록〉에서는 1948년 독도폭격사건과 관련된 전체 기사를 확인할 수 있도록 이 책에 수록된 기사를 포함하여 언론보도 전체 목록을 수록하였다. 국립중앙도서관의 고신문 검색 사이트를 비롯하여 『경향신문』, 『매일신문』(구 『남선경제신문』), 『동아일보』, 『조선일보』 등에서 운영하는 각종 데이터베이스를 통해 확인할 수 있는 기사뿐만 아니라 신문자료가 아예 멸실되어 미국 측 문서에서만 확인 가능한 기사도 함께 수록하였다. 후자의 경우, 해당 기사만 확인이 가능하여 기사가 어느 면에 있는지는 표시하지 못했다.

책의 앞부분에는 1950년 독도조난어민위령비 제막식 및 위령제 때 사진작가 최계복 님이 찍은 사진을 수록하였다. 이 사진들은 당시 행사 후 특별히 제작된 「울릉도 도민 위문·독도 위령비 건립 기념 사진첩」(타임캡슐박물관 소장)에 수록된 것으로 위령비 제막식 당시의 상황을 생생하게 보여준다.

이 책에서 한 가지 주의할 점이 있다. 1948년과 1950년 신문 기사의 경우 띄어쓰기, 외래어 표기 등 한글 맞춤법이 지금과 다른 부분이 많고 신문의 인쇄 상태도 좋지 않아서 오탈자도 많다. 그래서 읽는 이들이 기사를 보다 쉽게 읽고 이해할 수 있도록 원문의 내용을 벗어나지 않는 범위에서 현대 한글 맞춤법에 맞게 교정하였다.

끝으로 이 책이 1948년 독도폭격사건에 관한 진상을 밝히 드러내고 함께 그날의 기억들을 공유하며, 나아가 독도가 우리 민족의 삶의 터전이었다는 것을 되새기는 데 보탬이 되었으면 좋겠다.

2020년 12월

동북아역사재단 연구위원

홍성근 씀

차례

5 1948년 6월 17일

국내 각 정당 및 사회단체의 성명 발표, 주한미군사령관 하지 중장의 성명 발표

6 1948년 6월 18일

미 극동공군사령부의 조사 결과 발표

7 1948년 6월 19일
뉴욕타임스 사설 보도, 국내 각 정당 및 사회단체의 성명

8 1948년 6월 20일 ~ 22일
주한미군 소청위원회 구성

6월 20일

15 1948년 7월 23일 ~ 31일

울릉도 관내 피해 배상 현황, 국내 각 사회단체의 반응

16 1948년 8월 3일 ~ 7일

위문단의 울릉도 현지 방문, 독도사건 현지 좌담회

I편

〈개설〉

언론보도를 통해 본 1948년 독도폭격사건의 진상

홍성근

Ⅰ. 머리말

1948년 독도폭격사건이 일어난 지 70여 년이 지났다. 독도폭격사건을 둘러싼 의문점들은 여전히 해소되지 않고 있다. 사망자와 부상자 등 인명 피해와 선박 피해가 얼마나 되었는지? 인명과 선박에 대한 피해 배상은 제대로 이루어졌는지? 비행기의 기관총 사격은 과연 없었는지? 비행기가 폭탄을 투하할 때 선박을 바위로 오인할 정도의 상황이었는지? 폭격 전과 후 독도 상공을 비행한 정찰기는 독도에 있는 사람들을 발견하지 못하였는지? 폭격에 가담한 비행기가 사람들을 인지했다면 왜 적절한 조치를 취하지 않았는지? 사건 후 비행기 조종사 등 사건 관련자들은 처벌을 받았는지 등 많은 의문점들이 있다.

1948년 독도폭격사건 직후 주한미군인 제24군단 사령부에서는 사건 관련 특별조사단을 독도 현지에 파견하고 소청위원회도 조직하여 피해 배상금을 지급하였다. 이들 조사단의 활동 내용은 당시 언론보도를 통해 간략히 소개되었지만, 조사보고서는 아직까지 발굴되지 않고 있다. 사건에 관한 공적 기록으로는 1948년 국회 회의록과 그에 수록된 경찰보고서, 1950년 독도조난어민위령비 및 관련 문서, 그리고 「1951년과 1952년 경상북도 보고서」[1] 등이 있지만 사건의 진상을 파악하는 데는 한계가 있다. 그런데 이러한 한계들을 조금이나 극복할 수 있도록 하는 것이 당시의 언론보도다.

1948년 6월 8일 독도에서 폭격사건이 일어났을 때, 울릉도에는 울릉도 현황을 시찰하기 위해 서울 등지에서 온 각 신문 및 통신사 기자들이 있었다.[2] 기자들은 독도에서 살아 돌아온 이들을 만나 인터뷰를 하고 울릉도 현지에서 보고 들은 바를 기사로 작성하였다. 그들은

---

1 경상북도 지사가 내무부 장관에게 보낸 문서(1951. 9. 1.), 「독도(죽도)에 관한 조사의 건(對 4284년 8월 31일 무전통첩)」(이하 「1951년 경상북도 보고서」); 경상북도 지사가 외무부 장관에게 보낸 문서(1952. 9. 24.), 「독도 연해 조난사건 전말 보고의 건(外情 제1318호, 4285. 9. 5일자)」(이하 「1952년 경상북도 보고서」)(국가기록원 소장 자료).

2 『한성일보』, 1948년 6월 15일, 2면, "울릉도 답사 소기(상), 수산물 연 2억원, 축항 완성 도민들 갈망"; 『한성일보』, 1948년 6월 16일, 2면, "울릉도 답사 소기(하), 2면 3교제(校制) 실시, 북면 수원지에 기대 다(多)"; 한규호, "독도사건 현지보고: 참극의 독도," 『신천지』, 제3권 제6호(1948년 7월), 97쪽 참조.

'울릉도 특파원'으로 소식을 전하였다.[3] 독도폭격사건 소식은 그들로 인해 삽시간에 울릉도 밖으로 알려지게 되었다.

첫 번째 기사가 사건 후 3일 뒤인 1948년 6월 11일 『조선일보』에 게재되었다. 6월 12일에는 『조선일보』를 비롯하여 『경향신문』, 『남선경제신문』, 『남조선민보』, 『대동신문』, 『대한일보』, 『동아일보』, 『민주일보』, 『부인신보』, 『서울신문』, 『수산경제신문』, 『자유신문』, 『조선중앙일보』, 『평화일보』, 『한성일보』 등에서 이 소식을 일제히 전하였다. 그날 후에도 많은 신문들이 이 사건을 보도하였는데, 『강원일보』, 『공업신문』, 『군산신문』, 『남선신문』, 『대구시보』, 『대중일보』, 『동광신문』, 『부산신문』, 『영남일보』, 『평화일보』, 『현대일보』, 『호남신문』 등이었다.

주한미군 당국과 미국 언론도 국내 언론보도를 통해 독도폭격사건을 접하게 되었다. UP와 로이터(Reuters) 등 해외 통신사들도 6월 11일자로 독도폭격사건 소식을 미국 현지로 타전하였다. 그 소식을 접한 『샌프란시스코 크로니클(San Francisco Chronicle)』에서 미국 현지 시간으로 6월 11일과 12일 독도폭격사건에 관한 기사를 게재하였다. 6월 13일에는 『뉴욕타임스(New York Times)』와 『워싱턴포스트(Washington Post)』, 그리고 미 국방부 기관지인 『성조지(星條紙: Stars and Stripes)』에서도 독도폭격사건에 관한 기사를 게재하였다.

일본 언론에서는 이 사건을 어떻게 보도했을까? 너무도 조용하였다. 『아사히신문(朝日新聞)』, 『요미우리신문(読売新聞)』, 『마이니치신문(毎日新聞)』 등에서 1948년 독도폭격사건에 관한 기사를 검색해 보았으나 찾을 수 없었고 다만 영자 신문인 『니폰타임스(Nippon Times)』의 6월 19일자 기사에서만 볼 수 있었다.[4] 여기에는 미국 소청위원회가 '6월 8일 울릉도의 한국 어선 폭격으로 발생한 피해에 대해 배상금을 결정하고 지급하기 위해 한국 동해안으로 파견되었다'는 내용이 게재되어 있다. 이 기사에는 '독도'라는 지명은 쓰지 않고 대신 '울릉도'란 지명을 사용하고 있다.

---

3 그때 울릉도에서 '울릉도 특파원'으로 소식을 전한 이들은 이 사건을 제일 먼저 보도한 『조선일보』 윤고종(尹鼓種) 기자를 비롯하여, 『경향신문』 박흥섭(朴興燮), 『남선경제신문』 윤우현(尹禹鉉), 『대동신문』 이경기(李慶圻), 합동(『남선신문』, 『대한일보』, 『부인신보』, 『수산경제신문』) 유재명(柳在明), 『자유신문』 노석찬(盧錫瓚), 『한성일보』 이해창(李海暢)과 『서울신문』(월간 『신천지』) 한규호(韓奎浩), 월간 『민성(民聲)』의 조춘정(趙春汀) 기자 등이 있었던 것으로 보인다.

4 *Nippon Times*, June 19, 1948, "To Fix Reparations, Claims Board to Probe Losses Caused by Bombing".

통일부 북한자료센터에서 소장하고 있는 북한 신문 중에도 독도폭격사건에 관한 기사가 있는지 찾아보았다. 1948년 신문 자료가 없어 확인할 수는 없었지만, 1952년 북한의 『노동신문』에 1948년 독도폭격사건을 언급한 기사가 있었다.[5] 즉 1952년 9월 독도에서 폭격사건이 있었다는 소식을 전하면서 1948년 6월 8일에도 독도에서 폭격사건이 있었다며 당시 미군의 행위를 비난하는 내용이다.

1948년 독도폭격사건에 관한 기사는 6월 11일 첫 기사가 나온 이후 7월까지 집중적으로 다루어졌는데 그 2개월간 보도된 기사가 최소 480여 건 이상이었다.[6] 좌·우익의 정치적 성향을 불문하고 거의 모든 신문들이 이 사건을 다루었다. 미군 당국에서도 국내 신문의 독도사건 관련 기사를 모니터링하며 주요 기사를 영문으로 번역하는 등 여론의 추이를 자세히 살폈다.

당시 언론보도를 보면, 기자들이 울릉도에 머물며 생존자들과 인터뷰를 하고, 사건 직후 독도에 파견된 구조대원들로부터 정보를 얻는 등 사건 직후 보고 들은 상황들을 고스란히 전하고 있다. 그리고 당시 한국을 통치했던 미군정 당국과 미 극동공군사령부에서 조사하고 발표한 내용도 언론보도를 통해 접할 수 있다. 뿐만 아니라 각 신문에서는 독도폭격사건에 대한 정당, 사회단체 등 각계각층의 반응도 소개하고 있다. 당시의 언론보도는 독도폭격사건에 대한 또 하나의 실증적 자료로서 독도폭격사건의 진상을 규명하는 데 도움이 될 것이다.

1948년 6월 8일 독도폭격사건이 있은 후 1950년 6월 8일 독도 현지에 '독도조난어민위령비'를 세우기까지 최소 530여 건의 국내외 언론보도가 있었다. 그 기사들을 보면 독도폭격사건이 어떤 과정을 거치면서 처리되었는지를 잘 볼 수 있다. 그 내용을 정리하면 〈표 1〉에서 보는 바와 같다.[7]

---

5 그 기사 중 1948년 독도폭격사건과 관련된 내용을 보면 다음과 같다. "1948년 6월 8일, 미 극동항공대 소속 4발 폭격기 9대가 독도 근해에서 (정기적 어로)에 종사하던 15척의 조선인 어선을 목표로 수차이 걸쳐 폭격과 기총 사격을 감행하여 11척의 어선을 격침하고 30여 명을 참살하였다. 이에 주한 야수들은 조선 인민의 산 목숨을 '목표'로 하고 처참히 흘린 피를 보고 무상의 쾌감을 느끼고 있다. 이러한 귀축 행위의 재판이 오늘 또 다시 벌어진 것은 절대로 우연한 일이 아니다. 당시 미 군정청 공보처는 자기의 특별 성명서에서 "…… 조사가 완료된 후에 배상을 지불하는 것이 정당하다고 판명되면 ……" '배상'을 '지불'하겠다고 하였다. 놈들은 자기들의 '군사 훈련'의 목표로 된 조선 인민의 고귀한 생명에 대하여 '배상'을 지불하면 그만이라는 것이다." 『노동신문』, 1952년 11월 9일, "독도 어민들을 또 다시 폭격, 미제 날강도들의 야수성".

6 전체 기사 수에는 같은 날 같은 지면에 게재된 다른 제목의 기사도 별개로 계수하였다.

7 상세한 기사 제목은 이 책 제3편 〈목록〉의 '1948년 독도폭격사건 관련 언론보도 기사 전체 목록' 참조.

<표 1> 독도폭격사건 관련 주요 언론보도 내용

연번	보도 일자	주요 기사 내용	기사 건수*		
			국내	잡지	해외
	1948년				
1	6월 11일(금) ~12일(토)	독도폭격사건 발생 알림 생존자 목격담	24		4
2	6월 13일(일)	생존자 목격담	12		5
3	6월 14일(월) ~15일(화)	미군 특별조사단, 독도 현지 파견	38		2
4	6월 16일(수)	국회 제11차 본회의에서 독도사건 대책 논의 미 극동공군사령부 조사 발표: 미군 책임 미정 국내 정당 사회단체 성명	45		3
5	6월 17일(목)	하지 중장 성명 발표 백범 김구 담화 발표	33		3
6	6월 18일(금)	미 극동공군사령부 조사 결과 발표: 미군 비행기 폭격 연습 사실 확인	28		
7	6월 19일(토)	『뉴욕타임스』 사설 소개: 신속 해결 촉구	37		1
8	6월 20일(일)	미군 소청위원회 조직 및 피해자 유족 거주지 등에 파견	36		1
9	6월 22일(화) ~25일(금)	하지 중장, 일본 맥아더 장군 방문 폭격 연습 중지	25		1
11	6월 26일(토) ~29일(화)	미군 소청위원회, 6월 말 조사 완료 예정 조난 동포 위문금품 모집	29		
12	6월 30일(수)	독도사건 조사 완료 피해 배상 개시	15		
13	7월 1일(토) ~4일(일)	조사 결과 발표 요구 딘 군정장관 기자회견 발언	26	1	
14	7월 6일(화) ~9일(금)	미군 비행사 군법회의 회부 보도 딘 군정장관 기자회견 발언	42		
15	7월 10일(토) ~15일(목)	각 정당 사회단체 성명 발표 수산업회 위문사절 현지 파견	33		
16	7월 16일(금) ~21일(목)	피해 배상금 지급(죽변) 및 비판 여론	26		
17	7월 22일(금) ~8월 7일(토)	피해 배상금 지급(울릉) 및 비판 여론 위령제 개최, 현지 좌담회	20	1	

연번	보도 일자	주요 기사 내용	기사 건수*		
			국내	잡지	해외
18	8월 31일(화) ~12월 31일(금)	피해 배상금 지급(묵호) 및 비판 여론	16		
	1950년				
19	6월 4일(일) ~13일(금)	독도조난어민위령비 건립 및 위령제 개최 (6월 8일)	29		
합계			514	2	20

* 같은 날 같은 지면에 게재된 다른 제목의 기사도 별개로 계수함.

1948년 독도폭격사건의 발생과 그 처리 경과는 미군 당국의 사건 처리와 그에 대한 반응 등을 기준으로 고려하면 다음과 같이 4개 항목으로 나누어볼 수 있다. 즉 ① 사건의 발생과 인지(1948년 6월 8일 ~ 6월 12일), ② 사건 진상 조사와 결과 발표(6월 13일 ~ 6월 18일), ③ 사건 피해 배상과 각 단체의 반응(6월 19일 ~ 7월 22일), ④ 사건 피해자들을 위한 위문 및 위령비 건립(1948년 7월 23일 ~ 1950년 6월 8일) 등이다.

위와 같은 구분을 기준으로 당시 국내외 언론에서 독도폭격사건이 어떻게 다루어졌는지, 그리고 독도폭격사건의 진상과 관련하여 제기되는 의문점들에 대해 어떠한 답을 주고 있는지 살펴보고자 한다.

II. 독도폭격사건의 발생과 인지

1. 사건의 발생

1948년 6월 8일 정오쯤 독도에서 폭격사건이 일어났다. 이 폭격으로 십수 명의 사람들이 사망하고 또 다쳤으며, 다수의 어선이 침몰 또는 파손되었다. 살아남은 사람들은 파손되지 않은 배를 이용하고, 또 마침 독도로 조업 나온 배를 타고 가까운 울릉도로 피하였다. 일부 생존자들(9명)이 울릉도에 도착한 것은 사건이 일어나고 하루가 지난 6월 9일 새벽 2시경이었다. 생존자들은 즉시 울릉도 어업조합 관계자들에게 연락을 했고, 조합 관계자들은 경찰서와 구조단에 연락하여 신속히 구조에 필요한 조치를 취하였다. 당시 울릉도에는 어선 조난 사고 등에 대비한 구조단이 조직되어 있었다. 그 구조단의 일원으로 참가한 이들은 사건 후 그때의 일을 회상하며 다음과 같이 증언하였다.[8]

▲ 김병규(울릉도 어업조합 이사): 9일 새벽 2시 넘어서 생환한 9명을 통해서 조난을 알고 야밤에 급히 서(署)와 구조단에 연락해서 급속히 구조에 출동할 주선을 했습니다.

▲ 김삼환(구조단 도동 분단장): 내가 도동 분단장이 되어 있으므로 어조(漁組)에서 9일 새벽에 연락을 해주셔서 조난 사건을 알고 즉시 구조에 출동한다고 애썼으나 때마침 파동(波動)이 심하고 위험하므로 파도가 잠잠하기를 기다려 9일 아침 일찍이 떠나 독도에 가서 사체 하나만[9] 찾고 돌아왔습니다. 2차로 10일날 나갔는데 비가 오고 해서 섬을 못 찾고 돌아왔습니다.

---

8 『남선경제신문』, 1948년 8월 6일, 2면, "독도사건 현지 좌담회(2)".

9 시신 1구만 찾았다고 했으나, 당시 기사를 보면 2구를 수습하였다. 『남조선민보』, 1948년 6월 13일, 2면, "기의 표식도 본체만체, 고의로 기총으로 맹사, 김태홍 씨의 생환담, 울릉도 사변 속보".

구조단은 소식을 접한 즉시 독도로 출발하고자 했으나, 파도가 심하여 잠잠하기를 기다려 9일 아침 일찍 독도로 출발하였다.[10] 그들은 2척의 구조선에 나누어 타고 독도로 갔다. 구조선은 만 하루가 지나서 사망자의 시신 2구를 싣고 울릉도로 돌아왔다. 강원도에서 온 김중선 씨와 울릉도 저동마을에 살던 최덕식 씨의 시신이었다.[11]

당시 울릉도에는 시찰차 서울 등지에서 온 기자들이 체류하고 있었다.[12] 기자들은 생존자들을 만나 그들이 보고 들은 바를 기사로 작성하였다. 사건 발생 3일 만인 6월 11일 첫 언론보도가 나왔다. 『조선일보』 윤고종 기자가 쓴 "국적 불명의 비기(飛機)가 투탄 기총소사, 독도서 어선 파괴, 16명이 즉사"라는 제목의 기사였다. 이 기사는 다음 날(12일) 기사에 사망자가 14명이라고 한 것과는 약간의 차이가 있었지만 독도폭격사건을 알리는 신호탄과도 같았다.

6월 10일 울릉도 당국에서 파악한 인원 피해현황은 행방불명자를 프함하여 사망자가 14명이고, 부상자는 중상자 3명을 포함하여 10명라고 했다. 그리고 선박 피해는 발동선과 전마선 등 11척이 침몰하여 손해액이 5백만원에 달한다고 했다. 그에 관한 기사가 1948년 6월 12일과 13일 신문에 일제히 보도되었다.[13]

6월 10일 울릉도 당국에서는 상급 기관인 경상북도 당국에 긴급으로 전보를 보내어 폭격

---

10 신문 기사에는 구조선이 출발한 시간이 6월 9일 저녁, 또는 저녁 7시경이나 9시경으로 되어 있는데, 구조단 일원이 증언한 대로 6월 9일 아침 일찍 출발한 것으로 보인다. 이는 당시 울릉도와 독도간 뱃길이 약 8시간임을 고려하고, 생존자들이 폭격 직후 울릉도로 피난하여 6월 9일 새벽 2시경에 울릉도에 도착하여 구조 요청을 했다고 생각되기 때문이다. 『조선일보』, 1948년 6월 11일, 2면, "국적 불명의 비기가 투탄 기총소사, 독도서 어선 파괴, 16명이 즉사"; 『경향신문』, 1948년 6월 16일, 2면, "독도폭격사건 진상 이렇다, 폭격·정찰·기총소사, 원주 내에 성표 있는 4발동기로 확인, 이 책임을 누가 지나 민족의 울분만 격동"; 『조선중앙일보』, 1948년 6월 29일, 2면, "조사 결과 주목! 제3조사대가 최종, 독도사건".

11 사건 초기 언론에는 김중선이 김준선, 김중순 또는 김준광, 그리고 최덕식이 최태식으로 소개되었으나, 나중에는 김중선, 최덕식으로 사망자의 이름이 수정되었다. 그래서 이 글에서도 실제 사망한 사람의 본명대로 김중선, 최덕식이라고 했다.

12 기자들이 언제 울릉도에 도착했는지 알 수 없으나, 당시 기사를 볼 때 6월 10일 울릉도에 도착한 이들도 있고 또 6월 10일 울릉도에서 떠난 이들도 있었던 것으로 보인다. 『한성일보』, 1948년 6월 15일, 2면, "울릉도 답사 소기(상), 수산물 연 2억원, 축항 완성 도민들 갈망"; 『경향신문』, 1948년 6월 16일, 2면, "독도폭격사건 진상 이렇다, 폭격·정찰·기총소사, 원주 내에 성표 있는 4발동기로 확인, 이 책임을 누가 지나 민족의 울분만 격동".

13 『남선경제신문』, 1948년 6월 12일, 2면, "어선 11척도 침몰!"; 『서울신문』, 1948년 6월 12일. 2면, "동해에 살인 비기 출현, 어선을 폭격, 11척 침몰, 9명 사망"; 『수산경제신문』, 1948년 6월 12일, 2면, "출어 중의 어선을 폭격, 독도서 어선 11척 침몰, 사상 20여명"; 『자유신문』, 1948년 6월 12일, 2면, "비기군 어선 폭격, 사상·어선 11척 침몰, 독도의 참사"; 『조선일보』, 1948년 6월 12일, 2면, "민심에 큰 충격. 어선 침몰만 23척, 사상 24명, 독도 폭격 현지 속보"; 『남조선민보』, 1948년 6월 13일, 2면, "기의 표식도 본체만체, 고의로 기총으로 맹사, 김터홍 씨의 생환담, 울릉도 사변 속보".

<표 2> 1948년 6월 8일~12일 기간 중 사건 내용

일자	내용	비고 (보도 일자 등)
6월 8일(화)	독도폭격사건 발생	6월 11~12일 보도
6월 9일(수)	생존자 울릉도 귀환 제1차 구조선(2척) 파견	6월 12일 보도
6월 10일(목)	울릉도에서 경상북도 당국으로 긴급 전보	6월 12일 보도
	울릉경찰서장, 피해 현황 발표	6월 12일~15일 보도
	제1차 구조선 귀환	6월 15일 보도
	제2차 구조선 파견	6월 29일, 8월 6일 보도
6월 11일(금)	사건 발생 관련 첫 언론보도	『조선일보』 보도
	해외 통신사 기사 타전*	UP, 로이터 보도
	미국 내 첫 언론보도*	『샌프란시스코 크로니클』 보도
6월 12일(토)	미 군정청/미 제24군단 사령부 발표	6월 12일 보도
	미 극동공군사령부 발표	6월 13일*, 6월 15일 보도

* 미국 현지 시간임.

사건 소식을 알렸다. 또한 울릉도 당국에서는 제1차 구조선이 돌아온 후 다시 1척의 구조선을 독도로 보냈지만 비가 오고 날씨가 좋지 않아 독도에 가지도 못하고 돌아왔다.[14]

6월 11일에는 UP와 로이터 등 해외 통신사들이 국내 언론보도를 통해 사건 소식을 접하고 미국 현지로 타전하였다. 미국 현지에서는 미국 시간으로 6월 11일자 『샌프란시스코 크로니클』에서 서울발 UP통신을 인용한 기사를 게재하였다.[15] 내용인즉 '미국 비행기로 추정되는 비행기가 한국 동해안의 울릉도 인근 '코섬(Ko island)'[16]에서 폭탄을 투하하여 한국인 9명이 사망하고 5명이 실종되었으며, 10명이 부상당하였다'는 것이다. 그리고 '주한미군에서는 한국에 배치된 비행기가 화요일 해당 지역을 운항한 적은 없다'고 하였다.

6월 12일 한국을 통치하고 있던 미 군정 당국에서 이 사건에 대해 반응하였다. 미 군정

---

14 2차 구조선이 6월 11일 출발했다는 기사가 있으나, 구조단 관계자는 6월 10일 밤에 출발한 것으로 증언한 바 있다. 『남선경제신문』, 1948년 8월 6일, 2면, "독도사건 현지 좌담회(2)".

15 *San Francisco Chronicle*, June 11, 1948, "Korea Papers Say U.S. Planes Have Bombed Ships".

16 독도를 왜 'Ko island'라고 했는지 알 수 없다. 'Ko island'라는 표기는 6월 11일~13일자 영자 신문에서 볼 수 있다.

청에서는 '아직 정보를 접하지 못하여 진상을 조사하겠다'고 하고, 미 제24군단 사령부에서는 '조사를 진행 중이므로 금명간 그 전모가 확인될 것으로 보인다'고 했다.[17] 6월 12일 일본 도쿄(東京)에 주둔하고 있던 미 극동공군사령부에서도 이번 사건에 미국 비행기가 관련되어 있을지도 모른다며 다음과 같은 요지의 발표를 하였다.[18]

> 조선 어선이 폭격을 당하였다는 수역을 포함한 해역 일대에서 실탄 훈련을 할 계획이 있었고 그 훈련은 8일부터 시작하기로 되었었다. 조선 어선 조난 사건에 미기(美機)가 관련된 것인가를 밝히기 위하여 방금 조난 현장 사진을 심사 중이다.

6월 12일 미 극동공군사령부의 발표는 해외 언론에서도 관심을 갖고 보도하였다. 『샌프란시스코 크로니클』을 비롯하여 『뉴욕타임스』와 『워싱턴포스트』, 그리고 『성조지』가 미국 현지 시간으로 6월 13일 이 사건을 기사로 다루었다.[19] 이들은 조선 경찰의 발표를 인용하며 '폭격 비행기가 4발기로 날개[翼部]에 미국 공군기로 상징되는 원과 별의 표장이 있었다'는 사실도 전하였다.

피해자 구조나 조사 활동은 어떻게 이루어졌을까? 언론보도에 따르면 폭격 소식을 접한 1948년 6월 9일 첫 번째 구조대가 파견되었으며, 그 구조대를 포함하여 고두 3차례에 걸쳐서 구조 및 조사 활동이 이루어졌다.[20]

1차 구조 때(6월 9일~10일)는 선박 2척이 파견되어 사망자 2구(김중선, 최덕식)의 시신을 수습했고, 6월 10일 출발한 2차 구조 때는 소득 없이 돌아왔다. 6월 13일 미군 특별조사단이

17 『조선일보』, 1948년 6월 12일, 2면, "독도폭격 진상, 미 당국서 조사 중".

18 『경향신문』, 1948년 6월 15일, 2면, "시인 반 부인 반 독도폭격과 재일미군 당국 담".

19 *San Francisco Chronicle*, June 13, 1948, "Air Force Admits Bombers May Have Sunk Korean Ships"; *New York Times*, June 13, 1948, "U.S. Planes in Area as Korean Were Hit"; *Washington Post*, June 13, 1948, "AF Probes Korea Sinking"; *Stars and Stripes*, June 13, 1948, "Airplane Bomb Sinks Korean Fishing Boats".

20 1948년 6월 29일자 『조선중앙일보』에서는 모두 2차 구조대 파견과 3차례 조사대가 파견된 것으로 되어 있으나, 3차례 조사대 파견 중에는 피해자들의 주거지를 방문한 소청위원회 활동도 포함되어 있는 것으로 보인다(『조선중앙일보』, 1948년 6월 29일, 2면, "조사 결과 주목!, 제3조사대가 최종, 독도사건"). 「1951년과 1952년 경상북도 보고서」에서 보는 바와 같이, 독도 현지로 가서 구조 및 조사활동을 한 횟수는 모두 3차례였던 것 보인다.

독도 현지로 파견된 3차 조사 때는 한국인들과 합동으로 조사를 하였다.[21] 그들은 독도 현지를 샅샅이 조사하여 시신 1구를 수습하였다. 그런데 시신의 훼손 정도가 심하여 신원을 확인할 수 없어서 성명 미상자로 분류되었다. 이로써 독도 현지 조난자 구조 및 조사는 끝이 났다.

2. 생존자들의 증언

6월 12일자 몇 개의 신문에는 울릉도 도사(島司) 허필과 경찰서장 여태현[22], 그리고 생존자들의 목격담이 실렸다. 허필 도사는 '대단히 유감'이라고 했고 여태현 서장은 작년 4월경에도 독도에서 유사한 폭격이 있었다고 했다.[23]

생존자들의 증언도 6월 12일 이후 신문 곳곳에 실렸다. 먼저 울릉도 주민으로 미역을 채취하기 위해 독도에 갔다가 살아 돌아온 장학상 씨의 증언이다. 그는 폭격으로 두 다리에 파열상을 입었고 인터뷰 당시 울릉도 도동 영제의원(원장 전석봉)에 입원하고 있었다. 그는 다음과 같이 증언하였다.[24]

> 독도 해안에서 점심을 먹을 즈음 별안간 '쾅' 하는 폭탄 터지는 소리가 나자 나는 정신을 잃고 어느새 물속에 빠져 있었습니다. 곧 정신을 차려 헤엄쳐서 상륙하여 본즉 두 다리에 파열상을 입었습니다. 처음에 비행기는 1천 미터 상공에 뜨고 있었습니다. 차츰 비행기는 저공으로 내려와 폭탄을 던진 것 같았습니다. 그곳에 나간 어부들은 강원도 방면과 울릉도 방면에서 모여든 약 50명 정도의 인원이었는데 절반 이상이 사망 혹은 중경상을 입은 것 같이 기억됩니다.

---

21 「1951년과 1952년 경상북도 보고서」(앞의 자료); 『경향신문』, 1948년 6월 15일, 2면, "조사단 급파, 미 당국 조사 중"; 『조선일보』, 1948년 6월 15일, 2면, "미군 조사대 파견".

22 당시 울릉도 경찰서장의 이름이 다른 기사에서는 유태현으로 표기된 것도 있으나, 여태현의 오타로 보인다.

23 『자유신문』, 1948년 6월 12일, 2면, "비기군 어선 폭격, 사상·어선 11척 침몰, 독도의 참사".

24 『한성일보』, 1948년 6월 12일, 2면, "소속 불명 비기 어선 습격, 11척 침몰 24명 사상".

그에 따르면, '비행기가 1천 미터 상공에 떠 있다가 차츰 저공으로 내려와 폭탄을 투하했던 것 같다'고 하며, '독도에서 조업을 하던 약 50명의 어민 중 절반 이상이 사망하거나 중경상을 입었다'고 했다.

6월 12일자와 13일자 신문에는 강원도 묵호에서 온 경양환(또는 궁장환) 선장 이완식 씨도 폭격 당시 직접 목격한 바를 증언하였다.[25]

> 울릉도의 미역 채취가 끝났으므로 4일경 독도로 가서 일하고 있었다. 그날 열두 시경 비행기 소리가 들렸으나 파도 소리로 알고 있었더니 맨 처음에 독도 위에 있는 샘물 위에 폭탄이 떨어졌다. 천지를 진동하는 이 소리에 나는 배에서 물속에 뛰어들어 사방을 둘러보았다. 그때 3대의 비행기가 섬 동편 2백 미터 부근에서 미역을 따고 있는 어선 20여 척에 돌멩이 같은 폭탄을 여러 개 투하하고 있었는데 비행기가 뒤를 이어 나머지 배를 향하여 폭탄을 던지고 다시 반대편으로부터 다른 편대가 날아와 폭탄을 뿌렸다.
> 섬 부근은 삽시간에 폭풍과 화약 냄새에 지옥과 같은 전경을 이루었다. 그때 다시 비 오는 듯한 기관총 소리가 들렸고 바위와 배 위에 총알이 비 오듯하였다. 나는 황급히 물속에 몸을 잠겼다. 이 통에 우리 배의 밥 짓는 김중순(金仲順)(19)은 등에 총알을 받아 즉사하였다. 얼마 동안 있더니 마지막으로 비행기가 부근을 한번 돌아보고 강원도 해안으로 날아갔다.
> 그날 현장에는 30여 척의 배가 있었는데 겨우 몇 척만 남고 침몰 파괴되고 말았다. 아마 4차나 폭격한 듯한데 나중에 보니 바위 위에 다리와 팔이 떨어진 피투성이의 시체가 산란하고 바닷물은 뿌연 잿빛이 되고 여기저기 물속에 배의 파편과 사체가 떠돌았다. 나는 배와 바위 위에서 길이 3척, 너비 1척 두터운 폭탄 파편과 기관총알을 주어 경찰에 파편만 가져갔다. 그리고 배에 걸어놓았던 양복은 파편에 주먹 같은 구멍이 뚫어지고 배는 운전할 수 없이 파손되어 다른 배를 타고 나왔다.
> 폭격 연습한다는 말도 없이 이렇게 저공으로 어선을 폭격하고 기관총까지 쏜다니 참말 억울하기 짝이 없는 일이다. 여러 동포들에게 사실을 알려 다시 이런 일이 없기를

---

25 『조선일보』, 1948년 6월 12일, 2면, "기영 일거에 참시 낭자, 폭풍 탄우로 독도는 생지옥화, 이 선장 조난 담, 독도폭격 제3특신".

바라마지 않는다.

이완식 씨는 여러 대의 비행기가 배를 향하여 4차례 정도 폭탄을 투하하고 또 기관총을 비 오듯 쏘았다는 것과, 같은 배의 선원 김중선 씨가 총알을 맞고 즉사한 것 등 당시의 상황을 생생히 증언하였다. 그리고 그는 울릉도로 돌아올 때 '배와 바위 위에서 길이 3척, 너비 1척의 두터운 폭탄 파편과 기관총알을 주어 경찰에 파편만 갖다 주었다'고 했다.

울진에서 온 해양환의 선원인 김태홍 씨와 최만일 씨도 자신들이 목격한 바를 증언하였다. 먼저 김태홍 씨의 증언을 들어보자.[26]

> 8일 해양환으로 죽도(독도)에 도착하여 미역 채취 작업을 하고 있었는데 상오 11시 반경 돌연 정체 모를 비행기 다수가 내습하여 거기 있는 선박을 목표로 수차에 걸쳐 폭탄을 투하하고 또 기관총을 소사하였다.
> 우리들은 당황하여 물속으로 혹은 동굴 속에 피신하여 겨우 화를 면하였는데 내가 타고 간 해양환은 폭풍으로 침몰하고 말았다. 확실히는 모르나 그때 해상에는 약 23척의 선박이 있었는데 그중 발동선 2척과 '뎀마' 2척이 겨우 사격을 면하여 귀환하였을 뿐이다. 내가 탔던 해양환에서도 김동술(金東術) 군이 많은 기총 탄환에 맞아 사망하였는데 아직 시체도 찾지 못하고 있다.
> 그런데 현장에 있던 어선들은 태극기를 꽂고 있었으며 또 폭격을 받을 때 우리들은 태극기를 흔들기도 하였으나 결국 화를 면치 못하였던 것이다.

김태홍 씨도 폭격기가 선박을 목표로 폭탄을 투하하고 기관총까지 쏘았다고 했다. 그리고 자신이 타고 조업을 하던 배(해양환)는 폭탄 투하로 인한 폭풍으로 침몰하고, 그 배의 동료 선원 김동술 씨도 기총 탄환에 맞아 사망하고 시신도 찾지 못했다고 했다. 당시 현장에 있던 어선들이 태극기를 꽂고 있었으며, 폭격을 받을 때 선원들은 태극기를 흔들었지만 결

---

26 『남조선민보』, 1948년 6월 13일, 2면, "기의 표식도 본체만체, 고의로 기총으로 맹사, 김태홍 씨의 생환 담, 울릉도 사변 속보".

국 화를 면치 못했다고 했다. 그때 독도 해상에는 약 23척의 배가 있었고, 그 중 발동선 2척과 전마선(일명 뎀마) 2척이 사격을 피해 귀환했다고 한다.

김태홍 씨와 같이 해양환의 선원인 최만일 씨도 유사한 증언을 하였다.[27]

> 우리는 지난 5월 23일에 강원도에서 독도로 와서 미역을 채취하고 있었는데 그날 상오 11시 경에 최초 비행기가 6대 와서 폭탄을 투하하며 기관총으로 쏘았다. 다음 비행기 수는 여러 대 있었으나 네 차례로 와서 폭격을 하였다.
>
> 나는 섬 위에 있었기 때문에 굴속에 들어가서 겨우 목숨만은 붙들었으나 나중에 알고 보니 이미 여기 있던 어선은 모두 간 곳이 없고 이곳저곳에 시체가 물 위에 떠다니고 있었다. 그런데 이날 날씨는 매우 좋았고 또 우리는 폭탄과 총알을 피하여 도망하면서도 손에 태극기를 쥐고 흔들었으나 아무 소용이 없고 폭격은 그치지 않았다.

최만일 씨는 처음 6대의 비행기가 왔고 이어 여러 대의 비행기가 왔는데, 모두 4차례의 폭격이 있었다고 했다. 다행히 그는 섬 위의 굴속으로 숨어서 겨우 목숨은 구했으나, 독도에 있던 어선들은 간 곳 없이 사라졌다고 한다. 그리고 폭탄 투하와 기관총 사격이 있었으며, 손에 태극기를 쥐고 흔들었으나 아무 소용이 없었다는 것은 김태홍 씨의 증언과 같다.

최만일 씨의 증언은 『민성』에도 실려 있는데, 그때의 상황을 보다 구체적으로 증언하고 있다.[28]

> 지난 7일 해양환으로 독도에 도착하여 해초 작업을 계속하고 있던 중 8일 오정 때쯤 하여서 난데없는 비행기가 여러 대 날아오더니 선박을 목표로 수차에 걸쳐 10여 발 이상의 폭탄을 투하하므로 우리는 물속과 바위틈에 피신하여서 겨우 난을 면하였으나 우리가 탔던 배는 파선되어 침몰하여 버렸습니다. 자세히는 모르나 그때 현장에는 20여 척의 선박이 있었는데 겨우 2, 3척이 현장을 탈출하여 귀환하였을 뿐입니다.

---

27 『수산경제신문』, 1948년 6월 13일, 2면, "태극기 흔들었으나 못 본척하고 폭격을 계속, 구사일생의 조난자 목격담".

28 조춘정, "독도폭격사건 진상", 『민성』, 제4권 제7·8호(1948년 8월), 33~34쪽.

그러고 우리 일행 중에 강원도 울진군 평해면 삼율리에 사는 김동술(金東述)(39)만은 총알을 맞고 사망하였으나 시체는 찾지 못하였습니다. 또 2차 내습 시에 있어서는 폭탄과 기총소사를 하였고 3차 내습 시에는 4발동기를 가진 비행기가 와서 정찰을 하고 갔는데 자세히 본즉 푸른 바탕에 흰 별이 그려져 있었습니다.

그리고 우리는 폭탄 투하가 끝난 다음 구사일생으로 난파선을 의지하여 돌아오면서 생각하여보니 14명 이상 사망한 것을 알았고 울릉도에 온즉 그곳에서도 14명이라고 합디다. 우리는 다행히 살아나서 좋으나 죽은 친구들을 생각하면 참으로 비통합니다. 우리는 겨우 침몰을 면한 발동선으로 9일 저녁 때에 울릉도에 돌아왔습니다.

특히 그는 비행기가 2차 폭격 시 폭탄과 기총소사를 하였고 김동술 씨가 총알을 맞고 사망했다고 한다. 그리고 3차 내습 시에는 4발동기를 가진 비행기가 와서 정찰을 하고 갔는데 자세히 보니 푸른 바탕에 흰 별이 그려져 있었다고 증언했다.

그 외 생환자들과 구조에 참가했던 이들은 남선경제신문사가 1948년 7월 29일 울릉도 현지에서 개최한 독도사건 현지 좌담회에서도 당시의 폭격 및 구조 상황을 증언하였다. 그 내용은 1948년 8월 5일부터 7일까지 3회에 걸쳐 『남선경제신문』에 실려 있다.[29]

3. 사건 직후 미군 비행기로 추정

6월 11일 첫 보도 후 많은 신문들이 이 사건을 보도하였고, 이 사건의 내용이 국내외로 알려지게 되었다. 사건 직후 언론은 생환자들의 목격담도 생생하게 기사화했다. 생환자들은 비행기가 저공으로 비행했기 때문에 비행기 날개에 그려진 원과 별 표식을 보았다고 증언했다. 원과 별(푸른 원 안의 흰 별) 표식은 미 공군을 상징하는 표식이어서, 미군이 관여된 사건으로 판단되는 상황이었다. 그래서 미군 당국으로서는 더욱 신경이 쓰였는데, 미군 당국에서는 이 소식을 언론보도를 통해 듣고 구호 및 조사에 착수하게 되었다고 했다.

---

29 『남선경제신문』, 1948년 8월 5일, 2면, "무서웠던 그날, 생환자들의 생생한 회상, 독도사건 현지 좌담회(1)"; 『남선경제신문』, 1948년 8월 6일, 2면, "독도사건 현지 좌담회(2)"; 『남선경제신문』, 1948년 8월 7일, 2면, "독도사건 현지 좌담회(3)".

해외 언론들은 사건 초기부터 비행기 날개에 원과 별이 그려져 있었다는 한국 경찰의 발표를 인용하여 미군 비행기로 추정하였다.

6월 11일 서울발 UP통신과 동경발 로이터 통신에서도 폭격기를 미군 비행기로 추정하였다. 6월 12일 한국의 신문기사를 보면, 미 극동공군사령부는 6월 8일에 독도에서 미 공군의 실탄 연습 계획이 서 있었다고 했다. 그리고 울릉도 도사(허필)와 경찰서장(여태현)은 작년(1947년) 4월에도 독도에서 폭격이 있었다고 했다.[30]

독도가 미군의 폭격 연습지로 처음 지정된 것은 1947년 9월 16일 연합국최고사령관 각서(SCAPIN) 제1778호를 통해서였다. 그런데 이 지령은 연합국총사령부에서 일본 측에만 내려 일본 어민들의 독도 출입을 금지한 것으로 한국 어민들로서는 독도가 폭격 연습지로 지정된 것을 알지 못했던 상황이었다.

당시 일본인들의 독도 접근은 금지되어 있었다. 즉 독도는 1946년 1월 29일 SCAPIN 제677호에 의해 일본의 관할 영역에서 제외되어 있었고, 1946년 6월 22일에 있은 SCAPIN 제1033호에서도 일본의 어선들은 독도 12해리 내 조업이 금지되어 있었던 것이다.

한편, 1948년 그해 제주도에서는 4·3사건이 있어 온 사회가 뒤숭숭한데 독도에서 폭격 사건까지 발생했던 터라 미 군정 당국으로서는 더욱 난감한 상황이었다. 그리고 그 전년도(1947년)부터 일본이 독도를 자국의 영토라고 주장한 일도 있어서 국민들은 독도에 대해 더욱 큰 관심을 갖고 있었다.

---

30 한규호, "독도사건 현지보고, 참극의 독도", 『신천지』, 제3권 제6호(1948년 7월), 99쪽; 『자유신문』, 1948년 6월 12일, 2면, "비기군(飛機群) 어선 폭격, 사상, 어선 11척 침몰"; 『한성일보』, 1948년 6월 12일, 2면, "소속 불명 비기(飛機) 어선 습격, 11척 침몰 24명 사상, 독도 근해 참변".

Ⅲ. 사건 진상 조사와 결과 발표

1. 사건 조사 경과

독도폭격사건에 관한 진상 조사는 크게 국내와 국외에서 이루어졌다. 국내에서는 사건 직후 울릉도 경찰서에서 조사를 하였고, 그 후 미 제24군단 사령부에서 특별조사대와 소청위원회를 조직하여 조사하였다. 해외에서는 일본 도쿄에 있는 미 극동군사령부와 극동공군사령부에서 이 사건을 조사하였다.

먼저 미 제24군단 사령부의 조사 경위를 보면, 사건이 일어나고 5일 만인 6월 13일 특별조사대를 조직하고 그 중 특별조사단을 독도 현지로 파견하였다. 특별조사단은 미국인 2명과 통역 2명, 미국 CIC 해안경비대원 6명과 국방경비대원 1명, 경상북도 수산국 직원(문영국) 1명 그리고 선원 4명으로 되어 있었다.[31]

이들은 6월 13일 오후 12시 20분 경상북도 소속 경비선 계림호로 포항을 출발하였다.[32] 그들은 먼저 울릉도에 들러 울릉도 구조 잠수부 11명, 묵호 어부 7명, 후포리 어부 2명 등과 함께 모두 30여 명이 독도로 갔다. 그들은 독도의 이곳저곳을 샅샅이 조사하였지만,[33] 신원을 알 수 없는 시신 1구만 수습하고 울릉도로 돌아왔다. 그리고 6월 16일 오후 10시 포항으로 귀환했다.

한편 6월 13일과 14일 동경 발 UP통신 기사로 미 극동공군사령부가 발표한 내용이 국

---

31 1951년 경상북도 보고서에는 1948년 6월 14일 경북도 수산과 기사(문영국)와 미국 CIC 해안경비대원 6명이 경북도 소속 경비선 계림호를 타고 울릉도로 출장하였다고 기록되어 있다.

32 『조선중앙일보』의 1948년 6월 29일자 기사에 따르면 6월 13일 제1차 조사대가 떠난 바로 다음 날(14일) 제2차 조사대가 떠났다고 한다. 즉 그들은 미국인 3명과 통역 2명, 해안경비대원 30명으로 구성되어 있었고, 14일 오후 포항을 출발했다가 18일 오후 9시에 귀환하였다고 한다. 이에 대해서는 추가 확인이 필요하다. 『조선중앙일보』, 1948년 6월 29일, 2면, "조사 결과 주목! 제3조사대가 최종, 독도사건".

33 「1951년 경상북도 보고서」(앞의 자료).

<표 3> 1948년 6월 13일 ~ 18일 사건 내용

일자	내용	비고(보도 일자 등)
6월 13일(일)	미군 특별조사단 독도 급파(6월 13일~16일)	6월 15일 보도
6월 15일(화)	각 정당 성명 발표: 사건 진상규명 및 책임 추궁	6월 15~17일 보도
	국회 제11차 본회의에서 독도사건 대책 논의	6월 16~17일 보도
6월 16일(수)	백범 김구 담화 발표	6월 17~18일 보도
	하지 중장(조선 주둔 미군 사령관) 성명 발표	6월 17~18일 보도
	미 극동공군사령부, 조사 결과 발표	6월 18일 보도
6월 17일(목)	농무부 수산국 서무과장 현지 파견	6월 17일 보도
	딘 소장(군정장관) 기자회견	6월 18일 보도
	애국부인회 제3차 전국대회: 진상조사위원 파견 결의	6월 18일 보도
6월 18일(금)	각 정당 담화 발표: 철저 조사, 재발 방지 등	6월 19일 보도

내 신문지상에 소개되었다.[34] '6월 8일 미국 항공부대가 독도에서 폭격 연습을 행한 일이 있었다'는 것이다. 그리고 '폭격기가 연습 중에 촬영한 사진이 도쿄에 도착하였으며, 이 폭격이 고의적으로 일어난 것인지 실수로 일어난 것인지 판단하기 위해 조사 중'이라고 했다. 다만 어느 기지에서 출동한 비행기인지에 대해서는 언급하지 않았다.

한편 6월 15일 초대 국회의 제11차 본회의에서는 국회 차원에서 조사단을 꾸릴 것인지, 정부 수립 후 조사를 진행할 것인지를 논의하였다. 격론 끝에 국회 외무국방위원회에 일임하여 사건을 조사하기로 한 의견에 대해 표결하여 115대 14로 가결되었다.[35] 미 군정청의 농무부 수산국 서무과장(탁장제, 卓長濟)도 이 사건에 대한 대책 마련을 위해 울릉도 현지에 파견되었는데,[36] 그후 어떠한 대책을 마련했는지에 대한 보도는 보이지 않는다. 그리고 민간단체인 애국부인회에서도 제3차 전국대회를 통하여 박순천, 모윤숙 등 5명을 진상조사위원으로 선정하여 현지 파견을 결의하였다.[37] 그런데 조사단이 실제 파견되었는지는 알 수 없다.

---

34 『한성일보』, 1948년 6월 15일, 2면, "미 폭격 연습부대에 관련? 극동항공대에서 성명, 동포 어선 폭격사건"; 『한성일보』, 1948년 6월 15일, 2면, "미 당국 14일 판정 예상, 동포 어선의 폭격 진상".

35 『경향신문』, 1948년 6월 16일, 2면, "국회서 분격의 논전 전개, 외교·국방위원회에 일임을 가결".

36 『수산경제신문』, 1948년 6월 17일, 2면, "수산국서도 파견, 탁(卓) 서무과장 금조 출발".

2. 미군 당국의 성명과 조사 결과 발표

주한미군사령관 하지 중장의 성명이 6월 16일자 보도자료를 통해 배포되었는데, 6월 17일자 신문에 소개되었다.[38]

> 본관은 독도폭격사건의 보도에 대하여 여러분과 함께 큰 충격을 받았습니다. 본 사령부는 조선 신문을 통하여 비로소 처음으로 금반(今般) 사건의 발생을 알았습니다. 조선 주재 미군 사령부에서는 즉시로 철저한 조사를 명하였는데 상금(尙今) 조사 중에 있습니다. 이 비참사(悲慘事)는 조선 해안에서 140리가량 떨어진 지점에서 발생되었다는 것을 알게 되며 따라서 철저한 조사가 완료되고 진상이 판명되기까지는 다소 시간이 경과되어야 할 것입니다.
>
> 그러나 본 사령부에는 조선에 기지를 둔 또는 조선 부대에 배속된 비행기는 동 지역에 없었고 또 폭격한 사실도 없고 따라서 본 사건에 하등의 관계가 없다는 것을 이미 인정하였습니다. 이 사건의 진상을 조사하고 가능한 구호를 하기 위하여 군의(軍醫)를 포함한 조사 및 구호반이 즉시 현지에 파견되었습니다. 그 일행은 아직 귀환하지 않았습니다. 일본에 기지를 둔 미기(美機)의 본 사건 관련 여부에 대하여서는 방금 극동공군사령부와 극동총사령부에서 조사 중에 있으므로 동 조사가 완료되는 대로 즉시 사건의 전모가 발표될 것입니다. 만약 미기가 관련되었다는 사실이 판명되면 미군 당국으로서는 사망자의 유가족 및 피해자들을 위하여 만반의 대책을 강구할 것을 조선 국민에 보장하는 바입니다. 또 미군이 그 책임을 져야 한다는 것이 판명되면 그 책임은 철저히 피할 수 없을 것입니다. 조선 국민은 본 사건의 진상이 판명되어 그 전모가 발표될 때까지는 각자 자의(恣意)의 판단을 삼가주기를 바라는 바입니다.

하지 중장의 성명은 영문 보도자료로 배포되었다.[39] 내용을 보면, '이 사건은 조선에 주둔

---

37 『부인신보』, 1948년 6월 18일, 2면, "'독도사건' 진상 조사차 위원을 파견키로 결정".

38 『한성일보』, 1948년 6월 17일, 1면, "독도폭격사건에 하지 중장 발표, 신중하게 조사 중, 미기면 책임진다".

39 Special Press Release(June 16, 1948)[미국 국립문서기록관리청(NARA) 소장 자료(국립중앙도서관 해외 한

하고 있는 미군과는 어떠한 관계도 없다는 것이 판명되었으며, 지금 조선 주재 미군 사령부에서 군의(軍醫)를 포함한 조사 및 구호반을 독도 현지에 파견하여 사건 진상 조사 및 구호 중'이라고 했다. 그리고 미 극동공군사령부와 극동군사령부에서도 조사 중이라고 했다. 만약 미군이 책임져야 할 것이 있으면 결코 피하지 않을 것이라고 하며, 사건의 전모가 발표될 때까지 일반 국민들은 각자 자의적 판단을 삼갈 것을 요청하였다.

한편 하지 중장이 성명을 통해 '미 극동공군사령부와 극동군사령부에서 조사 중'이라고 한 바로 그날(6월 16일) 오전 도쿄에 있던 미 극동공군사령부에서는 조사 결과를 발표하였다.[40] 1948년 6월 8일 독도폭격사건이 일어난 지 8일이 지난 뒤였다. 또한 당초 이 사건에 대한 판단은 6월 14일 내릴 것으로 보도되었었지만 그보다 2일 뒤에 발표되었다. 그 발표 내용은 다음과 같다.[41]

> 현장 촬영 사진을 심사한 결과 독도 근해에 있는 조그마한 어선들은 B29폭격기의 고도 폭격 연습 시에 바위로 간취되었던 것이 판명되었다. 조사한 바에 의하면 충승(沖繩: 오키나와) 기지를 출발한 B29폭격기대가 폭격을 가하기 30분 전에 정찰기가 6회나 독도 부근(북위 37도 15분, 동위 131도 45분 지점)을 시찰하고 연습에 무방하다는 것을 보고하였던 것이다.
>
> 현지 부근에는 폭격 대상이 될 다수의 소도서가 있는 만큼 이 어선들도 도서로 잘못 간주된 것 같다. B29폭격대는 2만 3천 피트 상공에서 연습탄을 투탄한 것이었으며 이들은 해상에 하등의 선박도 보지 못하였다고 보고하였던 것이다.
>
> 그러나 폭격 30분 후에 정찰기가 촬영한 사진에 의하여 이 위험지구 내에 다수의 소선박이 있음을 발견하였다. 정식 조사가 끝나는 대로 완전한 보고를 상급 사령부에 절충할 터이다.

국 관련 기록물 사이트: RG554 〉 USAFIK: XXIV Corps, G-2 Historical Section, 1945-1948 〉 USAMGIK: Press Releases April~August 1948 〉 56. Special Press Release; 기록 자료, 1948.06.16)].

40 *Central News*, June 15, 1948, "FEA Force Admits Accidental Bombing".

41 『조선일보』, 1948년 6월 18일, 2면, "미 극동공군사령부서 독도폭격을 확인, 기총소사 여부는 아직도 조사 중(미국 측 발표)".

미 극동공군사령부는 우선 오키나와(沖縄) 기지를 출발한 미 공군의 B29폭격기대가 폭격을 가하였다는 것을 시인하였다. 하지만 현장 촬영 사진을 조사한 결과, 폭격 연습 시에 어선을 바위로 잘못 보았다는 것이다. 그리고 폭격기가 폭탄을 투하하기 30분 전에 정찰기가 6회나 정찰하고 연습을 해도 무방하다고 보고하였다고 했다. 그래서 폭격기는 2만 3천 피트(약 7,000m)의 고공에서 연습탄을 투하하였는데 해상에 어떠한 선박도 보지 못 했다는 것이다. 그런데 폭격 30분 후에 정찰기가 촬영한 사진에 의하면 이 위험지구 내에 다수의 작은 선박이 있음을 발견했다고 한다. 그리고는 아직 조사가 완전히 끝난 것이 아니라는 듯 정식 조사가 완료되는 대로 상부에 보고할 예정이라고 했다.

이 발표에는 생환자들이 증언했던 기관총 소사에 대해서는 아무런 언급이 없었던 것으로 보인다.[42] 또한 한국 신문에서는 소개되지 않았지만, 이때 공식 성명에서 이번 사건을 '매우 유감스럽고 안타까운 사고(a most unfortunate and regrettable accident)'였다고 표현했다.[43] 하지 중장은 사건의 전모가 발표될 것이라고 했으나 아주 간단한 결과만 발표되었던 것이다. 6월 17일 딘 군정장관은 기자회견 중에 독도사건에 대해서도 언급을 하였는데 독도에 파견된 조사단의 보고가 있는 대로 발표할 것이라는 의례적인 대답만 하였다.[44]

3. 조사 결과에 대한 각계의 반응

6월 16일 주한미군사령관 하지 중장의 성명이 6월 17일자 신문을 통해, 그리고 미 극동공군사령부의 조사 결과가 6월 18일자 신문을 통해 알려졌다. 미군 당국에서 미군 폭격기가 폭격했다는 것을 인정하게 되자, 국내의 각 정당 사회단체들은 미군 당국의 철저한 조사와 재발 방지, 사과와 배상을 일제히 요구하였다.[45] 백범 김구도 하지 중장의 성명이 언론에 공

---

42 다만, 1948년 6월 16일자 『샌프란시스코 크로니클』에서는 공군이 기총소사가 있었음을 전면 부인했다는 내용을 소개했다. 그러나 이것은 6월 16일 미 극동공군사령부에서 발표한 공식 성명 중에는 없었던 것으로 추정된다. *San Francisco Chronicle*, June 16, 1948, "Fatal Target Practice 'Regrettable' Air Force Admits Korea Bombing Error" 참조.

43 *Central News*, June 15, 1948, "FEA Force Admits Accidental Bombing"; *San Francisco Chronicle*, June 16, 1948, "Fatal Target Practice 'Regrettable', Air Force Adimits Korea Bombing Error".

44 『수산경제신문』, 1948년 6월 18일, 2면, "불원(不遠) 진상 발표, 딘 장관 기자회견 담".

45 『조선중앙일보』, 1948년 6월 17일, 2면, "독도폭격사건에 민족의 분노 충천".

개되기 하루 전인 6월 16일 담화를 발표하였다. 그 내용은 '신속히 사건의 진상을 발표하고 당사자를 엄중 처단할 것'을 촉구하는 것이었다.[46]

> 이제까지의 경과로 보아 미군 비행기의 행동 같은데 고의적으로 했다고는 생각되지 않는다. 그러나 과실이라 할지라도 이에 대한 적절한 조치를 취하지 않는다면 양 민족 간의 감정을 악화시킬 염려가 있으니 책임 당국은 하루바삐 사건의 진상을 발표하는 동시에 당사자에 대한 엄정한 처단이 있기를 바란다.

6월 19일자 국내 신문에는 1948년 6월 18일자 『뉴욕타임스』 사설 내용이 그대로 소개되며 국내 언론에 큰 반향을 불러일으켰다.[47]

> 만약 미국이 극동지구에서 이 이상 위엄의 손상을 받지 않으려면 미 극동공군기에 의하여 우발적으로 받은 조선 어선대 폭격사건에 인한 모든 손상 요구에 대하여 신속하고 뜻있는 해결책을 강구하여야 할 것이며 사망한 어부 유가족에 대한 손해배상을 금전으로 할 수 있는 한에서는 번문욕례(繁文縟禮)식으로서 이를 지연시킴은 용납될 수 없다. 사건 발생 현장이 폭격 지구로 공고되었었다는 설명은 충분치 못하다. 즉 충분한 예비공작이 강구되지 않았던 것이다. 해안 주민들이 생계를 획득하고자 수 세기 전부터 그들의 조상 대대로부터의 어장에 출어하였다가 미기에 의하여 폭격당하여 사망하였다는 사실은 여하한 설명으로도 부정할 수 없다. 고도의 상공으로부터는 소선박을 운영 또는 해중암석과 구별하기는 곤란한 것인 만큼 미기 승무원들은 별 실책이 없는 것이다. 그러나 조선인은 사망하였으므로 미국은 참변 사건에 대하여 보상을 하지 않으면 안 된다.

『뉴욕타임스』는 사건을 조속히 해결하고 충분히 배상할 것을 요구하였다. 특히 조선 어

---

46 『한성일보』, 1948년 6월 17일, 1면, "김구 씨 담화".

47 『경향신문』, 1948년 6월 19일, 2면, "빠르고 후한 해결책 필요, 여하한 설명으로도 부정할 수 없다, 독도폭격사건에 뉴욕타임스 사설".

민들의 독도 조업을 '해안 주민들이 생계를 획득하고자 수세기 전부터 그들의 조상 대대로부터의 어장에 출어하였다가 사망했다는 사실은 여하한 설명으로도 부정할 수 없다'고 했다.[48] 각 신문들은 『뉴욕타임스』 기사와 함께 미 극동공군사령부의 발표 내용을 비판하는 기사를 실었다.

4. 미군 소청위원회의 피해 배상 관련 조사

미 제24군단 사령부에서는 특별조사단의 현지 구호 및 조사가 끝나자 6월 19일경 피해 배상을 위해 소청위원회를 조직했다는 소식이 6월 20일자 신문을 통해 보도되었다.[49] 6월 19일자 『니폰타임스』에서도 "보상금 결정, 소청위원회, 폭격으로 인한 피해 조사"라는 제목으로 관련 기사를 게재하였다.[50]

소청위원회는 A.W. 위나지크 대위(조선주재 미군 관하 소청위원회 위원), T. 맥크류아 씨(농무부 수산국), 밀톤 라맨 대위(대구 군정청 법무장교) 등 미국인 3명과 약간의 통역으로 구성되었다.[51] 그들은 피해 정도와 피해 배상액을 최종적으로 판정할 권한이 있었으며 조사가 완료되면 배상금을 지급할 권한도 갖고 있었다.[52] 그들은 6월 20일 오후 5시 포항을 출발하였다.

미군 소청위원회의 조사가 개시된 직후 하지 중장이 6월 21일 갑작스레 맥아더 장군을 면담하기 위하여 일본 도쿄로 갔다. 이 사실은 6월 23일 국내 신문에 소개되었는데, 국내 언론은 독도폭격사건에 대해서도 협의할 것으로 예상했다.[53] 당시 독도폭격사건으로 인해 미

---

48 『뉴욕타임스』 사설 원문은 *New York Times*, June 17, 1948, "A Case for Restitution" 참조. 국내 신문에 번역, 소개된 『뉴욕타임스』 사설을 원문과 비교해 보면, 내용 중간에 다음과 같은 두 문장이 생략되어 있다. "공군의 절차에 문제가 발생한 것이며, 실폭탄을 투하하기 직전에 폭격지역을 정찰해야 한다. 소형 어선단에 폭탄이 투하되면서 한국인 어민 14명이 사망하고 10명이 부상을 입었다."

49 『동아일보』, 1948년 6월 20일, 2면, "미군 조사위원회서 현지조사에 착수, 독도폭격사건에 대처, 공보부 발표"; 『동아일보』, 1948년 6월 20일, 2면, "독도사건 손해배상, 미군 당국 소청위원회 설치".

50 *Nippon Times*, June 19, 1948, "To Fix Reparations, Claims Board to Probe Losses Caused by Bombing".

51 『공업신문』, 1948년 6월 26일, 2면, "독도사건, 조사 완료는 6월 말경, 최종보고 오면 일반에게 발표".

52 『동아일보』, 1948년 6월 20일, 2면, "미군 조사위원회서 현지조사에 착수, 독도폭격사건에 대처, 공보부 발표"; 『동아일보』, 1948년 6월 20일, 2면, "독도사건 손해배상, 미군 당국 소청위원회 설치".

53 『동아일보』, 1948년 6월 23일, 1면, "하지 중장 돌연 동경에, 맥 원수와 회담 예정, 어선 폭격 사건도 협의"; *Stars and Stripes*, June 23, 1948, "Hodge Confers With MacArthur".

<표 4> 1948년 6월 19일 ~ 29일 사건 내용

일자	내용	비고(보도 일자 등)
6월 19일(토)	각 신문사 사설 및 기사, 미 극동공군사령부 발표 비판 및 『뉴욕타임스』 사설(6월 18일) 내용 소개	6월 19일 보도
	조선 주둔 미군 사령부 특별 발표: 소청위원회 조직·현지 파견(20일 포항 출발)	6월 20일 보도 6월 29일 『조선중앙일보』
	생환자 좌담회 개최(오후 8시~10시)	6월 29일 『조선중앙일보』
6월 21일(월)	하지 중장, 도쿄 방문: 맥아더 장군 면담 및 독도 폭격사건 협의 '전망'	6월 23~25일 보도
6월 22일(화)	수산계 궐기 소식: 항의서(진정서) 전달	6월 22일 보도
	조선 주둔 미군 당국(공보부), 독도 폭격 연습 중지 발표	6월 23~24일 보도
6월 24일(목)	해안경비대 포항기지 사령부 피해 현황 발표	6월 29일 『조선중앙일보』
6월 25일(금)	조선 주둔 미군 당국(공보부) 발표: 6월 말경 소청위원회 조사 완료 예정	6월 26일 보도
	남선경제신문사, 독도 조난동포 위문금품 모집 공고 (모집 기간: 6월 25일~7월 15일)	6월 26일~7월 10일 『남선경제신문』
6월 29일(일)	미군 공보부 발표: 소청위원회 조사 완료와 배상 해결차 29일 현지로 출발	6월 30일 보도
	(일자 미정) 수산국 탁 과장 현지조사 보고	6월 30일 보도

군 철수를 요구하는 등 반미 정서가 국내적으로 크게 비등하였다.[54] 하지 중장도 이 점을 유의했던 것으로 보인다.

하지 중장이 도쿄를 방문한 바로 다음 날(6월 22일) 주한미군 당국은 "이번 독도 불상사에 비추어 앞으로 이 섬을 중심한 일체의 폭격 행위는 마땅히 금지될 것이다."고 하며 독도에 대한 폭격 연습을 중지한다고 발표하였다.[55] 미군이 독도에 대한 폭격 연습 중단을 결정한 것은 이미 그 전이었다.[56]

---

54 『남선경제신문』, 1948년 6월 23일, 2면, "독도의 동포 폭격한 미군, 극형에 공개 처단하라, 경북도 문련(文聯) 담화 발표" 및 "약소민족에 신의 지키라, 근민당서 담화"; 『조선중앙일보』, 1948년 6월 23일, 1면, "독도사건에 각 단체 성명".

55 『동아일보』, 1948년 6월 23일, 2면, "금후 독도 부근 중심한 폭격 행위 금지, 미 당국 발표".

56 주한미군사령관은 1948년 6월 15일자로 극동군사령관 및 제5공군사령관 등에게 보낸 전문에서 더 이상 독도를 폭격연습지로 사용하지 말 것을 통지하였다. 이에 대해 제5공군사령관은 1948년 6월 16일자로 주한미군사령관에게 "모든 폭격훈련으로부터 독도를 폐쇄하는 조치"를 취했다는 전문을 보냈다. Telegram from CG USAFIK

6월 24일자로 해안경비대 포항기지 사령부에서 피해 상황을 발표했는데, 그 통계는 정확한 것이 아니었던 것 같다. 즉 기존 보도에서는 사망자와 행방불명자를 14명으로 보도하였는데, 그 발표에서는 17명이라고 했다.

6월 25일 주한미군 당국에서는 6월 19일 현지로 갔던 소청위원회의 조사가 6월 말 완료될 예정이라고 했다. 그 발표대로 소청위원회의 조사는 6월 말에 완료되었다. 그리고 공보부를 통해 다음과 같은 발표가 있었다.[57]

> 미기 독도폭격사건 발생으로 인한 배상을 조사 중이던 소청위원회는 판명된 피해 건수 36건 중 33건의 조사를 완료하였다고 서울 미 당국에 보고하였는데 동 위원회 위원 위나지크 대위는 33건에 대한 배상을 해결 차 금일 독도로 출발하였다. 미결 중에 있는 나머지 3건도 피해자의 주소가 판명되는 대로 즉시 해결할 것이다.

독도폭격사건의 피해 건수가 모두 36건인데 그 중 33건에 대한 조사를 완료했다고 발표했다. 나머지 3건은 피해자의 주소가 판명되지 않았는데, 그것도 즉시 해결할 것이라고 했다. 또한 피해 배상을 위해 29일 소청위원회가 울릉도, 울진군 등 피해자 또는 유족이 있는 곳으로 출발하였다.

한편 신문사에서는 피해자를 위한 위문금품을 모집하였다. 남선경제신문사, 자유신문사, 조선일보사 등에서 위문금품을 모집하였다.[58] 특히 『매일신문』의 전신인 『남선경제신문』에서는 6월 25일 사고(社告)로 "독도 조난 동포 위문금 위문품 모집 공고(6.25~7.10)"를 내고 6월 25일부터 7월 10일까지 위문금 및 위문품을 모집한다고 하였다.[59] 남선경제신문사에서는

---

to CINCFE(INFO: FEAF, CG FIFTH AIR FORCE, CO KIMPO AIR BASE) (Jun. 15, 1948), Telegram from COMAF 5 to CG USAFIK(Jun. 16, 1948)[미국 국립문서기록관리청(NARA) 소장자료: RG 554 Entry A1 1378 Box 141(USAFIK Adjutant General, General Correspondence (Decimal Files) 1945-1949, 674 Heating to 686 Army Air Bases and Aviation Fields)].

57 『조선일보』, 1948년 6월 30일, 2면, "독도사건, 발표 없는 배상 현지 행에 민족적 의혹은 재연, 진상 발표 · 배상에는 격의 없는 성의 요망" 및 "공보부 발표".

58 「1951년 경상북도 보고서」에는 부산 산업신문사도 위문금품 모집에 참가했다고 되어 있다.

59 『남선경제신문』, 1948년 6월 26일, 1면, "독도 조난 동포 위문금 위문품 모집, 주최 본사 경상북도 경북 어련(漁聯) 후원 하에 착수, 25일부터 7월 10일까지 본사 취급".

'독도 조난 동포 위문금품 모집기간'을 한 차례 더 연장하여 7월 15일까지로 위문금품을 모집하였다.[60] 수산업회에서도 독도 희생자들을 위문하기 위해 위문사절을 현지로 파견하였다.[61]

5. 사건에 대한 진상 파악

6월 16일 미 극동공군사령부는 독도폭격사건의 조사 결과를 아주 간략하게 발표하였다. 독도 폭격에 몇 대의 폭격기가 가담되었는지, 몇 개의 폭탄을 투하했는지, 또 생존자들이 증언했던 기관총 소사는 과연 없었는지 등에 대해서는 아무런 언급도 없었다. 또한 주한미군 당국도 사망자가 몇 명이고 중경상자가 몇 명이며, 선박은 몇 척이나 침몰되고 또 파손되었는지에 대해서도 언급하지 않았다. 다만 피해 건수가 36건이라고 하고 조사 결과를 완료했다고만 했다.

미군 소청위원회가 밝힌 피해 건수 36건은 한국 경찰의 35건과 거의 같은 수치이다. 한국 경찰이 밝힌 35건은 인명 피해 24건(사망 14건, 중상 2건, 경상 8건)과 선박 피해 11건이었다. 구체적인 내용이 발표되지 않아, 당시 피해 현황 등 사건의 진상에 대해서는 언론보도를 통해 파악해 볼 수 있다. 이와 관련해서는 1948년 6월 8일 독도를 폭격한 「제93중폭격비행단의 1948년 6월 역사」에 기록된 '독도 폭격 연습 관련 제3차 임무(Mission No. 3)'와 비교해서 살펴보고자 한다.[62] 그 자료에는 그날 폭격에 참가한 비행기의 수, 폭탄 투하 시간, 폭탄의 규모 등이 기록되어 있다.

1) 폭격 시간과 폭격기 수

신문 기사에는 폭격기가 독도 상공에 나타나 폭탄을 투하한 시간을 오전 11시 반경, 오전

---

60 『남선경제신문』, 1948년 7월 10일, 1면, "[사고(社告)] 본사 주최 독도 조난 동포 위문금 위문품 모집, 모집 기간 7월 15일까지 연기".

61 『동아일보』, 1948년 7월 15일, 2면, "독도에 보내는 뜨거운 동족애, 수산업회에서 위문품 증정"; 『수산경제신문』, 1948년 7월 15일, 2면, "수산업회 위문사절 14일 현지 향 출발".

62 「History 93d Bombardment Group(VH) for June 1948」, pp. 14~16. [미 공군역사연구소(AFHRA) 소장자료: IRISNUM=00081295, CALL=GP-93-HI(06/01/1948, 06/30/1948), (www.airforcehistoryindex.org)]; 자세한 내용은 정병준, 2010, 『독도 1947: 전후 독도문제와 한·미·일 관계』, 돌베개, 208~223쪽 참조.

11시 40분경, 12시경(정오) 등으로 기록하고 있다.

그리고 그날 얼마나 많은 폭격기가 와서 폭격을 했는가에 대해서는 어떤 생존자들은 폭격기를 6대 혹은 11대까지 보았다고 했고, 또 어떤 이들은 12대의 폭격기가 2개의 편대로 나누어 폭격했다고 했다. 당시 국회 제11차 본회의에서는 폭격기 수가 9대라고 했다. 1948년 8월에 있은 남선경제신문사 주최 현지 좌담회에서 울릉도 경찰서의 한덕용 씨는 생존자들의 증언을 종합해서 판단한다고 하면서, "3기 편대 셋으로 9기가 먼저 섬 주위에 들어서 4회의 급강하 폭격을 한 것은 틀림없다."고 했다.[63] 생존자들의 증언이 대체로 일치하는 것은 폭격기들이 4차례에 걸쳐 폭탄을 투하하였다는 것이다.

미 공군역사연구소에 소장된 「제93중폭격비행단의 1948년 6월 역사」 자료에 따르면, 독도 폭격에 가담한 비행기의 수가 정찰기 1대를 제외하고 모두 20대였다.[64] 정찰기(기상관측기: weather ship)가 30분 앞서 정찰을 한 후, 20대의 폭격기가 3개 편대로 나누어 순차적으로 폭탄을 투하하였다. 비행기 7대로 구성된 첫 번째 편대(329비행대대)가 11시 58분 30초에, 두 번째 편대(328대대) 7대의 비행기가 12시에, 그리고 세 번째 편대(329대대) 6대의 비행기가 12시 1분에 각각 폭탄을 투하하였다. 그런데 그중 2대의 비행기는 처음에 투하하지 못하고 다시 돌아와 폭탄을 투하하였다. 그날 B29폭격대는 독도에 1,000파운드(500kg)의 폭탄 76개를 투하하였다.

폭격이 모두 4차례 이루어졌다는 것과, 11시 반경에서 정오 12시경에 폭탄이 투하되었다는 생존자들의 증언은 미 공군 측 자료와 일치한다.

2) 폭격기의 고도와 당시 날씨

당시 조선 경찰은 폭격기의 날개에 '원'과 '별' 표장(標章)이 있었다고 했다.[65] 여러 생존자들이 이를 증언하였는데, 특히 생존자 최만일 씨는 폭격기들의 "3차 내습 시에 4발동을 가진 비행기가 정찰을 하고 갔는데 자세히 보니 푸른 바탕에 흰 별이 그려져 있었다."고 구체적으

63 『남선경제신문』, 1948년 8월 5일, 2면, "무서웠던 그날, 생환자들의 생생한 회상, 독도사건 현지 좌담회(1)".

64 「History 93d Bombardment Group(VH) for June 1948」, op. cit., p.15.

65 『경향신문』, 1948년 6월 15일, 2면, "시인 반 부인 반 독도 폭격과 재일 미군 당국 담"; 『조선일보』, 1948년 6월 16일, 2면, "육안에도 기표, 총소사는 피해자 확인".

로 증언했다.[66] 비행기에 있는 표장의 색깔과 모양을 구체적으로 묘사할 정도라면 비행기가 상당히 저공으로 날았음을 알 수 있다. 최만일 씨가 표장을 자세히 본 비행기는 정찰기로 생각된다. 적어도 정찰기는 매우 낮은 고도로 날았음을 알 수 있다.

중상자 장학상 씨는 비행기의 고도가 고작 1,000m 내였을 것이라고 했고, 다른 생존자들은 폭격기가 독도의 정상보다 낮게 보였다며 100m나 150m 이내일 것이라고 했다.[67]

그런데 미 극동공군사령부는 폭탄을 2만 3천 피트(약 7,000m)에서 투하하였다고 하며, 6월 8일 비행 훈련은 고공비행 훈련이었다는 점을 강조하였다.[68] 폭격기의 고도는 기총소사 여부나, 어선을 바위로 잘못 보았다고 하는 것에 대한 진실을 밝히는 데 도움이 될 것이다.

한편 「제93중폭격비행단의 1948년 6월 역사」에는 고도는 나와 있지 않지만, '시계는 양호했다(CAVU)'고 기록되어 있다.[69] 생존자들도 6월 8일 독도 현지의 날씨가 '매우 좋았다'고 했다.[70]

3) 정찰기의 과실 책임 유무

미 극동공군사령부의 발표에 따르면, "폭격 훈련을 시작하기 30분 전에 표적 구역을 육안으로 확인하고자 정찰기가 독도 상공을 여섯 차례 비행했고 훈련을 실시하기에 문제가 없는 상태라고 보고했다."고 한다. 그리고 "폭탄을 실은 B29기는 정찰기로부터 여섯 차례 '이상무'라는 무전 보고를 받았다."고 한다.[71]

당시 독도에는 18척의 어선과 59명의 어민들이 조업을 하고 있었고, 독도 현지 날씨도 매우 좋았다. 그런 상황에서 정찰기가 여섯 차례나 독도 상공을 비행하며 정찰을 했다고 했

---

66 생존자 최만일 씨의 증언: 『수산경제신문』, 1948년 6월 13일, 2면, "태극기 흔들었으나 못 본척하고 폭격을 계속, 구사일생의 조난자 목격담".

67 생존자 이성일, 김칠선, 김정학 씨의 증언: 『남선경제신문』, 1948년 8월 5일, 2면, "무서웠던 그날, 생환자들의 생생한 회상, 독도사건 현지 좌담회(1)".

68 *Stars and Stripes*, June 16, 1948, "Check Pictures on Bomb Attack".

69 「History 93d Bombardment Group(VH) for June 1948」, op. cit., p.15.

70 생존자 최만일 씨의 증언: 『수산경제신문』, 1948년 6월 13일, 2면, "태극기 흔들었으나 못 본척하고 폭격을 계속, 구사일생의 조난자 목격담".

71 *San Francisco Chronicle*, June 16, 1948, "Fatal Target Practice 'Regrettable', Air Force Admits Korea Bombing Error".

는데, 정찰기가 무엇을 정찰했는지, 또한 무엇을 보고 폭탄 투하에 문제가 없다고 했는지 그 책임이 결코 가볍지 않을 것이다.

더욱이 독도에서 조업을 한 사람들이 비행기의 날개에 있는 푸른 원 안의 흰 별을 볼 수 있을 정도로 저공으로 비행한 정찰기에서 움직이는 선박이나 사람을 바위로 오인했다고 하는 것도 납득하기 어려운 일이다. 당시 어민들은 선박에서 태극기까지 흔들었다고 한다.

그리고 미 극동공군사령부는 "폭탄 투하 30분 후 촬영한 정찰 사진을 분석한 결과 폭격이 이루어진 구역에 소형 선박이 있었음이 확인되었다."고 했다. 정찰기가 촬영한 사진으로는 소형 선박이 있음을 확인할 수 있는 상황이었다. 백번 양보하여 설령 폭격 전에는 육안으로 확인하여 제대로 확인을 하지 못했다고 하더라도 폭탄 투하 후에는 생존자들의 증언을 볼 때 정황상 정찰기가 상당히 저공으로 날아 선박과 사람들을 확인했을 개연성이 매우 높은 것으로 생각된다. 만일 선박이나 사람이 있다는 것을 확인했다면 요구조자에 대한 구조 의무를 다하지 않은 책임도 결코 가볍지 않을 것이다.

4) 기관총 사격 여부

6월 16일 미 극동공군사령부의 발표에서는 기관총 사격에 대해서는 언급하지 않았다. 미군은 첫 번째 발표 때는 실탄 훈련을 계획하였다고 하다가, 두 번째 발표 때는 기관총 사격을 부인하며 조사 중이라고 했다. 그런데 6월 16일 미 극동공군사령부의 발표에서는 전혀 언급을 하지 않은 것으로 보인다.

생존자들 다수는 기총소사가 있었다고 증언했다. 경양환 선장 이완식(李完植)(34) 씨나 해양환 선원인 김태홍 씨와 최만일 씨는 폭격기가 저공으로 날며 기관총 사격을 했음을 증언했다. 이완식 씨는 비 오듯 기관총 소리가 들렸고, 기관총알까지 주웠다고 한다.[72] 생존자 윤응도 씨는 당시 비행기가 울릉도로 피난하는 배를 두 번이나 따라오면서 기관총을 쏘았다며, 그 상황을 다음과 같이 증언하였다.[73]

---

72 『조선일보』, 1948년 6월 12일, 2면, "기영(機影) 일거에 참시(慘屍) 낭자, 폭풍 탄우(彈雨)로 독도는 생지옥화, 이 선장 조난 담, 독도폭격 제3특신".

73 『남선경제신문』, 1948년 8월 5일, 2면, "무서웠던 그날, 생환자들의 생생한 회상, 독도사건 현지 좌담회(1)".

그리고 이편으로 나와 보니 굉장한 아우성이 들리고 폭탄의 파편과 바위가 깨어지는 문지돌□ 각돌이 비산(飛散)하고 연기가 가득한 속에서 우리 배가 보였습니다. 윤(尹) 기관장에게 우리 있는 곳으로 오라고 부르는 □□□에는 기총소사였습니다. 탄환비 오는 속에 우리 일곱은 배를 타고 울도(鬱島)를 향해 달아났는데 두 번이나 따라오면서 기관총을 쏘았으므로 우리 배 옆구리 3군데나 구멍이 뚫어져 물이 새는 것을 응급조치를 해가면서 가다가 도로 돌아와서 두 사람을 더 실고 □시경에 독도를 떠나는데 기관총 타격을 받아 보통보다 5시간이나 더 걸려 9일 오전 2시에 울도 소저동에 도착하여 즉시 어업조합과 구조단에 연락하였습니다.

당시 언론에는 기관총 총알에 의해 구멍 난 트렁크 등이 물적 증거로 제시되기도 했다.[74] 「제93중폭격비행단의 1948년 6월 역사」에는 기총소사에 관한 내용은 없다. 딘 장관은 7월 8일에 있은 기자회견에서 '생존자 전원이 기총소사는 없었다'고 말했다고 하며, 그 이유는 중폭기(重爆機)에는 기관총 장치가 없기 때문이라고 했다.[75] 그러나 딘 장관의 발언과 달리 생존자들(이완식, 김태홍, 최만일, 윤응도 등)은 일관되게 기관총 사격이 있었다고 증언하였다.

5) 인명 및 선박 피해 현황

독도폭격사건을 처음 보도한 1948년 6월 11일자 『조선일보』에는 16명이 즉사했다고 보도했다. 1948년 7월호 『신천지』에는 6월 10일자 기준이라고 하며 사망자가 16명이라고 했다. 그런데 6월 12일 이후 신문에서는 사망자가 14명이라고 기록하고 있다.

사망자가 16명에서 14명으로 줄어든 것은 동일 인물이 마치 다른 사람처럼 중복 계수된 데 원인이 있는 것으로 보인다. 즉 사건 직후 언론보도에 나온 김준선과 김중선, 김동술과 김규동이 동일 인물로 보이는데, 다른 인물처럼 계수가 되었기 때문이다. 6월 15일 이후에는 사망자 수가 14명으로 유지되고 있음을 볼 수 있다.[76] 다만 사망자의 이름이 약간씩 다르

74 『조선일보』, 1948년 6월 16일, 2면, "육안에도 기표, 총소사는 피해자 확인".

75 『공업신문』, 1948년 7월 9일, 2면, "독도사건은 급속 배상, 액수 알 수 없으나 유가족이 감사, 딘 군정장관 담".

76 물론 6월 23일 이후에도 다른 내용의 기사도 있었다. 즉 6월 23일자 『수산경제신문』에서는 사망자 16명, 중상자 3명이라고 하고 시신은 2구를 발견하였으며, 행방불명자는 14명이라 했다(『수산경제신문』, 1948년 6월 23일, 2면, "독도에 비기 내습 빈번, 피해조사에 일대 지장, 사망자 중 시체 발견 불과 2명). 6월 29일자 『조선중앙일보』에서는

<표 5> 시기별 사망자 명단 변화

일자	1948년				1951년 /1952년
	6월 10일	6월 11~15일	7월 3~4일	7월 16일~ 8월 4일	
사망자 (14명)	김준선(20) 김중순(19)	김준선(20)	김중선(20)	(김중선)*	김중선
	최태식(30)	최태식(24)	최덕식(34)	최덕식	최덕식
	김동술 김규동(39)	김동술(39)	김동술(42)	김동술	김동술
	권천	권천(변권천)	권천이(43)	권천이	권천이
	김응화	김응화	김경북(26)	김기화	김경화
	박춘식	박춘식	성명 미상	박춘식	성명 미상
	조성용	조성용	성명 미상	조성용	성명 미상
	오재옥	오재옥	성명 미상	오재옥	성명 미상
	이천식	이춘식	이두식(27)	이천식	이천식
	고원오(19)	고원오(19)	고원석(18)	고원호	고원호
	김해술(19)	김해술(19)	김해술(27)	김해술	김해술
	채일수(28)	채일수(28)	채일주(27)	(채일수)*	채일수
	김해도(21)	김해도(21)	김해도(34)	김해도	김해도
	김태현(30)	김태현(30)	김태현(34)	김태현	김태현
합계	16명	14명	14명	14명	14명
출처	현지 청취, 경찰 보고, 언론 보도		언론 보도	언론 보도 (피해 배상)	경상북도 보고서

*사망자 배상 명단에는 없음.

게 표현되기도 했으나, 동일 인물로 생각된다. 1948년 6월 12일자 신문기사 후 언론에 보도된 사망자 명단의 변화를 보면 〈표 5〉와 같다.[77]

조난 총원 52명 중 사망자 7명, 행방불명 10명이라고 하고, 중상자 2명, 경상자 8명, 생환자 28명이라고 적고 있다(『조선중앙일보』. "조사 결과 주목! 제3조사대가 최종, 독도사건").

77 이하 1948년 독도폭격사건의 인명 및 선박 피해에 관한 자세한 내용은, 홍성근, 2020, 「1948년 독도폭격사건의 인명 및 선박 피해 현황」, 『영토해양연구』 20호, 40~75쪽 참조.

<표 6> 시기별 부상자 명단 변화

일자		1948년				1951년/1952년
		6월 10일	6월 11~15일	7월 3~4일	7월 16일 ~8월 4일	
부상자	중상	장학상 이상주	장학상 이상주	장학상 이상주 권진문	장학상 이상주	장학상 이상주 권진문
		이완식	이완식	김태용		
	경상			박춘일 성명 미상 1명		성명 미상 3명
기타		부상 10명 (중상 2명, 경상 8명)				
출처		현지 청취, 경찰 보고, 언론 보도		언론 보도	언론 보도 (피해 배상)	경상북도 보고서

사망자 명단을 보면, 「1951년과 1952년 경상북도 보고서」의 사망자 명단과 다르지 않음을 알 수 있다.

부상자의 경우, 초기 언론보도에서는 10명이라고 했는데 중상자와 경상자가 포함된 숫자인 것 같다. 부상자 명단을 보면, 배상금이 지급되고 울릉도 영제의원(원장 전석봉)에 입원한 장학상, 이상주는 사건 초기부터 부상자 명단에 있었다. 다만 울진군 온양리의 권진문은 1948년 7월 언론보도에 위 장학상, 이상주와 함께 부상자 명단에 올라있다. 이상주는 이상남 등의 이름으로 기재되었으나, 모두 동일 인물로 보인다. 그 외 여러 이름이 부상자 명단에 오르내렸다. 이완식, 김태용이 중상자로, 박춘일이 경상자로 기록된 기사도 있다. 시기별 부상자 명단의 변화는 〈표 6〉과 같다.

중상자는 3명(장학상, 이상주, 권진문)으로 보이나 경상자의 경우 부상 정도가 심하지 않아 즉시 귀가 등의 이유로 경상자 현황이 제대로 파악되지 못했던 것 같다. 1950년 독도조난어민위령비, 1951년과 1952년 경상북도 보고서에 따르면 중상 3명, 경상 3명으로 되어 있다. 요컨대 사망자는 14명, 부상자는 중상 3명과 경상 최소 3명 이상으로 판단할 수 있다.

선박 피해의 경우, 사건 직후에는 11척이 침몰 또는 파손되었다고 하나, 소청위원회의 배상 조치 결과를 보면 14척이 침몰 또는 파손된 것으로 보인다. 1950년 독도조난어민위령비, 1951년과 1952년 경상북도 보고서에도 14척의 선박이 침몰 또는 파손된 것으로 기록되어 있다.

6) 폭격 당시 독도 출어 인원 및 선박 현황

당시 생존자들은 독도에 어느 정도의 어민들이 조업을 하고 있었는지를 증언하였다. 1948년 6월 12일자 신문에는 강원도 방면에서 출어한 어선과 울릉도 어선 등 15척에 어부 45명, 또는 20여 척이 작업을 하고 있었다고 한다.[78] 그리고 6월 12일자 『한성일보』에는 당시 독도에는 20여 척의 어선이 있었다고 하면서 부상자 장학상과 인터뷰한 내용을 싣고 있는데, 그는 당시 독도에 약 50명 정도의 사람들이 있었다고 했다.[79]

그 후 신문에 실린 강원도 묵호의 경양환 선장 이완식의 증언에 따르면, "그날 현장에는 30여 척의 배가 있었는데, 겨우 몇 척만 남고 침몰 파괴"되었다고 했다.[80] 해양환 선원 김태홍 씨(울진군 평해)는 "그때 독도 해상에는 약 23척의 선박이 있었다."고 했고,[81] 7월 3일 신문에는 당시 독도에 출어한 총 인원은 56명이며 배는 18척이었다고 한다.[82]

한편 『남선경제신문』에서는 사고(社告)를 내고 6월 25일부터 7월 15일까지 독도조난동포 위문금품을 모집하였는데, 그 취지 설명문에 당시 독도 현지에 "18척의 우리 어선과 59명의 동포"가 있었다고 기록했다.[83] 1950년 독도조난어민위령비, 1951년과 1952년 경상북도 보고서에서도 59명이 18척의 선반에 분승하여 조업을 하고 있었다고 했다.

---

78 『남선경제신문』, 1948년 6월 12일, 2면, "독도 부근서 우리 어선, 국적 불명의 비행기 습격으로, 사망 16명 기타 조사 중" 및 "어선도 11척 침몰"; 『수산경제신문』, 1948년 6월 12일, 2면, "출어 중의 어선을 폭격, 독도서 어선 11척 침물, 사상 20여명"; 『자유신문』, 1948년 6월 12일. 2면, "비기군(飛機群) 어선 폭격 사상, 어선 11척 침몰, 독도의 참사".

79 『한성일보』, 1948년 6월 12일, 2면, "소속 불명 비기 어선 습격, 11척 침몰 24명 사상, 독도 근해 참변".

80 『조선일보』, 1948년 6월 12일, 2면, "기영 일거에 참시 낭자, 폭풍 탄우로 독도는 생지옥화, 이 선장 조난 담, 독도폭격 제3특신"; 『조선중앙일보』, 1948년 6월 13일, 2면, "연습한다는 말도 없이 저공으로 폭격코 소사, 구사일생으로 귀환한 이 선장 담, 독도사건 현지 속보".

81 『남조선민보』, 1948년 6월 13일, 2면, "기의 표식도 본체만체, 고의로 기총으로 맹사, 김태홍 씨의 생환 담, 울릉도 사변 속보"; 『경향신문』, 1948년 6월 16일, 2면, "독도폭격사건 진상 이렇다, 폭격·정찰·기총소사, 원주 내에 성표 있는 4발동기로 확인, 이 책임을 누가 지나 민족의 울분만 격동".

82 『평화일보』, 1948년 7월 3일, 2면, "비기 13대가 계속 폭격, 독도사건에 춘천 공보원서 발표".

83 『남선경제신문』, 1948년 6월 26일, 1면, "독도 조난 동포 위문금 위문품 모집".

Ⅳ. 인원 및 선박 피해 배상과 후속 조치

1. 손해배상 경과

1948년 6월 29일 미군 소청위원회의 조사 결과는 6월 29일 중앙청의 공보부를 통해 발표되었는데,[84] 피해 건수는 모두 36건이라고 했다. 피해자 주소가 판명되지 않은 3건을 제외하고 33건에 대한 배상을 해결하기 위해 소청위원회가 출발하였다. 3건은 피해자 주소가 판명되는 대로 즉시 해결할 것이라고 했다.

미군 소청위원회는 6월 29일 현지로 출발하여 7월 1일경부터 울진군과 울릉군 등지에서 피해자 유족 등에게 배상금을 지급하고 7월 5일 돌아왔다.[85] 소청위원회에서는 35건에 대한 배상을 끝냈는데, 1건은 주소가 확인되지 않아서 배상을 하지 못했다고 한다. 하지만 그 1명이 누구인지는 나타나지 않았으며, 언론보도를 보면 2명(채일수, 김중선)의 유족을 확인하지 못해 배상을 못한 것으로 나와 있다.

한편 7월 1일 군정장관 딘 소장은 기자회견에서 이 사건은 자신의 소관이 아니라 조선주둔 미군 사령관, 즉 미 제24군단 사령관의 권한과 처리에 속한 사건이라며 소극적인 태도를 견지하였다. 그리고 '왜 미군 당국에서는 한마디 사과도 없느냐'는 질문에 대해 소청위원회 조사가 완료되면 사건에 대한 상세 내용과 사과를 발표할 것이라고 했다. 그러나 그 후 미 제24군단 사령부나 도쿄의 미 극동공군사령부에서는 독도사건에 대해 어떠한 공식 발표도 없었다. 그리고 딘 소장도 7월 8일 기자회견 석상에서 한 차례 더 독도사건에 대해 발언한 것 외에는 없었다. 그 내용을 보면 다음과 같다.[86]

---

84 『조선일보』, 1948년 6월 30일, 2면, "독도사건, 발표 없는 배상 현지 행에, 민족적 의혹은 재연, 진상 발표, 배상에는 격의 없는 성의 요망".

85 이와 관련해서는 아래의 7월 8일 딘 군정장관 기자회견 발언 참조. 『공업신문』, 1948년 7월 9일, 2면, "독도사건은 급속 배상, 액수 알 수 없으나 유가족이 감사, 딘 군정장관 담".

86 『공업신문』, 1948년 7월 9일, 2면, "독도사건은 급속 배상, 액수 알 수 없으나 유가족이 감사, 딘 군정장관 담".

[문] 독도폭격사건 소청위원회가 7월 5일 귀환하였다는데 그 진상과 조사 내용을 발표할 수 없겠는가?

[답] 7월 5일 귀환한 것은 사실이다. 동 사건에 희생된 유가족 28명과 경상자 7명에 대하여 배상금을 지불하였는데 가족 1명은 주소를 몰라서 탐문 중에 있다. 그리고 문제에 대하여 하지 중장이 급속히 처결한 데 관하여 유가족들은 감격하고 있다. 귀환한 소청위원회 보고에 의하면 중경상을 입고 파선이 되어 돌아온 사람들은 적개심도 없고 매우 고마운 듯이 말하고 있다. 수산국 미인(美人) 고문도 위원의 한 사람인데 그 말에 의하면 유가족과 피해자가 동 사건 배상의 급속한 처결에 감사한다는 말을 듣고 퍽 기뻐하였다 한다. 그리고 생환자 전원은 폭격은 있었으나 기총소사는 없었다고 말하였으며 그 이유는 중폭기(重爆機)에는 기관총 장치가 없기 때문이다.

[문] 그 배상액과 폭격한 사람은 누구인가?

[답] 그 관계자는 항공군(航空軍) 소속이므로 나로서는 모른다. 또한 그 배상액도 하지 중장이 소청위원회와 상의해서 결정한 것이기 때문에 나로서는 모르겠다.

딘 소장의 답변에 따르면, 소청위원회의 배상금 지급과 관련하여, 유가족이나 피해자들은 배상을 신속하게 처리한 것에 대해 감사하다고 했고, 생환자 전원이 폭격은 있었으나 기총소사는 없었다고 말했다는 것이다. 그러면서 딘 소장은 중폭기에는 기관총 장치가 없다는 말도 덧붙였다. 그리고 배상액이 얼마인지, 폭격한 사람이 누구인지에 대해서는 자신의 소관 사항이 아니기 때문에 모른다고 했다. 그러나 유가족들과 피해자들이 피해 배상에 만족했고 기총소사도 없었다고 전한 딘 소장의 발언은 당시 언론에 나온 피해자들의 증언과는 사뭇 다르다. 또한 배상액이나 폭격한 사람이 누구인지에 대해 자신은 모르겠다고 한 답변은 미 군정장관으로서는 무책임한 발언처럼 들린다.

한편 독도사건에 관한 현황이 7월 7일 제헌국회의 제27차 본회의에서 보고되었는데, 그 내용이 대략적으로 보도되었다. 그 내용은 1948년 7월 6일 경찰 측에서 보내온 것을 그대로 보고하였다.[87] 이 보고에는 사건 직후 울릉도 경찰서에서 생환자 면담을 통해 조사한 내용과 사건 직후 조치한 내용이 기록되어 있다. 그런데 이것은 사건 직후 울릉경찰서에서 상급 기관에 보고하고 언론에도 발표한 내용으로 보인다. 즉 경찰이 국회에 제출한 자료는 사

<표 7> 1948년 7월 1일 ~ 17일 사건 내용

일자	내용	비고
7월 1일(화)	딘 소장, 기자회견: '이 문제는 조선 주둔 미군 사령관 소관 사항'	7월 2일 보도
	미군 당국, 독도사건 관련 배상금 지급, 죽변 관내만 248만원	7월 16일 보도
7월 2일(수)	춘천 미공보원 발표: 피해 상황* (사망자 14명, 중경상자 6명 등)	7월 4일 보도
7월 5일(토)	소청위원회 복귀: 35명 유가족에게 배상, 1명 미지급(주소 불명)	7월 9일 보도
7월 7일(월)	국회 제27차 회의에서 독도사건 언급: 책임 비행사, 미 군법회의에 회부 운운	7월 8일 보도
7월 8일(화)	딘 소장 기자회견: '기총소사 없었음'	7월 9일 보도
7월 9일(수)	각계 정당 담화 발표: 딘 소장 기자간담회 비판	7월 11일 보도
7월 10일(목)	남선경제신문사, 독도 조난 동포 위문금품 모집 기간 연기(7월 15일까지)	7월 10일 『남선경제신문』
7월 12일(토)	일본 재무장 대책 주비위원회: 독도, 제주도 사건 토의	7월 14일 보도
7월 13일(일)	민전, 남로당 성명 발표	7월 15일 보도
7월 15일(화)	수산업회, 독도 희생자 위문(7월 7일~15일)	7월 15일 보도
7월 17일(목)	각 정당, 배상액에 대해 비판	7월 17일 보도

* 일부 신문에서는 춘천 미공보원이 아니라 울릉도 도사의 보고서에 의한 것이라고 정정보도를 함.[88]

건 직후의 자료였던 것 같다. 제27차 국회 본회의가 열린 7월 7일 당시에는 이미 미 극동공군사령부에서 미군 비행기가 폭격한 것을 인정하고 배상까지 마친 상황이었다.

각 정당 및 사회단체에서는 딘 소장의 기자회견 발언에 대한 비판과 함께, 미군의 배상이 적절하지 못했다고 비판했다. 미군 철수 주장이 더욱 거세어지고 반미 정서가 사회적으로 급속하게 퍼져나가기 시작했다.[89] 미군 철수 주장은 사건 직후 미 당국의 애매한 태도를

---

87 제1회 국회 속기록 제27호[단기 4281년 7월 7일(수)], 1~2쪽.

88 『강원일보』, 1948년 7월 2일, 2면, "정정(訂正)".

89 『부산신문』, 1948년 6월 19일, 2면, "양군 철퇴하라, 독도사건 태도 애매하다, 삼균주의 청동 부산지위 담"; 『조선중앙일보』, 1948년 6월 20일, 1면, "독도 참사에 민전에서 담화, 미군 대거 철퇴 요망"; 『조선중앙일보』, 1948년 6월 23일, 1면, "독도사건에 각 단체 성명"; 『남선경제신문』, 1948년 6월 23일, 2면, "독도의 동포 폭격한 미군, 극형에 공개 처단하라, 경북도 문련(文聯) 담화 발표" 및 "약소민족에 신의 지키라, 근민당서 담화"; 『조선중앙일보』, 1948년 6월 29일, 2면, "진상 밝혀라, 교육자협회 회담"; 『조선중앙일보』, 1948년 7월 1일, 2면, "조선 민족에 대한 보상은 철병으로 하라! 일방적인 발표만으로 끝이려는가, 독도사건"; 『조선중앙일보』, 1948년 7월 2일, 2면, "통분사 재발 않도록 외군 즉시 철퇴하라, 독도사건에 민중동맹 담"; 『조선중앙일보』, 1948년 7월 6일, 1면, "적산 문제 등에 청우당서 성명"; 『강원일보』, 1948년 7월 8일, 2면, "자주적 조사 주장, 독도사건에 민독당 담(談)"; 『조선중앙

비판하는 가운데 제기되기 시작하였다.

제27차 국회 본회의에서는 윤치영 의원이 독도폭격사건에 관한 외무국방위원회의 조사 사항을 보고하면서, 모 외국인에게 들었다며 '폭격 연습을 한 당사자는 군정재판에 부쳐졌다'는 말을 전하였다.[90] 그리고 이러한 내용이 비공식으로 전달받은 것이기에 기자들은 발표하지 않기를 바란다는 당부까지 덧붙였다. 그러나 다음 날 신문에는 이 사건의 '책임 비행사'가 이미 군법회의에 회부되었다고 하는 내용으로 기사화되었다.[91] 그런데 책임 비행사가 실제 군법회의에 회부되었다는 것을 말해주는 자료는 찾을 수가 없다.

2. 인명 피해에 대한 배상 현황

1948년 7월이 되자, 미군 당국이 현지를 다니면서 배상을 했다는 소식이 신문을 통해 들렸다. 울진군 죽변 관내에서는 미군 당국이 1948년 7월 1일부터 피해자들에게 배상금을 지급하였는데, 울진군 죽변 어업조합에서 강원도 수산과에 그 피해 배상금에 관한 사항을 보고하였다. 울진군 관내에서 지급된 배상금은 1차로 죽변면 지역의 박춘식 등 7명의 유가족에게 지급되었고 그 후 후포리 김동술의 유가족에게도 지급되었다.[92] 죽변 관내에 있는 피해자들에게는 248만원이 지급되었다고 한다.[93] 그런데 각 정당에서는 배상이 제대로 되지 않았다며 비판했다. 울릉도 관내 피해자들에게도 배상금이 지급되었는데, 사망자 5명과 중상자 2명에게 배상금이 지급되었다. 울릉도 관내에서는 212만원을 지급했다고 한다.[94] 그리고 소재가 파악되지 않은 2명(채일수, 김중선)의 유족들은 배상금을 받지 못한 것으로 보인다.

사망자의 유족 또는 피해자들에 대한 배상금은 1948년 6월 29일 이후 A.W. 위나지크

일보』, 1948년 7월 11일, 2면, "진상 발표 요망, 인공당 담"; 『한성일보』, 1948년 7월 14일, 2면, "독도사건 등 토의, 일본 재무장 대책 확대 주비회서"; 『조선중앙일보』, 1948년 7월 15일, 1면, "독도사건에 민전(民戰)·남로(南勞)에서 성명"; 『조선중앙일보』, 1948년 7월 17일, 2면, "독도사건 배상에 의혹 크다!, 실 피해액의 14%, 이것이 충분한 배상인가"; 『조선중앙일보』, 1948년 7월 18일, 2면, "터무니없는 배상액, 누가 만족하겠는가, 독도사건에 불교청년 담".

90 국회 속기록 "제1대 국회 제1회 제27차 국회 본회의(1948년 7월 7일) 1. 보고사항".

91 『조선일보』, 1948년 7월 8일, 2면, "독도사건 배상책 강구, 책임 비행사, 군법회의 회부".

92 『남선경제신문』, 1948년 8월 4일, 2면, "독도사건의 유족들, 살아갈 앞길은 아득하고 격랑 같은 원한 무엇으로 풀리".

93 『동아일보』, 1948년 7월 16일, 4면, "독도사건 배상 지불, 죽변 관내에 248만원".

94 『수산경제신문』, 1948년 7월 31일, 2면, "기범선 수리비 불과 만여원, 울릉도 어조 관내에 212만원, 독도사건 배상 지불".

대위 등 미군 소청위원들이 직접 울진군과 울릉도 등 현지를 방문하여 지급하였다. 그들은 유족 또는 피해자들을 항구에 정박해 있는 배에 한 사람씩 올라오도록 하여 배상금을 지급하였다. 그 과정에서 배상금이 적다고 문제를 제기하며 거부하는 자에게는 선상에서 내려가지 못하게 위협까지 하였다고 한다.[95] 생존자 윤응도 씨가 그러한 내용을 증언하였다.[96]

> 세 군데나 기총 탄환의 구멍이 뚫어진 것 등을 상세히 조사하고 나더니 50만원이나 배상금을 받으면 어떻겠느냐고 하였지만 나는 20만원쯤 하면 수선하겠으니 배를 파몰(破沒)한 이들과 희생당한 유족에게 많이 배상해달라고 했는데 금액 지불할 때에 1만4천원을 주려길래 어이가 막혀서 안 받으려고 하니, 그러면 4천원을 더 주겠다고 합디다. 기어코 안 받으려고 하니 배에 입초선 병정을 시켜서 하선 못 한다고 위협을 합디다. 그래도 끝내 받지 않았습니다.

울릉도 관내 피해 배상 현황을 보면, 경상자에게는 12만원, 중상자에게는 7만원, 사망자에게는 6만원을 지급하는 등 분별없이 배상금을 지급하여 원성이 컸다고 한다.[97] 피해자 및 관계자들은 배상이 불공평하고 그 내용도 공표하지 않았으며, 수액 방식에 있어서도 백지에 날인만을 해 갔다는 등 적지 않게 의아했다고 한다.[98]

배상금 처리는 7월 5일 소청위원회가 귀임하기 전에 끝낸 것으로 보인다. 당시 언론에 나온 사망자의 피해 배상 현황을 정리하면 〈표 8〉과 같다.

부상자에 대한 배상금 지급 현황은 〈표 9〉와 같다. 그런데 배상금을 지급받았다고 하는 사람들은 중상자들인데, 울진군 온양리의 권진문 씨에게 배상금이 지급되었는지는 확인할 수가 없다.[99]

---

95 『남선경제신문』, 1948년 7월 22일, 2면, "이것이 미 당국의 책임 있는 조치인가? 독도사건의 배상 내용, 울도(鬱島) 관계 212여만원을 지불, 백지 날인도 의아 불소(不少)"; 『남선경제신문』, 1948년 8월 7일, 2면, "독도사건 현지 좌담회(3)".

96 『남선경제신문』, 1948년 8월 7일, 2면, "독도사건 현지 좌담회(3)".

97 『조선중앙일보』, 1948년 7월 24일, 2면, "독도사건 울릉도 관내 배상, 경상에 12만원, 중상에 7만원, 사망엔 6만원도 지불".

98 『남선경제신문』, 1948년 7월 22일, 2면, "이것이 미 당국의 책임 있는 조치인가? 독도사건의 배상 내용, 울도 관계 212여만원을 지불, 백지 날인도 의아 불소".

99 권진문 씨 유족에 따르면 양쪽 다리 허벅지 아래쪽에 파편이 박히는 부상을 입어 수술도 하였으나 제대로 된 치료도 받지 못했다고 한다[2018년 4월 19일 권진문 씨의 유족(4남 권길웅, 경북 울진군 울진읍 온양리) 인터뷰].

<표 8> 사망자 피해 배상 현황

연번	성명	금액	거주지	비고
1	김중선	미지급	묵호읍 진리	유족 소재 파악 못함
2	권천이	400,000원	죽변리	
3	김경화	220,000원	죽변리	*당시 언론에는 '김기화'로도 표기
4	이천식	160,000원	죽변리	
5	김동술	280,000원	죽변리	
6	박춘식	340,000원	온양리	
7	오재옥	340,000원	온양리	
8	조성용	340,000원	온양리	
9	최덕식	340,000원	울릉도	
10	고원호	60,000원	울릉도	
11	김해도	280,000원	울릉도	
12	김해술	126,000원	울릉도	
13	김태현	220,000원	울릉도	
14	채일수	미지급	울릉도	유족 소재 파악 못함
합계		3,106,000원		

<표 9> 부상자 피해 배상 현황

연번	성명	부상 정도	금액
1	장학상	중상	71,500원
2	이상주	중상	128,000원
3	권진문	중상	미확인
합계			199,500원 + 미확인

3. 선박 피해에 대한 배상 현황

미군 소청위원회는 폭격으로 침몰 또는 파손된 선박에 대해서도 배상금을 지급하였다.[100] 선박 피해에 대한 손해배상을 보면, 기선(또는 기범선, 발동선) 5척과 범선(또는 전마선) 9척으로 모두 14척의 피해 선박에 대해 배상이 이루어진 것으로 파악된다.[101]

<표 10> 선박 피해 배상 현황

연번	선주명	금액	내역	주소	비고
1	윤영묵	2,088,250원	기범선 1척	묵호	묵호 어업조합
2	김학기	99,740원	범선 1척	묵호	묵호 어업조합
3	김갑성	65,400원	범선 1척	묵호	묵호 어업조합
4	이광술	40,000원	범선 1척	영덕	묵호 어업조합
5	이성월	934,300원	기범선 1척	울진	묵호 어업조합
6	김정택	28,000원	범선 1척	울진(평해)	묵호 어업조합
7	오종석	684,200원	기범선 1척, 범선 3척	울진(죽변)	죽변 어업조합
8	안찬수	730,000원	발동선 1척	울릉도	울릉도 어업조합
9	권원암	350,000원	발동선 1척, 범선 1척	울릉도	울릉도 어업조합
10	안미술	50,000원	범선 1척	울릉도	울릉도 어업조합
합계		5,069,890원	기범선(발동선) 5척, 범선 9척		

그런데 실제 지급된 배상금이 피해 추산액에 비해 턱없이 부족하여 불만이 강하게 제기되었다.[102] 예를 들면, 묵호 어업조합 관내에서 선박 관련 피해 총액은 8백만원이나 되었으나, 실제 지급된 배상액은 3,255,690원밖에 되지 않았다.[103] 그리고 울진군 죽변리의 선주 오종석 씨에게 지급된 피해 배상금도 실제 피해 총액에 크게 미치지 못했다고 한다. 그의 피해 추산액은 520만원이었는데, 실제 지급 받은 배상금은 684,200원에 불과했다.[104] 피해 선박에 대한 배상금 지급 현황을 보면 〈표 10〉과 같다.

---

100 『동아일보』, 1948년 7월 16일, 4면, "독도사건 배상 지불, 죽변 관내에 248만원"; 『조선중앙일보』, 1948년 7월 24일, 2면, "독도사건 울릉도 관내 배상, 경상에 12만원, 중상에 7만원, 사망엔 6만원도 지불"; 『수산경제신문』, 1948년 7월 31일, 2면, "기범선 수리비 불과 만여원, 울릉도 어조 관내에 212만원, 독도사건 배상 지불".

101 『남선경제신문』의 1948년 6월 26일과 7월 2일자 기사를 보면, 기선 5척과 범선 8척의 행방이 아직 불명하다고 되어있다. 『남선경제신문』, 1948년 6월 26일, 1면, "독도 조난동포 위문금 위문품 모집"; 『남선경제신문』, 1948년 7월 2일, 1면, "[사고] 본사 주최, 독도 조난동포 위문금 위문품 모집".

102 『남선경제신문』, 1948년 8월 7일, 2면, "독도사건 현지 좌담회(3)".

103 『동아일보』, 1948년 9월 3일, 2면, "독도사건 배상, 묵호 어민이 추가 요구".

104 오종석 씨가 계상한 선박 피해 상황을 보면, 기범선(경양환) 50마력 19.86톤 파손에 대한 수선료 200만원, 범선(흑호환) 150만원, 범선(행정환) 침몰 100만원, 범선(해양환) 파손 70만원 합계 520만원이었다. 『동아일보』, 1948년 7월 16일, 4면, "독도사건 배상 지불, 죽변 관내에 248만원".

4. 위문금품 지급

7월 20일 이후에는 남선경제신문사 및 수산 어업 관련 단체에서 그동안 모집한 위문금품을 피해자들에게 전달하고 또 그 마음을 위로하고자 위령제도 지냈다.

특히 7월 24일 남선경제신문사에서는 6월 25일부터 7월 15일까지 공개 모집한 위문금 및 위문품을 전달하고 피해자 및 유족들을 위문하기 위해 대구를 출발하여 7월 25일 울릉도로 향했다. 그들은 26일 울릉도에 도착하여 위문금을 전달하였다. 그들은 당초 목표 모금액이 80만원 정도였으나 647,219원을 모금하였다.[105] 그중 32,000원을 관련 비용으로 쓰고, 615,219원을 피해자와 유족들에게 전달하였다.

울릉도 현지에 도착한 위문사들은 '우중(雨中)에 자전거 한 대 탈 수 없는 울릉도의 험한 산을 넘어가면서 유족들을 일일이 찾아 생활환경을 살피고 위문품으로 가져온 사과를 전달했다'고 한다. 위문사들은 그 과정 중에 접하게 된 유족들의 열악한 생활 형편도 신문에 자세하게 소개했는데, 그 사정을 보면 다음과 같다.[106]

▲ 희생자 최덕식(崔德植)(남면 소저동)[107]: 35세, 유족은 미망인 21세, 장녀 13세, 장남 9세, 2녀 4세, 2남 1세로 재산은 우막 같은 집 한 채뿐이고 의지할 곳 없다는 다섯 식구의 금후의 생도(生途)가 막연한데 미 24군단에서의 배상은 34만원

▲ 희생자 김태현(金泰賢)(남면 소저동): 32세, 유족은 미망인 27세, 장남 7세, 차남 3세로 세 식구 소유물은 2간(間) 초가집 한 채뿐이고 배상금으로 받은 돈은 22만원

▲ 희생자 김해도(金海道)(남면 소저동): 27세, 유족은 미망인 24세, 장남 6세, 장녀 2세, 누이 동생 11세로 네 식구인데 소유물은 입은 옷 정도로 셋방살이의 비참한 형편인데 배상금 28만원

▲ 희생자 김해술(金海述)(남면 도동): 19세, 미혼자이므로 유족은 부(父) 만조(萬祚) 씨 62세, 백형(伯兄), 중형(仲兄), 제매, 형수, 질녀로 일곱 식구인데 11만 6천원

---

105 『남선경제신문』, 1948년 8월 3일, 2면, "독도 조난 동포 유족 위문사 보고".
106 『남선경제신문』, 1948년 8월 4일, 2면, "독도사건의 유족들, 살아갈 앞길은 아득하고, 격랑 같은 원한 무엇으로 풀리".
107 '소저동(小苧洞)'이라는 한자 지명은 그 뜻을 따라 '작은 모시개'라는 순한글 지명으로도 불린다.

<표 11> 1948년 7월 20일 ~ 9월 17일 사건 내용

일자	내용	비고
7월 20일	경북 해련(海聯) 주최, 독도 희생자 위령제 거행	7월 15일 『수산경제신문』
7월 24일	당국 및 관계자, 피해 유족 위문차 울릉도로 출발(7.24~8.1)	7월 24일, 8월 3일 『남선경제신문』
	미군 당국, 울릉도 피해자들에게 배상액 전달 보도	7월 24일 보도
7월 27일	경북 어련(漁聯) 주관, 울릉도에서 위령제	7월 25일, 29일 보도
7월 29일	남선경제신문사 주최 현지 좌담회	8월 3일, 5일~7일 『남선경제신문』
8월 4일	사망자 유족 생활 환경 소개	8월 4일 『남선경제신문』
8월 31일	묵호 어조 관내 배상 지급 사실 보도	8월 31일 『강원일보』 9월 3일 보도
9월 17일	언론, 독도사건의 배상 불철저 비판	9월 17일 『조선일보』

▲ 희생자 고원호(高元鎬)(남면 소저동): 미혼이었으나 4형제 6남매의 생활의 중심이 되어 있었다는데 배상은 6만원

▲ 희생자 김동술(金東述)(강원도 울진군 평해면 후포항): 40세, 그 유족은 71세의 부친과 62세의 모친을 거느린 미망인 33세, 위 아들 효근(孝根) 12세가 있을 뿐으로 배상금은 28만원

이외에 채일수 씨의 유족은 벌써 육지로 생로(生路)를 구하여 '섬'을 떠나갔다고 한다. 울릉도의 생활 실정은 억센 사나이가 아니면 할 수 없는 바다의 고기잡이, 해초 채취 이외 자기 농토가 없는 이상 생로는 전연 없다.

5. 독도사건 현지 좌담회 개최

언론사에서는 생환자들과 좌담회도 개최하였다. 1948년 언론보도상 확인되는 좌담회는 2건이 있는데, 1948년 6월 19일 『조선중앙일보』와 같은 해 7월 29일 『남선경제신문』에서 개최한 좌담회다.

먼저 『조선중앙일보』에서는 사건 직후인 6월 19일 포항에서 생환자들과 좌담회를 가졌다.[108] 그날 포항(동남여관)에서 저녁 8시부터 약 2시간 동안 개최되었다. 이때 참석한 생환자는 모두 6명이었는데, 옥만룡(玉萬龍), 이열원(李列源), 박춘일(朴春一), 이갑선(李甲先), 김학기

(金學基), 김칠성(金七星)이었다. 생환자들은 "당시의 처참한 광경을 회상하고 바위틈으로 불속으로 피해 다니던 몸서리나는 광경을 말하고 무참히 목숨을 끊은 동료 형제들의 억울한 죽음에 대한 분노를 피력"하였다고 한다.

그로부터 한 달여 지난 7월 29일 『남선경제신문』 주최로 울릉도 현지에서 좌담회가 개최되었다. 그날 오전 11시부터 오후 3시까지 열렸는데, 모두 22명이 참석하였다. 남선경제신문사 총무국장(김병대)과 편집국장(유근수)의 사회로 울릉도와 울진에 거주하는 생환자 5명과, 중앙청 수산국 부국장(박종만), 경북도 수산과장(신성호)을 비롯하여 울릉도 어업조합 및 경찰서, 구조단 등의 관계자 17명이 참석하였다.[109] 그때는 위문품 전달과 위령제 개최도 함께 있었던지라 제법 많은 사람들이 참석했었다.

생환자들은 폭격사건이 있었던 날을 생생하게 회고하였고, 구조단의 구조 활동 및 미군 소청위원회의 피해 배상과 관련된 내용에 대해서도 증언하였다. 좌담회에서 오간 내용들은 1948년 8월 5일부터 7일자 『남선경제신문』에 자세히 실려 있다.[110]

6. 위령제 개최와 독도조난어민위령비 건립

독도폭격사건에 희생된 이들을 기억하고 추모하는 위령제가 1948년과 1950년에 각각 열렸다. 1948년 위령제는 강원도 어련(漁聯) 등의 후원을 얻어 경북도 어련 주관으로 울릉도 현지에서 개최되었다.[111] 당초 독도에서 지낼 예정이었으나, 날씨 때문에 울릉도에서 개최하

108 『조선중앙일보』, 1948년 6월 29일, 2면, "생환자 일동 좌담회 개최".

109 독도사건 현지 좌담회에 참석한 명단은 다음과 같다. ▲울릉도 생환자 김태선(金泰先), 김정학(金貞學), 윤영출(尹永出), 윤응도(尹應道), 김장수(金長壽) ▲강원도 울진 생환자 김칠선(金七善), 이성일(李成日) ▲울릉도측 구조단장 최해상, 동상(同上) 도동 분단장 김삼환(金三煥), 동단(同團) 역원(役員) 최해익(崔海益), 소방대장(消防隊長) 양재석, 어업조합 이사 김병규(金秉圭), 동(同) 부이사 신일생(申一生), 경찰서 사찰계(査察係) 한덕용(韓德龍) ▲중앙청 수산국 부국장 박종만(朴鍾萬), 경북도 수산과장 신성호(申聖浩), 도(道) 수산과 안진수(安進洙), 경북 수산시험장장(試驗場長) 박재동(朴裁東), 경북 어련(漁聯) 이사 박상준, 영일군 수산계 최병제, 축산(丑山) 어조(漁組) 홍재석, 영일(迎日) 어조 조출용(趙出容) ▲ 본사 총무국장 김병대(金炳大), 편집국장 유근수(柳根秀)(이상 무순). 『남선경제신문』, 1948년 8월 5일, 2면, "무서웠던 그날, 생환자들의 생생한 회상, 독도사건 현지 좌담회(1)".

110 『남선경제신문』, 1948년 8월 5일, 2면, "무서웠던 그날, 생환자들의 생생한 회상, 독도사건 현지 좌담회(1)"; 『남선경제신문』, 1948년 8월 6일, 2면, "독도사건 현지 좌담회(2)"; 『남선경제신문』, 1948년 8월 7일, 2면, "독도사건 현지 좌담회(3)".

111 1948년 8월 3일, 『남선경제신문』, 2면, "독도 조난 동포 유족 위문사 보고". 일부 신문에는 당초 21일 개최될 예정

였다.[112]

위령제는 7월 27일 오후 5시[113] 울릉도 어업조합 건물 2층에서 개최되었는데, 생환자 및 유가족 등 50여 명이 참석하였다. 각계 인사로는 중앙청의 수산국 박종민 부국장과 경상북도 지사를 대리하여 신성호(申聖浩) 수산과장이 참석하고, 울릉도 내의 인사, 남선경제신문사 관계자 등이 참석하였다. 위령제는 "불식(佛式)으로 엄숙하게 독경 후 어련(漁聯) 박(朴) 이사의 제문에 이어 각계에서 보낸 21통의 조사(弔辭)와 4통의 상전(電)을 영위(靈位) 앞에 전하고 다시 독경(讀經), 훈향(燻香), 유족 부인들의 배례(拜禮)는 참례자들로 하여금 눈물을 솟아나게 하여 눈물 어린 한 시간이었다."고 한다.[114]

그로부터 2년 후인 1950년 6월 8일 경상북도 주관으로 독도 현지에서 위령제가 개최되었는데, 이때에는 특별히 독도조난어민위령비 제막식도 있었다. 위령비를 건립하게 된 것은 피해 어민들의 명복을 빌며 그 유가족을 위문하는 한편, 일본의 독도 영유권 주장에 대해 독도가 우리의 영토라는 것을 알리기 위함이 있었다고 한다.

위령비 제막식에는 조재천 경상북도 지사를 비롯하여 중앙부처와 경상북도 내의 사회 각계의 유지와 언론계, 공보처 영화반 등 관계자들이 함께 하였다.[115] 공보처 영화반이 간 것은 동 실황을 촬영하여 국내 상연은 물론 맥아더 사령부에 보내고자 했던 것이다.

그들은 6월 6일 대구를 출발하여 6일 저녁 7시경 포항에서 해군 함정에 편승하여 7일 새벽녘에 울릉도에 도착했다. 다시 다음 날(8일) 이른 아침 해군 함정 2척 및 계림환(鷄林丸)을 타고 울릉도를 출발하여 8시간의 항해 끝에 오후 1시경에 독도에 도착하였다.[116]

이었다고 하나, 시간이 27일로 연기되어 거행된 것으로 보인다(『수산경제신문』, 1948년 7월 15일, 2면, "원혼이여! 눈을 감으라, 21일 현지서 위령제 거행, 독도 희생자"). 피해자 유족들의 증언에 의하면 1948년 울진군 죽변에서도 별도의 위령제가 열렸다고 한다.

112 『남선경제신문』, 1948년 8월 3일, 2면, "독도 조난 동포 유족 위문사 보고".

113 1948년 위령제는 6월 27일 오후 5시가 아니라 오전 11시 어업조합 앞 광장에서 집행되었다는 기사도 있다. 『남선경제신문』, 1948년 7월 29일, 2면, "독도 희생, 동포 위령제, 27일 울릉도서 엄숙 집행, 본사서 위문금품도 전달".

114 『남선경제신문』, 1948년 8월 3일, 2면, "독도 조난 동포 유족 위문사 보고".

115 당시 제막식에 미국 대사, 유엔 위원단 등도 참석했다고 했으나 확인은 되지 않고 있다. 『연합신문』, 1950년 6월 8일, 2면, "오늘 독도사건 2주년, 고혼들의 명복을 빌며, 현지서 위령비 제막식 거행".

116 『경제신문』, 1950년 6월 11일, 2면, "통분한 회상 독도! 망령이여 수호신 되라"; 『국도신문』, 1950년 6월 13일, 2면, "원혼 길이 이 섬 지키시라, 독도 조난 어민 위령제 참관기, 갈매기 날아드는 천애의 고도, 땅 치며 우짖는 유족 모습 처량".

언론에는 제막식이 열리는 6월 8일에 맞추어 조재천 경상북도 지사가 집필한 독도조난어민위령비의 내용이 소개되었다. 그 내용은 다음과 같다.[117]

[전면] 독도조난어민위령비

[좌측면] 대한민국 경상북도 지사 조재천

[우측면] 단기 4283년 서기 1950년 6월 8일 건립

[후면] 단기 4281년 6월 8일이 독도에 출어 중이던 어민 59명이 18척의 어선에 분승 조업 중 미군 연습대의 오인폭격을 받아 사망 몇 행방불명 14명, 중경상 6명, 선박 파괴 4척의 대일춘사가 발생하였다. 경도풍랑(鯨濤風浪)에도 불굴(不屈)하는 조국 재건의 해양 용사들에게 이 무슨 원억(冤抑)한 횡액(橫厄)이나 일찍 미군의 진사와 사회적 동정이 답지하여 수중원혼(水中怨魂)과 혈유가족(孑遺家族)의 위무구호(慰撫救護)에 성의를 바친 바 있었으나 다한애정(多恨哀情)의 일단(一端)을 펴고자 사건 발생 2주년을 기하여 단갈(短碣)을 이룩하고 삼가 조난 어민 제위의 명복을 비노라.

언론에 배포된 내용은 실제 위령비에 새긴 내용과 한두 글자를 제외하고 거의 동일하다.[118] 오후 1시경에 독도에 도착한 일행은 제막식과 위령제 준비를 끝낸 후, 오후 3시 정각에 위령비 제막식을 가졌다. 이어 사망자 열넷 원혼들의 명복을 비는 승녀의 독경 소리와 함께 위령제가 시작되었다.[119] 조 지사의 제문 낭독과, 유가족의 분향과 해군 장병의 조포(弔砲) 등으로 진행되었다.

행사를 마친 일행은 당일 저녁 8시에 독도를 떠나 포항으로 출발하였다. 6월 10일 모든 일정을 마치고 대구에 도착하였다. 위령비 제막식 및 위령제가 몇 개의 신문에 보도되었다.

---

117 『연합신문』, 1950년 6월 8일, 2면, "오늘 독도사건 2주년, 고혼들의 명복을 빌며, 현지서 위령비 제막식 거행".

118 실제 위령비의 비문 내용은 「1951년 경상북도 보고서」(앞의 자료) 참조.

119 『국도신문』, 1950년 6월 13일, 2면, "원혼 길이 이 섬 지키시라, 독도 조난 어민 위령제 참관기, 갈매기 날아드는 천애의 고도, 땅 치며 우짖는 유족 모습 처량".

위령제 때 낭독한 조 지사의 제문도 당시 언론에 소개되었다.[120]

> 단기 4283년 6월 8일 경상북도 지사 조재천(曺在千)은 독도사건에 원사(怨死)하신 고(故) 김중선(金仲善) 군 이하 14주(柱)의 영혼에 대하여 삼가 위문의 성(誠)을 바치고자 함에 새삼스러운 애도(哀悼)의 정을 이기지 못하는 바이외다.
>
> 회고하건대, 2년 전인 단기 4281년 금월(今月) 금일(今日) 고(故) 김중선(金仲善) 군 이하 59명은 태영환(泰榮丸) 외 18척의 어선에 분승(分乘)하고 근거지 울릉도를 출발하여 약포(若布)를 채택(採擇)코자 이 독도 근해에 투묘하였다.
>
> 조난 당시에 서남(西南) 강풍에 물결은 높았으나 초하(初夏)의 양광(陽光)을 담뿍 가두면서 혹은 바다에서 혹은 섬 위에서 작업에 열성을 기울이고 있던 중 오전 11시 40분경 동남방으로부터 출현한 미군 연습기가 독도 상공에 이르자 오인 폭격을 시작하였으므로 제위(諸位)들은 이 청천의 벽력을 피할 방법도 없이 혹은 섬에서 혹은 선상에서 애석하게도 쓰러졌던 것이다.
>
> (중략)
>
> 그러나 제위를 위하여 일찍 미군의 성의 가득찬 사과의 두터운 조의가 있었고 국내 각계각층에서 따뜻한 동족애가 답지하였으며 오늘 사건 발생 2주년을 기하여 제위의 영령을 친히 조의(弔意)하고자 수륙 천리의 고도를 찾아 제위 유가족과 생환 동포들과 관민 다수 참석 아래 정성들인 기념비를 건립하고 위령하고 아울러 피세(彼世)의 안락(安樂)을 원하노니 영령(英靈)들이여 강복하시고 조국 강토의 동부(東部)를 수호하소서.

조재천 지사의 제문은 독도조난어민위령비의 비문과 함께 당시 경상북도에서 독도폭격사건의 현황을 어떻게 파악하고 있었는지를 잘 보여준다. '1948년 6월 8일 독도에는 우리 어민 59명이 18척의 어선[121]에 분승하여 조업을 하고 있었다. 11시 40분경 미군 연습기가 날

---

120 『한성일보』, 1950년 6월 9일, 2면, "[제문] 조(曺) 경북지사, 아! 청천의 벽력! 평화를 깨트린 오인 폭격, 원혼이여 고이 잠드시라".

121 태영환 외 18척으로 기록되어 있으나, 독도조난어민위령비와 「1951년 경상북도 보고서」 등의 내용을 볼 때, 당시 독도에 어선 18척이 있었던 것으로 파악했던 것으로 보인다.

아와 오인 폭격을 하여 김중선 군 등 우리 어민 14명이 사망하였다. 이에 미군이 성의 가득한 사과의 두터운 조의가 있었고 국내 각계각층에서 따뜻한 동족애도 답지하였다'고 했다. 조 지사의 제문은 "피세(彼世)의 안락(安樂)을 원하노니 영령(英靈)들이여 강복하시고 조국 강토의 동부(東部)를 수호하소서"라는 내용으로 끝을 맺었다.

V. 맺음말

지금까지 1948년 6월 11일부터 1950년 6월 13일까지 나온 국내외 언론보도를 기초로 1948년 독도폭격사건의 내용에 대해 살펴보았다. 그 사실관계를 정리하면 다음과 같다.

> 1948년 6월 8일 12시경 독도에서 폭격사건이 있었다. 이 사건으로 울릉도와 강원도 등지에서 온 한국 어민 14명이 사망하였다. 그리고 중상자 3명을 포함하여 최소 6명이 부상을 입었고, 선박은 최소 14척이 파손되거나 침몰하였다. 이 사건은 일본 오키나와에 기지를 둔 미 공군의 B29폭격기 편대가 4차례 걸쳐서 독도에 폭탄을 투하하며 일어났다.
>
> 미 극동공군사령부는 당시 독도는 폭격 연습지로 지정되어 있었는데, 폭탄은 2만 3천 피트에서 투하하였고, 선박을 바위로 잘못 보았다고 했다. 생존자들은 비행기가 기총소사를 하였다고 했으나, 미군 측에서는 이를 전면 부인하였다. 이 사건을 조사하기 위해 미 제24군단 사령부에서 특별조사단을 현지에 파견하였으며, 주일 미 극동공군사령부에서도 폭격 당시의 사진 등을 기초로 조사를 하였다. 미군 측에서는 소청위원회를 조직하여 사망자 및 부상자 등 인명 피해에 대해 배상을 하였으며, 선박 피해에 대해서도 배상을 하였다. 그런데 피해자들 중에는 배상액에 대해 불만을 표출한 이들도 있었다.

그런데 언론에서는 1950년 6월 8일 독도조난어민위령비를 건립한 후에는 이 사건을 거의 다루지 않았다. 1952년 9월 독도에서 폭격 연습이 재차 있었던 때에 잠시 언급된 바 있었지만, 거의 잊혀지다시피 했다. 하지만 1948년 독도폭격사건 직후 약 3개월간의 언론보도는 그날의 상황들을 생생하고도 자세하게 들려주고 있다. 그럼에도 생존자들과 미군 측의 견해가 엇갈리는 기총소사 여부를 비롯하여 손해배상의 구체적 내용 등 아직 제대로 밝히지 못한 부분들도 있다. 이에 대해서는 향후 미 제24군단 사령부 특별조사단의 현지 조사보고서나, 소청위원회의 조사보고서, 미 극동공군사령부의 조사보고서 등의 자료가 발굴된다면 좀 더 명확하게 독도폭격사건의 진상을 규명할 수 있을 것은 물론이다.

1948년 당시 언론은 이 사건의 내용과 경과, 그리고 각 정당과 사회 각계각층의 반응을 시시각각 전달하였는데, 그날의 기록이 역사가 되어 독도폭격사건의 진상을 규명하는 데 크게 도움이 되고 있다. 한편 언론사들은 스스로 나서서 피해자 유족을 위한 모금 활동, 좌담회 개최 등을 하며 이 사건에 대한 국민적 관심을 불러일으키는 데도 크게 기여하였다. 나아가 언론은 국민들로 하여금 우리의 영토로서 독도에 대한 이해와 사랑을 두텁게 하는 데도 기여하였다.

2편

〈자료〉

1948년 독도폭격사건 관련 국내외 주요 언론보도 기사

1. 1948년 6월 11일 ~ 12일 독도폭격사건의 발생과 인지

국적 불명의 비기(飛機)가 투탄 기총소사

독도서 어선 파괴, 16명이 즉사

【울릉도에서 본사 특파원 윤고종(尹鼓鐘) 특전】 8일 오전 11시 반경 울릉도 동방 39해리 독도(獨島)에 국적 불명 비행기 수 대가 출현하여 폭탄을 투하한 후 기관총 소사까지 행하고 사라졌는데 그곳에 고기잡이와 미역을 따러 갔던 울릉도와 강원도의 20여 척 어선이 파괴되고 어부 16명이 즉사, 10명이 중상되었다. 이 급보를 받은 울릉도 당국에서는 구조선 2척이 9일 저녁 현장에 급행하였다.

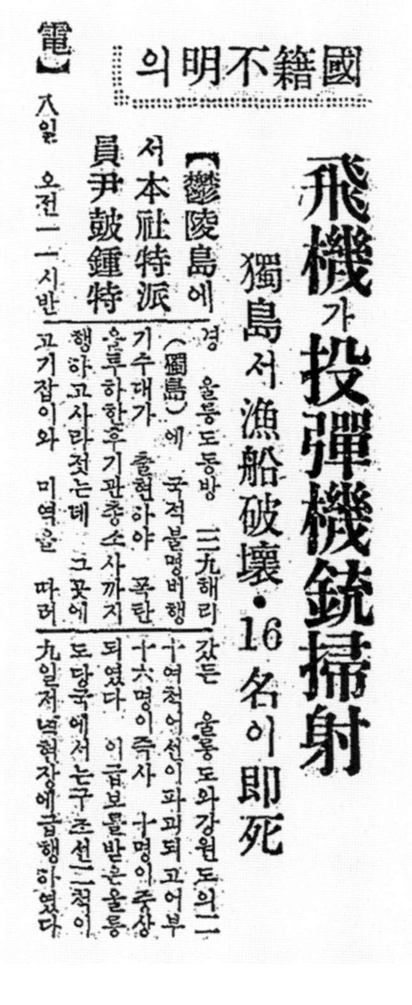

國籍不明의

飛機가 投彈機銃掃射

獨島서 漁船破壞·16名이 即死

【鬱陵島에서本社特派員尹鼓鍾特電】八일 오전一一시반경 울릉도동방 三九해리 (獨島)에 국적불명비행기수대가 출현하야 폭탄을투하한후기관총소사까지 행하고사라젓는데 그곳에 고기잡이와 미역을 따러 갓든 울릉도와강원도의二十여척어선이파괴되고어부 十六명이즉사 十명이중상 되엿다 이급보를받은울릉 도당국에서는구조선二척이 九일저녁현장에급행하엿다

비행기 폭격으로 한국인 14명 사망

로이터 도쿄 특파원이 로이터 극동지국에 보낸 영문 모스부호 특전, 1948년 6월 11일, 동부표준시 오전 5시 37분

(본문)

6월 11일, 서울—경찰이 뒤늦게 발표한 내용에 따르면 화요일 38선 바로 남쪽 한국의 바다에서 정체 미상의 비행기가 한국 어선들을 폭침하여 최소 14명이 사망했다.

자세한 상황은 밝혀지지 않았으나 조병옥 경무부장은 폭격기의 정체를 파악하기 위해 조사 중이라고 말했다.

오늘 한국의 신문 보도는 미국 비행기라는 내용과 러시아 비행기라는 내용으로 나뉘었다.

한국 언론이 현장에서 보낸 특전에 따르면 폭격기는 미국 비행기였다. 이번 사건으로 9명이 사망하고 10명이 부상당했으며 5명은 실종 상태다.

한국 언론은 미국 비행기가 해당 지역에서 폭격 훈련을 실시해왔다고 전했다. 사망자 수가 12명이라는 보도도 있었다. 미 군정청은 한국에 기지를 둔 미국 비행기가 화요일 사건이 발생한 지역 인근에서 운항된 바가 없고, 일본에서 출발한 미국 비행기였을 가능성은 파악되지 않았다고 밝혔다.

이번 폭격은 울릉도로부터 39마일 떨어진 곳에 위치한 한국의 코섬(Ko Island)*에서 발생했다. 어선들이 해초를 수확하던 낮 12시경 비행기가 접근하여 폭탄을 투하했다.

오늘 저녁 미국 극동공군사령부 대변인은 예비조사 결과에 따르면 화요일 낮에 독도 상공을 운항한 미국 소속 비행기는 없었다고 발표했다.

---

* '코섬(Ko Island)'은 독도를 가리킨다.

그러나 최종적인 결과는 이 지역에 위치한 모든 공군기지를 철저히 확인한 후 내일쯤 발표될 것으로 예상된다.

14 S. Koreans Killed By Plane Bombing**

Dispatch in English Morse from REUTERS Correspondent in Tokyo for REUTERS Far Eastern Agencies, June 11, 1948, 5:37 a.m. EST—H

(Text)

Seoul, Korea, June 11—At least 14 were killed on Tuesday when an unidentified plane bombed and sank a number of Korean fishing boats off the coast of Korea just south of the 38th Parallel according to delayed police reports reaching Seoul.

Details are meager but the Director of National Police, Dr. B.O. Cho, said investigations were being made in an (attempt) to establish the identity of the aircraft. Korean newspapers today carried varied reports on the incident, some saying the plane was American and others that it was Russian.

The KOREA PRESS News Service, in a dispatch from the scene, said the machine was American. It said that 11 boats were sunk, 9 people were killed, 10 were wounded, and 5 were missing.

It said that American planes have been using the area for bombing practice. Another report places the dead at (12). American authorities in Korea said they did not know of any Korea-based United States planes being in the vicinity on Tuesday. They were unaware here whether any planes might have come from Japan.

The bombing is stated to have taken place off Korea's Ko Island, 39 miles from Ullung Island. The fishing boats were taking in seaweed about noon when the plane came over and dropped the bombs.

---

* 미국 국립문서기록관리청 소장 자료(국립중앙도서관 해외 한국 관련 기록물 사이트: RG554 〉 USAFIK: XXIV Corps, G-2 Historical Section, 1945-1948 〉 Politics 3rd Year: Foreign Radio Broadcasts 1948, 1 of 2 〉 26. 14 S. Koreans killed by plane bombing; 기록 자료, 1948.06.14).

** *San Francisco Chronicle*, June 11, 1948, "Korea Papers Say U. S. Planes Have Bombed Ships" 참고.

A United States Far East Air Force spokesman said tonight that a preliminary investigation revealed that no American aircraft was over Korea's Ko Island during daylight Tuesday.

A final report would not be available, however, until all Air Force units in the area had been thoroughly checked. That probably would be sometime tomorrow.

RESTRICTED

- LLL 1 -

F A R E A S T E R N   S E C T I O N

K O R E A

June 14, 1948

14 S. KOREANS KILLED BY PLANE BOMBING

Dispatch in English Morse from REUTERS Correspondent in Tokyo for REUTERS Far Eastern Agencies, June 11, 1948, 5:37 a.m. EST--H

(Text)

"Seoul, Korea, June 11--At least 14 were killed on Tuesday when an unidentified plane bombed and sank a number of Korean fishing boats off the coast of Korea just south of the 38th Parallel according to delayed police reports reaching Seoul.

"Details are meager but the Director of National Police, Dr. B.O. Cho, said investigations were being made in an (attempt) to establish the identity of the aircraft.

"Korean newspapers today carried varied reports on the incident, some saying the plane was American and others that it was Russian.

"The KOREA PRESS News Service, in a dispatch from the scene, said the machine was American. It said that 11 boats were sunk, 9 people were killed, 10 were wounded, and 5 were missing.

"It said that American planes have been using the area for bombing practice. Another report places the dead at (12). American authorities in Korea said they did not know of any Korea-based United States planes being in the vicinity on Tuesday. They were unaware here whether any planes might have come from Japan.

"The bombing is stated to have taken place off Korea's Ko Island, 39 miles from Ullung Island. The fishing boats were taking in seaweed about noon when the plane came over and dropped the bombs.

"A United States Far East Air Force spokesman said tonight that a preliminary investigation revealed that no American aircraft was over Korea's Ko Island during daylight Tuesday.

"A final report would not be available, however, until all Air Force units in the area had been thoroughly checked. That probably would be sometime tomorrow."

『남선경제신문』, 1948년 6월 12일, 2면

독도 부근서 우리 어선

국적 불명의 비행기 습격으로 사망 16명 기타 조사 중

지난 10일 오후 2시 반경 울릉도에서 도(道) 당국에 전해온 급전(急電)에 의하면 지난 9일 (시간 불상) 울릉도에서 출선, 독도 부근에서 작업 중이던 어선 20척은 이날 국적 불명의 비행기 습격을 받고 (사격으로 추측) 작업 중의 선원 16명이 사망하였다 하며 어선 17척은 아직도 돌아오지를 않고 있다 한다. 이 비상사태의 급보에 의하여 도(道) 신(申) 수산과장은 10일 포항으로 출장, 방금 관계당국과 연락 아래 울릉도 어조 또는 관계자들의 조난 내객 등을 조사 중에 있는데 사건 원인 기타가 매우 주목되고 있다.

어선 11척도 침몰!

【울릉도에서 윤우현(尹禹鉉) 특파원 조통】 동해의 고도에서 어선이 폭격을 받아 20여 명이 사상한 사건이 일어났다. 지난 8일 울릉도로부터 39리 떨어진 무인도 고도에는 미역 따는 어선 15척이 본토 울릉도로부터 몰려들어 작업 중 정오경에 이르러 상공에 나타난 미군 비행기로부터 폭탄과 기관총의 세례를 받아 11척이 침몰하고, 9명이 사망, 5명이 행방불명, 중상 2명, 경상 8명이라는 희생을 내었다 한다.

이 급보를 접한 도청과 경찰서에서는 재차의 참사를 피하여 9일 밤에 구조선을 보내고 그들의 구제에 노력 중에 있다 한다. 독도는 과거에 있어도 수차 미군 폭격 연습의 목표가 되었으나 이때까지는 다행히도 아무런 사고는 없었던 것인데 금번에는 폭격 기일의 통고 없이 비래한 것이라 하며 또 정확히 선박임을 확인하고 폭격과 기관총 소사를 감행한 형적이 농후하다 하여 동도(同島) 관민(官民)의 격분을 사고 있다.

동해에 살인 비기 출현

어선을 폭격, 11척 침몰, 9명 사망

【울릉도에서 한규호(韓奎浩) 본사 특파원 10일 발 특전】 울릉도 동북 39해리 지점에 있는 독도(獨島) 부근에 출어 중이던 어선 15척은 지난 8일 정오경 국적 불명의 비행기 십여 기의 기상으로부터 폭격을 받아 폭풍으로 어선 11척이 침몰, 사망 9명, 중상 2명, 경상 8명, 행방불명 5명이라고 한다. 이 정보에 접한 울릉도 경찰서에서는 즉시 구조선을 출동하여 진상조사에 착수하였다. 그런데 이 독도에는 작년 4월 16일에도 이와 같은 폭격이 있었다는데 인명의 피해는 없었다고 한다.

기총사격까지

피해자 배(裵)* 씨 담

피해자 배학상(裵鶴祥) 씨: 내가 본 비행기 수로는 11대였는데 처음에는 산에 떨어뜨리는 줄 알았더니 배와 바다에 떨어뜨려 우리는 오도 가도 못하고 폭격을 받았다. 나중에는 비행기에서 배로 향하여 총까지 놓았다. 나는 구사일생으로 간신히 살아 왔다.

동 배 씨는 현재 울릉도 영재병원**에 입원 중인데 다리와 허리에 중상을 입었다.

---

* 기사의 '배' 씨는 장학상의 '장' 씨의 오타로 보인다.

** '영제병원'의 오타이다.

출어 중의 어선을 폭격

독도서 어선 11척 침몰, 사상 20여 명*

【울릉도에 본사 유(柳) 특파원 특사】 동해의 고도 독도 근해에서 국적 불명의 비행기의 폭격으로 어선 침몰 및 다수의 사망자를 낸 일대 참사가 발생되었다. 즉 지난 8일 상오 11시경 강원도 묵호 기타 각처에서 온 어선 15척이 울릉도에서 약 39해리 되는 독도 근해에서 미역 채취 중 돌연 비행기 수 대가 나타나서 어선을 향하여 기총소사(機銃掃射) 및 폭탄을 투하하여 일대 아수라장을 연출하였는데 이로 말미암아 어선 11척이 격침당하고 인명 피해는 사망 9명, 행방불명 5명, 중상 2명, 경상 8명을 내었는데 손해액은 약 5백만원에 달한다고 한다. 그런데 울릉도 어조 피해는 어선 2척 파손, 사망자 1명, 중상 5명이다. 그리고 이와 같은 폭격 사건이 작년 4월에도 있었다고 하는데 방금 당지 경찰서 및 관계 당국에서 구조선을 출동시켜 구인 중에 있다는바 어민들은 안심하고 어로에 조업할 수 없다고 전전긍긍하고 있다.

---

* 『경향신문』, 1948년 6월 12일, 2면, "정체 모를 비행기 울릉도 어선 폭격"; 『대동신문』, 1948년 6월 12일, 2면, "동해 독도에 비기(飛機), 폭탄 투하로 어선 11척이 침몰"; 『대한일보』, 1948년 6월 12일, 1면, "비기군(飛機群) 어선을 습격, 울릉도 근해에서 11척 침몰"; 『동아일보』, 1948년 6월 12일, 2면, "소속 불명의 비기 어선을 폭격 소사, 사상 20여, 11척 침몰"; 『조선중앙일보』, 1948년 6월 12일, 2면, "모국 비행기군이 습격, 울릉도 근해서 어선 11척 침몰".

『자유신문』, 1948년 6월 12일, 1면

[사설]

독도 해상의 참변을 듣고

방금 울릉도를 시찰 중인 서울 각 신문 통신 기자들의 발신에 의하면 동해의 일점(一點)이요 유일한 어장으로서의 중요한 거점인 독도 해면에서 어획 중이던 어민들에게 기체 불명의 비행기로부터 끔직한 기총소사가 있어 45명의 사상자와 5백여만원의 선체 손해 등 최근에 보기 드문 대춘사(大椿事)가 발생하였다고 전한다.

소위 '맥아더 라인'이라는 것을 문제시하여 일 정부는 이것을 자기네 영토로 주장해오고 있은 지 오래이나 실제 문제로서의 지리적 혹은 풍토적으로 보아 이 주장은 정당치 못할 뿐 아니라 최근만 하더라도 독도 근해로 일인(日人)의 어권(漁權) 침해가 비일비재하여 패전 일본의 비도덕적 발악을 지적한지 한두 번이 아니다. 금년 1월경의 일로 조선산악회에서는 학술조사대를 여기에 파견하여 독도의 소속 지점을 확호(確乎)히 밝히었고, 그 해상 거점으로서의 모든 조건과 형태가 울릉도와 불가분의 것이라는 것도 울릉도 본도인(本島人)으로서 그 수명(壽命)을 같이 해온 도내 고로(古老)들의 여러 가지 증언 등을 종합해 보더라도 이것이 확실히 우리 영토 내에 존속해 있는 도서임이 틀림없는 것이다.

이번 사건의 발생이 확실한 조사를 득한 후가 아니면 그 결정적 전말을 단언키 어렵거니와 요컨대 기체 불확실이란 그 점이 더욱 애매한 것이니 패전 일본의 군용기 혹은 어군 탐사기가 있을 리 만무하고 또 최근 불시착을 잘 한다고 하는 모국기가 원거리의 독도 해상에까지 갔을 리도 없을 것이다. 더욱이 그 해역이 모국의 기지로 되어 연습 구역의 침입이 제지되어 있었는지는 몰라도 설령 그러한 금단 구역으로 지정되었다 하더라도 전시 체제의 그대로인 기총소사를 했다는 것은 인도상 문제로도 용허(容許)키 어려운 일이다. 전시가 아니요, 또 전투원이 아니요, 흉기를 가지고 반항을 하지 않았다면 그처럼 전투행위로까지 나아가 40여명의 인명 사상을 내었다는 것은 그 책임의 소재를 분명히 하지 않으면 안 될 것이다.

어권(漁權) 침해의 소속 문제로 항상 시끄러운 이 독도에 이번과 같은 사태가 발생하였다는 것이 전기(前記) 양개(兩個) 문제와 분리해서 생각할 수 없는 중요한 사실이요, 더욱이 일제의 폭정시대 조선의 고혈(膏血)을 약취하던 총독부 고관급의 내왕(來往)이 항간에는 화제로 되어 있는 이때 이런 사건은 또 한 개의 의분을 자아내게 하는 동시 이 귀추에 오인(吾人)은 심심한 관심을 가지고 책임 당국의 명확한 조처가 있어 만인의 의혹을 스스로 해명하기에 노력하기를 바라는 바이다.

끝으로 이번 사건에 사망된 9명과 11척 어선의 침몰이 조선 어업계에 미친바 영향이 컸음을 유감으로 생각하는 동시에 이 수습에 있어서도 시급한 대책이 세워지기를 그 피해자의 입장에서 이를 대변하여 마지않는 바이다.

『자유신문』, 1948년 6월 12일, 2면

비기군(飛機群) 어선 폭격

사상, 어선 11척 침몰*

독도의 참사

【울릉도에서 노석찬(盧錫瓚) 본사 특파원 11일 발(發)】 강원도 방면에서 출어한 어선과 울릉도 어선 등 15척이 울릉도 부근 무인도 독도 해면에서 작업하고 있던 중 지난 8일 상오 11시 40분경 돌연 정체 모를 비행기 9대가 비래하여 투탄 기총 사격을 하여 전기 선박 중 어선 발동선 등 11척이 침몰하고 사망 9, 행방불명 5, 중상 2, 경상 8을 낸 사건이 있다 하는데 당시 출어한 작업자는 도합 약 45명가량이었고 손해액 5백만원에 달하리라 한다. 그런데 이것은 모국 비행기의 연습이 아니었던가 추측되고 있다 한다.

허(許) 도사(島司) 담(談): 대단히 유감이다. 이러한 종류의 훈련적 연습은 우리나라가 독립된 후 우리네끼리 할 것이지 외국인들의 연습 내지 훈련은 찬성할 수 없다.

유(兪)** 서장(署長) 담(談): 피해 정도는 다르나 이에 흡사한 사건이 작년 4월경에도 있었다. 여하튼 파견 경관대가 돌아오면 피해 전모가 판명될 줄 안다.

---

* 유사한 내용의 기사가 "울릉도에서 유재명(柳在明) 특파원 11일 발 합동"이라는 출처로 여러 신문에 게재되었다. 『공업신문』, 1948년 6월 12일, 2면, "비기군(飛機群) 어선 습격, 울릉도 근해에서 11척 침몰"; 『남조선민보』, 1948년 6월 12일, 2면, "동조선 절해고도의 참극, 정체불명 편대 비기 내습, 출어선에 기총소사, 순시에 어선 11척 침몰"; 『민주일보』, 1948년 6월 12일, 2면, "국적불명의 비행기, 어선 11척을 폭침, 사상(死傷) 행방불명 등 24명"; 『부인신보』, 1948년 6월 12일, 1면, "정체 모를 외국 비행기 어선을 습격!, 울릉도 근해서 침몰".

** 여(呂)의 오타로 보인다.

9기 편대로 어선을 맹폭
무고한 죽음의 책임 추궁 요망

어제 본사 특파원이 울릉도에서 보도해온 바 독도 근해에서 일어난 정체 모를 비행기의 폭행으로 우리 어선 어부들의 참담한 피해 사건은 별항과 같은 속보에 의하여 우리 동포의 격분을 사는 동시에 그 불상사의 전모가 드러나 이 사건이 심상치 않음을 느끼게 하고 있다.

동 보도에는 다만 "모국 비행기의 연습 행위인 듯하다"고 했으니 아직 진상은 모호하나 어떠한 각도로 따져보더라도 그 불법 만행임에 철저한 규명이 있어야 될 것임은 다시 말할 것도 없다.

가사 군사 연습이었다면 실전에 있어서도 비전투원에게 포화를 가함은 공법상 불법이거든 하물며 개인적 장난이라면 여기서 더한 야만 행위가 있으랴! 너그럽게 실수라 보기에는 목격자가 전하는 그때의 참경이 너무나 눈에 아프다. 언뜻 생각되는 것은 이 독도가 문헌상으로 보나 기타 지리적 조건으로나 우리 영토에 속함이 분명한데도 해방 후 한때 일본 정부가 자기들 것이라고 억지를 부려 말썽이 되었던 것이다.

어쨌든 과연 무엇인지 비행기의 정체가 규명됨에 따라 진상도 드러나려니와 전시도 아닌 이때 동포의 이 억울한 개죽음 앞에 겨레들은 오직 이 사건의 철저한 규명과 책임 추궁을 바라는 소리가 자못 높은 바 있다. (사진은 독도 전경)

민심에 큰 충격

어선 침몰만 23척, 사상 24명

독도폭격 현지 속보

【울릉도에서 본사 특파원 윤고종(尹鼓鐘) 제2신】 기보한바 독도에서의 비행기 폭격 기관총 소사 사건은 울릉도와 강원도 일대에 커다란 충격을 주고 있는데 현장에서 구사일생으로 돌아온 어부의 말에 의하면 지난 8일 오전 11시부터 20분간 '독도' 상공에 비행기 9대가 나타나 폭탄을 던지고 기관총을 소사하여 고기잡이와 미역을 따던 어선 20여 척과 발동기선 3척이 침몰되고 3척은 파괴되었다. 그리고 동 현장에서 어부로서 사망자 9명, 행방불명 5명, 중상 2명, 경상 8명을 내었다. 사망한 사람은 강원도 묵호에 1명, 강원도 울진군 호월리에 2명, 동 죽변리 6명, 울릉도 남면 도동 3명, 동 남면 저동 3명이다.* 침몰된 어선은 소형선이 20척, 대형선이 3척, 파괴 3척, 손해는 5백만원 정도라 한다. 일반 도민은 9일 저녁에 급행한 구조선의 하회를 고대하는 중이며 폭격한 비행기의 정체는 아직 판명되지 않았으나 작년 4월에도 이러한 일이 있었던 것으로 비추어 당지 당국자의 추측으로는 모국 비행기의 연습 행위가 아닌가 한다.

---

* 사망 및 행방불명이 14명이라고 했으나, 사망자의 거주지별 통계에서는 15명으로 잘못 계수하고 있다.

기영(機影) 일거에 참시(慘屍) 낭자

폭풍 탄우(彈雨)로 독도는 생지옥화
이 선장 조난 담

독도폭격 제3특신

【울릉도에서 본사 특파원 윤고종(尹鼓鐘) 제3신】 아슬아슬한 당시의 광경을 목도하고 돌아온 강원도 묵호 궁장환 선장 이완식(李完植)(34) 씨*는 10일 울릉도 도동에서 당시의 상황을 다음과 같이 말한다.

울릉도의 미역 채취가 끝났으므로 4일경 독도로 가서 일하고 있었다. 그날 열두 시경 비행기 소리가 들렸으나 파도 소리로 알고 있었더니 맨 처음에 독도 위에 있는 샘물 위에 폭탄이 떨어졌다. 천지를 진동하는 이 소리에 나는 배에서 물속에 뛰어들어 사방을 둘러보았다. 그때 3대의 비행기가 섬 동편 2백 미터 부근에서 미역을 따고 있는 어선 20여 척에 돌멩이 같은 폭탄을 여러 개 투하하고 있었는데 비행기가 뒤를 이어 나머지 배를 향하여 폭탄을 던지고 다시 반대편으로부터 다른 편대가 날아와 폭탄을 뿌렸다. 섬 부근은 삽시간에 폭풍과 화약 냄새에 지옥과 같은 전경을 이루었다. 그때 다시 비 오는 듯한 기관총 소리가 들렸고 바위와 배 위에 총알이 비 오듯하였다. 나는 황급히 물속에 몸을 잠겼다. 이 통에 우리 배의 밥짓는 김중순(金仲順)(19)은 등에 총알을 받아 즉사하였다. 얼마 동안 있더니 마지막으로 비행기가 부근을 한번 돌아보고 강원도 해안으로 날아갔다. 그날 현장에는 30여 척의 배가 있었는데 겨우 몇 척만 남고 침몰 파괴되고 말았다. 아마 4차나 폭격한 듯한데 나중에 보니 바위 위에 다리와 팔이 떨어진 피투성이의 시체가 산란하고 바닷물은 뿌연 잿빛이 되고 여기저기 물속에 배의 파편과 사체가 떠돌았다. 나는 배와 바위 위에서 길이 3척, 너비 1척 두터운 폭탄 파편과 기관총알을 주어 경찰에 파편만 가져갔다. 그리고 배에 걸어놓았던 양복은 파편

---

* 이완식 씨를 경양환 선장으로 소개한 기사도 있다. 조춘정, "독도폭격사건 진상", 『민성』, 제4권 제7·8호(1948년 8월), 33~34쪽.

에 주먹 같은 구멍이 뚫어지고 배는 운전할 수 없이 파손되어 다른 배를 타고 나왔다. 폭격 연습한다는 말도 없이 이렇게 저공으로 어선을 폭격하고 기관총까지 쏜다니 참말 억울하기 짝이 없는 일이다. 여러 동포들에게 사실을 알려 다시 이런 일이 없기를 바라마지 않는다.

독도폭격 진상
미 당국서 조사 중**

지난 8일 오전 2시***경 울릉도 동방 39해리 독도에서 일어난 어선 폭격 사건에 대하여 군정 당국에서는 아직 정식 정보에 접하지 못하였으므로 진상을 조사하겠다고 말하였다. 한편 미 24군 당국에서도 조사를 진행 중이므로 금명간 그 전모가 확인될 것으로 보인다.

** 『수산경제신문』, 1948년 6월 12일, 2면, "진상, 미군서 조사 중"; 『한성일보』, 1948년 6월 12일, 2면, "독도폭격사건 진상, 미군 당국서 조사 중".

*** 원문에는 二시로 되어 있으나 11시의 오식으로 보인다.

소속 불명 비기(飛機) 어선 습격 11척 침몰, 24명 사상

독도 근해 참변

【울릉도에서 본사 이해창(李海暢) 발 특전】 지난 8일 정오경 울릉도 동쪽 39해리 지점 무인도 독도 상공에 국적 불명의 비행기 12대가 나타나 독도 부근 해면에서 강원도 방면과 울릉도 부근에서 모여든 미역 채취, 고기잡이 어선 20여 척에 폭탄을 투하한 후 기관총 소사까지 하여 16명의 어부가 즉사하고, 8명 부상, 어선 11척이 파괴 침몰되었다. 이 급보에 접한 울릉도 당국에서는 구호선을 독도 방면에 파송하는 한편 관계당국과의 연락을 취하여 구호에 만전을 기하고 있다. 이 독도는 과거에 있어서도 수차 미군 폭격 연습의 목표가 되었으나 이때까지는 다행히도 아무런 사고도 없었다고 하며 이날 출어한 어부는 50명 내외라고 한다. 이에 대하여 허(許) 도사(島司)와 유태현(劉泰鉉)* 경찰서장은 각각 다음과 같이 말하였다.**

▲ 허 도사 담: 매우 유감스럽다. 이러한 종류의 훈련적 연습은 우리나라가 독립된 후 우리네끼리나 할 것이지 외국인들의 이러한 연습 내지 훈련은 찬성할 수 없는 행동이다.

▲ 유 서장 담: 피해 정도는 달랐으나 이에 흡사한 사건이 작년 4월경에도 있었다. 여하튼 파견 경관대가 돌아오면 피해 전모가 판명될 것이다.

[피해자 담(談)] 한편 국적 불명 비행기의 투탄에 중상을 입고 구사일생 울릉도에 귀환한 피해자 장학상 군은 기자에게 다음과 같이 말하였다.

▲ 장학상 군 담: 독도 해안에서 점심을 먹을 즈음 별안간 '쾅' 하는 폭탄 터지는 소리가 나자

---

* 여태현(呂泰鉉)의 오타로 보인다.

** 『남조선민보』, 1948년 6월 12일, 2면, "동조선 절해고도의 참극 정체불명 편대 비기 내습, 출어선에 기총소사, 순시(瞬時)에 선박 11척 침몰".

나는 정신을 잃고 어느새 물속에 빠져 있었습니다. 곧 정신을 차려 헤엄쳐서 상륙하여 본즉 두 다리에 파열상을 입었습니다. 처음에 비행기는 1천 미터 상공에 뜨고 있었습니다. 차츰 비행기는 저공으로 내려와 폭탄을 던진 것 같았습니다. 그곳에 나간 어부들은 강원도 방면과 울릉도 방면에서 모여든 약 50명 정도의 인원이었는데 절반 이상이 사망 혹은 중경상을 입은 것 같이 기억됩니다.

폭격사건에 '극동군 관련 가능성'

로이터 도쿄 특파원이 로이터 극동지국에 보낸 영문 모스부호 특전, 1948년 6월 12일, 동부표준시 오전 5시 10분

(본문)

6월 12일, 도쿄—화요일 일본해(동해)에서 발생한 한국 어선들에 대한 폭격사건은 당초 항공기 1대의 소행으로 알려졌으나, 경찰은 첫 번째 공식 발표에서 항공기 9대가 이번 사건과 관련이 있다고 밝혔다. 원 안에 별이 그려진 마크가 표시된 4엔진 항공기였으나 정체는 밝혀지지 않은 상태다. 미군과 동일한 휘장을 단 이 비행기들은 서쪽에서 접근하여 서쪽으로 돌아갔고, 어선에 20분간 기총을 소사하기도 했다.

이번 사건으로 어민 14명이 사망하고 10명이 부상당했으며 어선 9척이 침몰했다. 피해 규모는 5백만원(로이터-한국 화폐 단위)에 달한다. 이번 사건은 리앙쿠르암이라고도 알려진 독도에서 발생했다. 독도는 한국 동해안으로부터 약 80마일, 한반도를 미국과 러시아의 점령지역으로 구분하는 38선 남쪽으로 30마일 떨어진 곳에 위치하며 사람이 살지 않는 두 개의 암석으로 이루어져 있다. 어민들은 경상북도에서 출발하여 하루 전날 이곳에 도착했고, 화요일 오후 1시에 해초를 수확하던 중 폭격을 당했다. 독도와 본토의 중간 지점에 위치한 울릉도 경찰이 다음 날 소식을 듣고 독도로 출동하여 시신 2구를 수습했다.

주한미군은 화요일에 인근 지역에서 한국에 기지를 둔 비행기가 운항한 바 없으며, 일본에서 출발한 비행기가 독도 상공을 지났는지 파악하기 위해 조사 중이라고 밝혔다. 당초 한국 언론에서는 비행기 1대가 폭격을 했다고 보도했다. 비행기의 정체에 대해 일부 신문에서는 미국 비행기라고 보도하고, 또 일부에서는 러시아 비행기라고 보도하는 등 차이가 있었다. 미국 측이 이 지역을 폭격 연습지로 사용했다는 보도도 있었다. 주한미군은 한국 해양경비정을 통해 조사관을 현장에 파견했다.

어젯밤 극동군 관계자가 예비조사 결과에서 이번 사건과 일본에 배치된 미국 비행기는 관련

된 바가 없는 것으로 확인했다고 밝혔고 오늘 오전에는 새로운 정보를 발표하지 않았으나, 오늘 저녁 극동공군사령부는 극동공군 항공기가 관련이 있을 수 있다고 공식 발표했다. 폭격당한 한국 어선들이 조업하던 위치에 폭격 연습지가 지정되어 있었다. 실폭격 훈련을 할 때 이곳을 이용했고 사건 발생 당일에도 폭격기가 비행 임무를 수행했다. 극동공군사령부는 폭격 사진과 비행 보고서를 분석하고 있으며, 해당 폭격기들의 관련 여부를 파악하기 위해 철저히 조사 중이라고 밝혔다.

Bombing 'May Have Involved FEA Force'**

Dispatch in English Morse from REUTERS Correspondent in Tokyo for REUTERS Far Eastern Agencies, June 12, 1948, 5:10 a.m. EST-H

(Text)

Tokyo, June 12—Nine aircraft were involved in the bombing of a group of Korean fishing boats in the Sea of Japan on Tuesday, according to the first official police report of the incident for which one aircraft was originally held responsible. The report said the aircraft were four engined machines, marked on the body with a star inside a circle but were not identified. The planes, whose markings are identical with American (markings), are stated to have come from the west and to have returned to the west. The reports said the aircraft also strafed a fishing boat for 20 minutes.

Fourteen fishermen were killed, ten wounded, and nine boats sunk. The damage amounted to 5 million won (Korean yen-REUTERS). The scene of the incident was the Dok To Islands, otherwise known as Liancourt Rock. They are two uninhabited rocks about 80 miles east of Korea and 30 miles south of the 38th Parallel dividing the American and Soviet Zones. The report said the fishermen had arrived the previous day from North Kyongsang Province, South Korea, and when the attack was made at 1 p.m. on Tuesday were engaged in collecting seaweed. The South Korean Police from Ullung Island, about half way to the mainland, were notified and went to Dok To the next day where they recovered two bodies.

United States Army authorities in Korea reiterated that no Korean-based aircraft

---

* 미국 국립문서기록관리청 소장 자료(국립중앙도서관 해외 한국 관련 기록물 사이트: RG554 〉 USAFIK: XXIV Corps, G-2 Historical Section, 1945-1948 〉 Politics 3rd Year: Foreign Radio Broadcasts 1948, 1 of 2 〉 26. 14 S. Koreans killed by plane bombing; 기록 자료, 1948.06.14).

** *San Francisco Chronicle*, June 12, 1948, "Koreans Say Planes Bore U.S. Insignia" 참고.

were in the vicinity on Tuesday and state that inquiries are being made in Tokyo to see whether any aircraft from Japan were over the area. Earlier Korean press reports had stated that only one plane was involved and the reports conflicted as to its identity. Some said it was American, some said Russian. The Korean press also stated that the area had previously been used by the Americans for bombing practice. The American Army in Korea is sending an investigator to the scene by a Korean coast guard vessel.

Far East Force officials early today refused to add anything to a statement issued last night that as far as was known from a preliminary check no Japan-based American were involved. Later tonight, however, an official release from the Far East Air Force headquarters said that the incident may have involved Far East Air Force aircraft.

There was an established bombing range in the central area where the Korean vessels were reported to have been. The range was used by bombardment aircraft in carrying out live bombing trial assignments. A mission was flown by bombers on the date the incident was reported to have occurred. The strike photographs and mission reports were being studied and a complete investigation was being made to determine whether these aircraft were involved, the report concluded.

2. 1948년 6월 13일 ~ 14일

피해자 명단과 생환자들의 증언
미국 현지 언론보도: 미군 비행기로 추정

『남조선민보』, 1948년 6월 13일, 2면

기(旗)의 표식도 본체만체 고의로 기총으로 맹사

김태홍 씨의 생환 담

울릉도 사변 속보*

【울릉도에서 유재명(柳在明) 특파원 12일 발 합동】 지난 8일 상오 독도 부근에서 연습 중으로 보이는 모국기의 폭격, 기총소사 등으로 10여 척의 어선이 격침파(擊沈破)되었다 함은 기보한 바이거니와 그 후 10일 하오 9시 현재 판명된 피해는 다음과 같다.

▲ 사망자: 강원도 강릉군 묵호읍 진리 김준선(金俊先)(20)(사체 수용), 울릉도 남면 저동 최태식(崔台植)(34)(사체 수용), 강원도 울진군 평해면 삼율리 김동술(金東術)(39)(사체 미발견), 이하 11명 행방불명(경찰 측에서는 사망으로 인정하고 있음), 강원도 죽변 권천(權天), 김응화(金應和), 박춘식(朴春植), 조성용(趙成龍), 오재옥(吳在玉), 이춘식(李春植), 울릉도 도동 고원오(高元五)(19), 김해술(金海術)(19), 채일수(蔡一洙)(28), 울릉도 남면 저동 김해도(金海道)(21), 김태현(金泰鉉)(30) (이상 11명)

▲ 중상자: 강릉군 묵호읍 이완식(李完植)(34), 울릉도 남면 저동 이상남(李相南)(31), 동우(同右) 장학상(張鶴祥)(35)(이상 3명)

그리고 강원도 울진군 평해면 금해리** 김태홍(金泰洪)(25), 동상(同上) 최만일(崔萬日)(33), 동

---

* 『경향신문』, 1948년 6월 13일, 3면, "누구의 악의인가 독도폭격사건 피해 막대"; 『부인신보』, 1948년 6월 13일, 1면, "'태극기' 휘날켜도 투탄·기총소사! 사망자 급 피해선 다수, 울릉도 사건, 군정 당국은 철저 조사하라"; 『자유신문』, 1948년 6월 13일, 2면, "독도참사 후보, 사망자 등의 신분 판명"; 『조선중앙일보』, 1948년 6월 13일, 2면, "태극기를 흔들었으나 결국 화를 면치 못했다. 생환자 담"; 『한성일보』, 1948년 6월 13일, 2면, "사상자 신분 판명, 시체 3명을 발견 속속 탐사 중, 독도사건 속보".

** '금음리'로 되어 있는 기사도 있다.

면(同面) 후포리 최춘삼(崔春三), 경북 영덕군 매동면*** 백석리 김대진(金大鎭)(34) 등 4명은 구호선으로 울릉도에 돌아와 10일 부산행 운수부 연락선으로 포항에 귀환하였는데 그중 김태홍(金泰洪) 씨는 당시를 회고하여 다음과 같이 말하였다.

8일 해양환으로 죽도(독도)에 도착하여 미역 채취 작업을 하고 있었는데 상오 11시 반경 돌연 정체 모를 비행기 다수가 내습하여 거기 있는 선박을 목표로 수차에 걸쳐 폭탄을 투하하고 또 기관총을 소사하였다. 우리들은 당황하여 물속으로 혹은 동굴 속에 피신하여 겨우 화를 면하였는데 내가 타고 간 해양환은 폭풍으로 침몰하고 말았다. 확실히는 모르나 그때 해상에는 약 23척의 선박이 있었는데 그중 발동선 2척과 '뎀마' 2척이 겨우 사격을 면하여 귀환하였을 뿐이다. 내가 탔던 해양환에서도 김동술(金東術) 군이 많은 기총 탄환에 맞아 사망하였는데 아직 시체도 찾지 못하고 있다. 그런데 현장에 있던 어선들은 태극기를 꽂고 있었으며 또 폭격을 받을 때 우리들은 태극기를 흔들기도 하였으나 결국 화를 면치 못하였던 것이다.

*** '병동면'으로 되어 있는 기사도 있다.

『수산경제신문』, 1948년 6월 13일, 2면

우리의 어선을 습격하는 자 누구냐?

내습한 비행기 정체를 규명코

안심하고 어업에 종사할 수 있도록

해안 경비의 만전책 세우자!

기보한 바와 같이 지난 8일 울릉도에서 약 39해리 떨어진 독도 근해에서 어선 10여 척이 미역 채취 중 돌연 소속 불명의 비행기 수 대의 습격을 받아 어선 11척 침몰, 사상 20여 명이라는 해방 후 초유의 일대 참사가 돌발하였음은 참으로 중대사라 아니할 수 없다. 이번 내습한 비행기의 국적은 불명으로 알 수 없으나 그 수효와 습격 태도로 보아 참으로 이해키 어려운 행동이라 아니할 수 없다. 해방된 우리 근해에서 평화적으로 조업하고 있는 우리의 어선을 습격하는 자는 누구며, 그 습격의 의도는 어디 있는지? 더구나 습격을 당한 장소가 그 국토 귀속 문제로 한동안 말썽 많던 독도 근해라는 데에 있어서는 또한 의아와 격분을 느끼지 않을 수 없다. 그리고 습격을 받을 때에 태극기를 흔들어 조선이라는 것을 알렸으나 아무 소용이 없었다는 것을 들을 때 앞으로의 조선 수산 발전상 크나큰 위험이라 아니할 수 없다. 이에 있어 관계당국은 지금까지의 탁상론에만 구애됨이 없이 이번 습격 비행기의 철저한 조사 규명과 아울러 또다시 이런 일이 없이 안심하고 어업에 종사할 수 있는 확고한 대책이 있어야 할 것이다.

태극기 흔들었으나 못 본척하고 폭격을 계속

구사일생의 조난자 목격담

【울릉도에서 본사 유(柳) 특파원 특전】 금번 독도사건의 구사일생으로 겨우 살아나온 최만일(33) 씨는 이번 목격 인상을 대략 다음과 같이 말하였다.

우리는 지난 5월 23일에 강원도에서 독도로 와서 미역을 채취하고 있었는데 그날 상오 11시 경에 최초 비행기가 6대 와서 폭탄을 투하하며 기관총으로 쏘았다. 다음 비행기 수는 여러 대 있었으나 네 차례로 와서 폭격을 하였다. 나는 섬 위에 있었기 때문에 굴속에 들어가서 겨우 목숨만은 붙들었으나 나중에 알고 보니 이미 여기 있던 어선은 모두 간 곳이 없고 이곳저곳에 시체가 물 위에 떠다니고 있었다. 그런데 이날 날씨는 매우 좋았고 또 우리는 폭탄과 총알을 피하여 도망하면서도 손에 태극기를 쥐고 흔들었으나 아무 소용이 없고 폭격은 그치지 않았다.

"연습한다는 말도 없이 저공으로 폭격코 소사(掃射)"

구사일생으로 귀환한 이 선장 담

독도사건 현지 속보

난데없는 비행대의 내습으로 지난 8일 독도 부근 해상에 벌어진 비분 무쌍한 일대 비극은 당시 도민에 커다란 충격을 주고 있는데 당시의 엄청난 장면을 목격하고 돌아온 강원도 묵호 궁장환 선장 이완식(李完植) 씨는 10일 울릉도 독도에 상륙하여 폭격 당시의 전경을 다음과 같이 말하였다.

우리들은 울릉도에서 미역 채취를 끝마치고 4일경에 그곳으로 가서 일하고 있었다. 그날 밤 자정쯤* 되어 무슨 소리가 나긴 하였지만 파도 소리려니 하고 있었는데 뜻밖에도 천지를 진동하는 폭탄 소리가 났다. 나는 엉겁결에 배에서 물속으로 뛰어들어 사방을 살펴보았다. 그때 30대의 비행기가 섬 동편 2백 미터 부근에서 미역 따고 있는 어선에다 (그때 한 20여 척이었다) 돌멩이를 퍼붓듯이 폭탄을 떨어트리고 있었는데 비행기는 차례로 나머지 배를 향하여 폭탄을 던지고 있는데 다시 반대편으로부터 다른 편대가 나타나서 그 폭탄을 뿌렸다.

그리하여 섬 부근은 갑자기 파풍과 진동하는 약 냄새에 생지옥을 이루었다. 그때 다시 퍼붓는 듯한 기관총 소리가 들리며 바위와 배 위에 총알이 비 오듯하였다. 그래서 나는 황급히 물속으로 들어가지 않을 수 없었다. 이 통에 우리 배의 밥 짓는 김중순(金仲順)(19)이 등에 탄환을 맞아 즉사하였다. 총소리가 잠잠하여지며 다시 물 위로 나타나 보니 비행기는 부근을 한번 뒤돌아보고 해안을 향하여 날아갔다.

그날 현장에는 30여 척의 배가 있었는데 겨우 몇 척 남고는 다 침몰, 파괴되었다. 한 4차**나

---

* '그날 밤 자정쯤'은 '그날 낮 정오쯤'의 오타로 보인다.

폭격을 한 것 같은데 나중에 보니 바위 위엔 팔다리 떨어진 피투성이 시체가 산란하고 바닷물은 뿌연 잿빛이 되고, 여기저기 물속에는 배의 파편과 시체가 떠있었다. 나는 배와 바위 위에서 길이가 한 3척이 되고 너비가 1척 쯤 되는 두터운 폭탄 파편과 기관총 탄알을 주었는데, 파편은 경찰에 가져갔다. 그리고 나의 배는 운전할 수 없어 다른 배를 타고 나왔다. 폭격연습한다는 말도 없이 이렇게 저공으로 어선을 폭격하고 기관총까지 쏜다는 것은 정말 억울하기 짝이 없는 일이다.

태극기를 흔들었으나 결국 화를 면치 못했다

생환자 담

【울릉도 발 합동】 지난 8일 상호 독도 근처에서 연습 중으로 보이는 모국기의 폭격, 기총소사 등으로 10여 척의 어선이 격침되었다 함은 기보한 바이거니와 그 후 10일 하오 9시 현재 판명된 피해는 다음과 같다.

▲ 사망자: 강원도 강릉 김석선(金錫先)(20) 외 2명

▲ 행방불명(경찰 측에서는 사망으로 확정하고 있음): 강원도 죽변－권천(權天), 김응화(金應和) 외 9명

▲ 중상자: 강원도 묵호 이완식(李完植)(34) 외 2명

그리고 강원도 울진 김태홍(金泰洪)(25) 외 3명은 구호선으로 울릉도에 돌아와 10일 부산행 운수부 연락선으로 포항에 귀환하였는데 그 중 김태홍(金泰洪) 씨는 당시를 회고하여 다음과 같이 말하였다.

8일 상오 11시 반경 돌연 비행기가 다수 내습하여 선박을 목표로 수차에 걸쳐 폭탄을 투하하고 또 기관총을 소사하였다. 현장에 있던 어선들은 태극기를 꽂고 있었으며 또 폭격을 받을 때 우리들은 태극기를 흔들기도 하였으나 결국 화를 면치 못하였던 것이다.

** 기사 원문에는 四○차로 표기되어 있다.

사상자 신분 판명

시체 3명을 발견 속속 탐사 중

독도사건 속보

【울릉도에서 본사 특파원 이해창(李海暢) 발】 지난 8일 정오경 독도 근처에서 국적 불명한 비행기의 폭격, 기총소사 등으로 10여 척의 우리 어선이 격침되었다 함은 기보한 바이거니와 그 후 10일 현재로 판명된 피해는 다음과 같다.

▲ 사망자: 강원도 강릉군 묵호읍 진리 김준광(金俊光)(20)(시체 수용), 울릉도 남면 저동 최태식(崔台植)(24)(시체 수용), 강원도 울진군 평해면 삼율리 김중광(金重廣)(39)(시체 미발견) 이상 3명

▲ 행방불명: 강원도 죽변-권천(權天), 김응화(金應和), 박춘식(朴春植), 조성용(趙成龍), 오재옥(吳在玉), 이춘식(李春植), 울릉도 도동-고원오(高元五)(19), 김해술(金海術)(19), 채일수(蔡一洙)(28), 울릉도 남면 저동-김해도(金海道)(21), 김태현 (金泰鉉)(30) 이상 11명

▲ 중상자: 강원도 묵호읍 이완식(李完植)(34), 울릉도 남면 저동-이상남(李相南)(31), 동 장학상(張鶴祥)(35) 이상 3명

독도는 우리의 섬
원명은 돌섬[석도]

지난 8일 독도(獨島)에서 발생된 불상사는 듣는 사람으로 하여금 격분을 일으키며 이 사건에 대한 철저한 규명이 요망되고 있거니와 이에 독도에 대한 소개를 간단히 하려 한다. 이 섬은 울릉도 동쪽 39해리 지점에 있는 주위 약 10리가량 되는 외섬으로서 대체로 단애절벽(斷崖絶壁)이 많아서 꼭대기까지 오르기 어려울뿐더러 섬 전체를 통하여 평탄한 곳을 찾아보기 어렵다. 이 섬은 멀리 성종조(成宗朝)에 '삼봉도(三峰島)'라고 불러왔던 분명한 우리나라 영내의 섬으로서 고종 18년(서기 1881년) 울릉도를 개척하기 전부터 울릉도 주민들이 '독도'라고 이름을 불러왔던 것이라고 한다. 그 후 광무 9년(서기 1905년) 러일전쟁 당시부터 일본명으로 '다케시마(竹島)', 불국말로 '리양쿨', 영국말로 '호넷도'로서 세계해(世界海)에 나타나게 된 조선령 내의 섬인 것이다. 원래 이름은 '돌섬[石島]'인데 그 후 왜전되어 '송도(松島)' 또는 '독섬[獨島]'으로 개칭되었던 것이라고 한다. 이 섬을 일본인이 저의 소유라고 하는 것은 얼토당토 이유에 닿지 않는 말인 것이다. 섬은 본래부터 전복, 해삼, '옷도세이' 등의 귀한 자연물을 가졌으며 또한 고금을 통하여 울릉도민을 위로하는 가장 좋은 어장이었었고 풍파를 만나 조난당한 어선의 피난처가 되어 왔던 것이다.

『신천지(新天地)』, 제3권 제6호(1948년 7월)

독도사건 현지 보고
참극의 독도

서울신문 특파원 한규호(韓奎浩)

독도란 섬은

동해 가운데 표묘(漂渺)히 돌출한 문자 그대로 창해일속(滄海一粟)의 작고 외로운 섬이다. 울릉도에서 동남으로 39해리 즉 약 180리 떨어져 있으며 지금으로부터 오랜 옛적에 분출한 화산으로 석벽(石壁)으로 된 두 봉만(峯巒)이 병립(並立)하여 있다. 동편 봉우리는 약 100미터로 위에 올라갈 수 있으나 서편 봉우리는 약 150미터로 좀 높고 험하다. 험상궂게 입을 열고 있는 분화구 밑으로 뚫어진 동굴 사이로는 푸른 바닷물만이 넘나드는 사화산(死火山)인 사람 안 사는 무인도이다. 그러나 해구렵(海狗獵: 물개) 기타 해수(海獸) 산지며 화포(和布: 미역) 감패(甘貝) 등의 생산이 풍요한 동해의 보도(寶島)이다. 본래 탐욕 많은 일본인은 일찍이 16세기 말부터 이 섬에 넘실거리기 시작하였으며 8·15 이후 이 땅에서 물러간 후에도 한때 자기들의 땅의 소속(所屬)이라고 하여 작년 여름 조선산악회 주최 학술조사대의 실지답사(實地踏査)로 과학적인 조사에 의하여 우리 국토인 것이 명확히 되는 동시에 지도에도 표시되지 않은 작은 섬일망정 내 나라 우리 국토를 사랑하는 마음에 한때 물의(物議)가 높았거니와 지난 6월 12일을 전후하여 울릉도를 시찰 중이던 서울 각 신문 통신 기자들의 보도에 의하여 세상에 알려진 이 섬 부근에서 돌연 발생한 참극은 아연(俄然) 민족적 원한과 분노를 야기하였다.

참극의 날

그날(6월 8일)도 미역 따는 어부들은 역시 망망한 대해에 외로이 우뚝 솟은 섬 위에 말 없이 피어 있는 붉고 혹은 푸른 꽃을 벗 삼아 바위에 소담스럽게 붙은 미역을 차례차례 펴서 말려

쌓으며 평화스럽고 흥겹게 오로지 하루하루의 삶을 위하여 일하고 있었다 한다. 그러자 동쪽 멀리 떴던 해가 어느덧 중천으로 올라 점심때도 가까워 온 오전 11시경 천만뜻밖에 갈매기만이 휘나르던 푸른 창공에 비행기 소리가 유난히 크게 들렸으나 그들은 흔히 지나가는 비행기인 줄 알았을 뿐더러 귀에 젖은 무서운 파도 소리에 무심코 미역 따는 사람은 미역 따기에 바빴고 배에서는 점심밥 짓기에 한창이었다고 한다. 그러나 그 비행기는 무슨 원한이 있었는지 동쪽으로부터 섬 부근에 접근하여 오자 처음에는 섬 위에다 폭탄을 떨어뜨려 천지가 진동하는 폭음 소리에 귀가 먹먹하고 정신이 아득하여 어리둥절할 즈음 순식간에 연달아 떠오는 비행기는 어선을 향하여 투탄(投彈)하기 시작하였다고 한다. 폭탄 맞은 배는 산산조각이 나고 모진 폭풍에 이 배 저 배 할 것 없이 닥치는 대로 침몰하니 여기 탔던 어부들은 물속으로 뛰어들고 동굴로 피하고 혹은 배 밑창에 엎드리는 등 태극기를 내휘두른다. 손짓을 한다. 죄가 있다면 순후(純厚)한 어부일 따름이요. 무슨 원한 무슨 죄로 우리를 죽이려느냐고 (애)원하였으나 아는지 모르는지 무참히 퍼붓는 폭탄과 총알은 비 오듯하여 억울하게도 존귀한 생명을 빼앗으니 평화롭던 이 섬 부근은 사람 살리라는 아우성 소리, 아버지를 부르는 목메인 소리, 아들을 찾는 숨 가쁜 소리와 코를 찌르는 화약 냄새, 지척을 분별할 수 없는 폭연(爆煙)에 삽시간에 생지옥으로 변하였다고 한다.

물속과 동굴로 숨어서 요행히 구사일생으로 살아 돌아온 사람들에게 이날 날아온 비행기 수효를 물었더니 3대가 떠오는 것을 보고 물속으로 뛰어 들어가서 그 후 얼마나 더 왔는지는 모르겠으나 폭탄 소리와 총소리는 들었다고 하며 또 한 사람도 6기를 보고 역시 동굴로 피하여 자세히 모르겠으나 폭탄 소리와 총소리를 들었다고 한다. 그 밖에 또 한 사람도 11기까지 보고 피하였다는데 그도 총소리와 폭탄 소리는 들었다고 한다. 그런데 4차에 걸쳐 폭격하였다는 것과 폭격이 끝났을 즈음에 단기(單機)가 또 와서 한 바퀴 돌고 갔다는 것은 3인의 말이 모두 일치하였다.

폭격이 끝난 이 바다는 억울한 죽음을 한 어부들의 시체와 30여 척의 배가 그림자도 없이 없어진 배의 파편만이 파도치는 대로 이리 밀리고 저리 밀리고 바위 위에는 머리가 없어지고 혹은 팔이 떨어지고 또는 다리가 잘려진 피투성이의 시체가 산란(散亂)할 뿐 눈으로 바로 볼 수 없는 참경(慘景)이었다 한다.

비로소 이 비보가 울릉도에 알려진 것은 참극의 이날도 저물고 그 이튿날에야 구사일생으로 살아남은 어부들이 때마침 새로이 출어 나온 배에 구조되어 울릉도에 도착하여 알려진 것이라고 한다. 이 비보에 접한 도민(島民)들은 슬픔과 분노에 가슴이 벅차 묵묵히 서서 실신한 사람 모양으로 말 없이 출렁거리는 바다만을 바라보고 있었다고 한다. 그러나 복받쳐 오르는 설움은 이 사람을 붙들고 내 아들이 무슨 죄를 지었기에 총에 맞아 죽었으며 어찌하면 찾느냐고 하소연을 하는가 하면 저 사람을 붙들고 누가 내 아버지를 죽였느냐고 주먹을 쥐고 나서고 우리 남편을 언제나 다시 또 만나보느냐고 몸부림을 치는 여인네의 목 놓고 우는 처량한 울음소리만이 밤늦도록 끊일 줄 몰랐다고 한다.

드디어 이날(9일) 오후 9시경 울릉도 경찰서에서는 구조선이 현지로 급행하였다고 한다.

구조선이 돌아오는 날

우리 기자 일행이 울릉도에 도착한 날이 바로 그 전날 밤에 떠난 구조선이 돌아온다고 이른 아침부터 역시나 하는 요행을 바라고 아버지를, 아들을, 형을, 남편을 맞으러 바닷가로 장날같이 도민들이 몰려나와 서 있던 날(10일)이었다.

먼저 도사 허필(許苾) 씨를 만나니 도세(島勢)에 대한 이야기가 대강 끝난 다음 괘씸하다는 듯한 표정을 억지로 누르며 힘써 쾌활한 어조로 독도의 참상을 설명하여 주었다. 그리고 말을 이어 독도 부근의 폭격은 이번이 처음이 아니고 작년 4월 16일에도 있었는데 다행히 그 당시에는 인명과 선박 등에는 아무 피해가 없었고 자기도 몸소 당했다고 한다. 잠시 말을 멈추고 긴 한숨을 쉬고 나서 "언제인가, 미국이 독도를 무인도라고 해서 폭격 연습지로 사용한다는 말을 들은 법한데 어느 나라 비행기인지는 아직 확실히 알 수 없으나 여하간 우리나라 섬을 외국 비행기가 폭격 연습지로 사용한다는 것부터가 우리나라가 완전 자주독립을 못한 탓인가 합니다." 하고 말하는 도사(島司)는 이미 지나간 8월 15일이 해방이 되었다고 독립 만세를 부르고 당장에 독립이 되는 줄만 알았던 것이 벌써 머지않아 8월 15일을 세 번째 맞이하게 되건만 38선으로 갈린 그대로 남조선만이라도 정부를 세워야 할 부득이한 이 땅의 기구한 운명과 언제나 남북통일의 완전 자주독립 국가가 세워질는지는 아직 확언할 수 없는 답답한 사정을 한탄하는 것 같았다.

도청(島廳)을 나와 울릉도 경찰서장 여태현(呂泰鉉) 씨를 만나 독도사건에 언급하니 확실한 피해는 아직 자세히 알 수 없으나 선박은 대개 발동선과 전마선이 많았던 것 같으며 폭풍에 많은 피해를 입은 듯하다고 하며 어젯밤에 현장에 급행한 구조선이 돌아오면 좀 더 자세히

알 것 같다고 한다.

경찰서에서 나와 그길로 곧장 울릉도 남면 저동에서 출어하였다가 목숨만 간신히 붙어서 중상을 입고 강원도 죽변의 배의 구호로 천신만고를 하고 돌아온 장학상(張鶴祥) 씨와 이상주(李相周) 씨를 만나보았다. 장 씨는 두 다리에 부상을 입어 붕대를 수중다리같이 감고, 허리에는 관절이 튕그러져서 운신을 못 한다. 울릉도에 단 한 곳 밖에 없는 영제의원(永濟醫院) 전석봉(田石鳳) 의사의 말에 의하면 좀 더 경과를 두고 보아야 한다고 하니 장차 불구자가 될지언정 생명에는 별 염려가 없을 것 같다고 하며 이 씨는 무엇보다 두 눈에 파편이 들어가 앞을 못 본다. 역시 전(田) 의사는 실명에는 아무 염려 없다는 확답을 못한다. 그러면 결국 광명한 천지를 다시 못 보게 될 것인가? 원한과 동통(疼痛)에 얽힌 신음 소리는 차마 오래 머물러 있을 수 없었다.

9일 밤에 현장으로 달려갔던 구조선은 10일 오후 6시경 하늘도 무심치 않아 무고한 죽음을 조상(弔喪)하는 듯이 안개 자욱히 이슬비 내리는 남면 도동 부두에 시름없이 두 젊은이의 시체만 싣고 돌아왔다.

그래도 행여나 하고 하루 종일 실낱같은 희망과 불안과 초조에 싸여 눈이 빠지도록 기다리던 도민들은 이제는 울 기력도 없다는 듯이 배에서 내려놓는 사람으로서는 차마 바로 볼 수 없게 무서운 죽음을 한 시체를 보는 새삼스럽게 그 당시의 처참하였던 정상(情狀)을 목도하는 듯 부들부들 떨며 간간히 흐느껴 울 뿐이었다.

두 시체는 울릉도 남면 저동에서 출어하였던 한창 일할 사나이인 30세의 최태식(崔台植) 씨이고 또 하나는 강원도 강릉군 묵호읍 진리에서 출어하였던 이제 막 피어오르는 청춘인 20세의 김준선(金俊先) 군이었다. 최 씨의 시체는 배에서 내리자마자 기가 막혀 울음조차 안 나오는 유가족의 손에 부축되어 미역 따러 갔던 미역은커녕 목숨만 빼앗기고 자기 집으로 돌아갔다. 김 씨의 시체는 사고무친(四顧無親)한 타향이라 끊일 줄 모르고 내리는 비를 맞아가며 부둣가에서 손발을 걷고 수의를 입히니 외면을 하고 서 있는 사람들은 다만 말없이 마음속으로 그의 명복을 빌 뿐 이따금 바위에 부딪히는 파도 소리만이 비극의 정적(靜寂)을 깨뜨리었다. 마음을 단단히 먹고 용기를 내어 좀 가까이 가보니 치명상은 머리인데 수박을 한쪽 오려낸 것 같이 뒤통수가 없어지고 남은 쪽은 바가지 속같이 텅 비었는데 출생 이후 처음 보는 두뇌 속은 피에 얼크러진 몇 가닥의 혈관만이 수세미같이 엉키어 있었다. 목불인견(目不忍見)의 참상이 보다 더함이 어디 있으리요. 이것이 최초이고 최후일 것이다.

이 구조선을 타고 현장에 갔다 온 사람의 말을 들으니 구조선이 독도에 닿았을 때는 하룻밤 사이건만 행방불명이 된 5명은 물론 사망으로 판명된 9명의 시체도 보이지 않을뿐더러 깨어진 배의 파편 조각 하나 없이 자취를 감추고 검푸른 바닷물만이 나는 모른다는 듯이 사나운 파도를 이루고 있을 뿐이었다고 한다.

그리하여 독도의 동굴까지 샅샅이 몇 번이고 찾아보았으나 개미 한 마리도 없었다고 한다. 오직 다만 바위 위에 깨져 기울어진 배에서 두 시체를 발견한 것이 전기(前記) 최(崔), 김(金) 씨의 시체였다고 한다.

10일 오후 8시까지(우리 일행이 울릉도에서 떠나오기 직전) 판명된 피해 상황은, 사망자-강원도 강릉군 묵호읍 진리 김준선(金俊先)(20), 동 후포리 김동술(金東述), 권천(權天), 김응화(金應和), 박춘식(朴春植), 조성용(趙成龍), 오재옥(吳在玉), 이천식(李天植), 동 울진군 평해면 이동리 김규동(金圭東)(39), 김중순(金仲順)(19), 울릉도 남면 저동 최태식(崔台植)(30), 동 김태현(金泰鉉)(30), 동 김해도(金海道)(21), 동 도동 고원오(高元五)(19), 동 김해술(金海述)(19), 채일수(菜一洙)(28) = (이상 16명), 중상자-울릉도 남면 도동 장학상(張鶴祥)(35), 동 이상주(李相周)(31), 강원도 묵호읍 이완식(李完植)(34) = (이상 3명), 선박 침몰-발동선 7척, 전마선 14척, 범선 2척이었다.

이 사건 이후 울릉도의 공기는 오로지 바다만을 유일한 생명선으로 빈곤과 바다와 싸우며 생활하는 온순한 도민으로 하여금 원한과 격분 그리고 공포에 가득 차 있었다.

비행기 폭격으로 한국 어선 침몰

제임스 로퍼

6월 12일, 서울 (U.P.) – 오늘 한국 신문의 보도에 따르면 화요일 한국의 동쪽 바다에서 한 비행기가 한국 어선들을 침몰시켰다.

폭격의 주체가 러시아 비행기였는지 또는 미국 비행기였는지에 대해서는 의견이 갈렸다.

한국 언론은 사건 현장에서의 보도를 통해 미국 비행기가 폭탄과 기관총으로 어선 11척을 침몰시켜 한국인 9명이 사망하고 10명이 부상을 입었다고 전했다. 5명은 실종되었다.

한국 언론에 따르면 미군 비행기가 사건이 발생한 위치를 훈련에 사용한 바 있다.

미 극동공군사령부 대변인은 일본의 미 공군기지에서 실시한 예비조사에서는 정체불명의 비행기에 의한 폭격과 기총소사로 한국 어선 11척이 침몰한 화요일에 미군의 전투기형 항공기가 한국의 동해 인근에 배치된 사실이 현재까지 드러나지 않았으며, 8시간 내에 일본 내 모든 미 공군기지가 보고서를 제출할 예정이라고 밝혔다.

Airplane Bomb Sinks Korean Fishing Boats**

By JAMES ROPER

SEOUL, June 12 (UP)—An airplane bombed and sank a number of Korean fishing boats off the east coast of Korea Tuesday, Korean newspapers reported today.

The reports disagreed over whether the plane was Russian or American.

The Korea press news services, in a dispatch from the scene of the incident, said an American airplane bombed, machinegunned and sank 11 boats, killing nine Koreans and wounding 10. Five were reported missing.

The Korea press said American planes had been using the area for practice.

A Far East Air Forces spokesman said a preliminary check in United States air bases in Japan so far failed to disclose that any American fighter-type airplanes were in the vicinity of east Korea Tuesday, when 11 Korean fishing boats were reported to have been bombed, strafed and sunk by an unidentified plane.

The spokesman said reports from all United States air bases in Japan were expected to be received in Tokyo within the next eight hours.

---

* 미국 국립문서기록관리청 소장 자료(국립중앙도서관 해외 한국 관련 기록물 사이트: RG554 〉 USAFIK: XXIV Corps, G-2 Historical Section, 1945-1948 〉 Historical Journal of Korea, June-August 1948 〉 21. Airplane bombs, sinks Korean fishing boats: 발췌문, 1948.06.13).

** *Stars and Stripes*, June 13, 1948, "Airplane Bombs, Sinks Korean Fishing Boats, Reports Disagree on the Identity of Plane"; *New York Times*, June 13, 1948, "U.S. Planes in Area as Korean Were Hit"; *San Francisco Chronicle*, June 13, 1948, "Air Force Admits Bombers May Have Sunk Korean Ships"; *Washington Post*, June 13, 1948, "AF Probes Korea Sinking" 참고.

일본해(동해) 기총소사 부인

로이터 도쿄 특파원이 로이터 극동지국에 보낸 영문 모스부호 특전, 1948년 6월 14일, 동부표준시 오후 9시 30분

(본문)

6월 15일, 도쿄 — 어젯밤 극동공군사령부는 한국 어선들이 일본해(동해)에서 피습당한 6월 8일 극동공군 비행기가 기총소사 임무를 수행한 바가 없음을 분명히 확인했다고 발표했다. 극동공군사령부는 이날 실시된 폭격 훈련이 사건의 원인이었을 수 있다고 덧붙이며 훈련에 투입된 비행기의 관련 여부를 파악하기 위해 최선을 다하고 있다고 말했다.

폭격 훈련의 표적은 일본해(동해)에 위치한 큰 암석 주변의 몇몇 작은 암석들이었는데, 전부터 폭격 훈련의 목표물로 사용해온 곳이다.

극동공군사령부는 훈련 사진과 보고서를 철저히 분석하기 위해 최선을 다하고 있다고 말했다.

REUTERS, June 14, 1948*

Strafing Mission in Japan Sea Denied

Dispatch in English Morse from REUTERS Correspondent in Tokyo for REUTERS Far Eastern Agencies, June 14, 1948, 9:30 p.m. EST—H

(Text)

Tokyo, June 15—The Headquarters of the Far East Air Forces said last night that it had been definitely established that no strafing mission was performed by Far East Air Forces aircraft on June 8 when Korean fishing vessels were damaged in the Japan Sea.

The Statement added that the bombing-training mission on that day may have been the cause of the damage. Every effort was being continued to determine positively whether the aircraft on the mission were involved.

The established target was a series of small rocks near a larger rock in the Japan Sea. It has been used for some time as a bombing mission objective.

Every effort was being made finally to process and complete the evaluation of the photographs and mission reports.

---

* 미국 국립문서기록관리청 소장 자료(국립중앙도서관 해외 한국 관련 기록물 사이트: RG554 〉 USAFIK: XXIV Corps, G-2 Historical Section, 1945-1948 〉 Politics 3rd Year: Foreign Radio Broadcasts 1948, 1 of 2 〉 28. Another coast guard cutter deserts; 기록 자료, 1948.06.15).

3. 1948년 6월 15일

미 극동공군사령부 발표
미 제24군단 특별조사단 독도 현지 파견

『경향신문』, 1948년 6월 15일, 2면

독도 맹폭 사건 어디로 민족의 분격 절정에

주목의 초점·소위 "모국기"

지난 8일 울릉도 부근 독도 해안에서 조선 어선 15척이 미역을 따고 있던 중 정체 모를 비행기가 한 대도 아니요 아홉 대씩 편대로 날아들어 미친 듯이 '태극기'를 흔들고 신호를 하는데도 불구하고 무자비한 폭격과 기관총 사격을 감행하여 때아닌 공습에 의한 사상자를 내었다는 보도는 조선 민중들로 하여금 극도의 분격을 금치 못하게 하는 동시에 상식적으로는 판단조차 어려운 불법적인 행동을 한 비행기를 철저히 조사 적발하라는 여론이 비등하고 있다.

소문에 의하면 그 비행기는 항공 연습을 하던 '모국' 비행기라는 말이 있는데 어느 나라의 비행기를 막론하고 이런 불법적이고 비인도적인 행동을 한 비행기는 용서 없이 적발하여 극형에 처하지 않으면 조선 민족의 분격은 둘째로 하고 세계 여론이 이를 용서치 않을 것이다. 이 사건의 그 후 소식은 다음과 같다.

시인 반 부인 반

독도폭격과 재일 미군 당국 담*

【동경 13일 AP 합동】 미 극동공군사령부에서는 지난 8일 독도 근해에서 조선 어선대가 폭격

---

* 『공업신문』, 1948년 6월 15일, 2면, "독도폭격은 누구?, 미군에서 특별조사대 급파, 공보부 발표"; 『대한일보』, 1948년 6월 15일, 2면, "독도 근해 어선 폭격은 재일(在日) 미기(美機)의 연습?, 익부(翼部)에는 원(圓)과 성(星)의 표장(標章)".

을 받은 사건에 미국 비행기가 관련되어 있을지 모른다고 12일 다음과 같이 발표하였다.

조선 어선이 폭격을 당하였다는 수역을 포함한 해역 일대에서 실탄 훈련을 할 계획이 있었고 그 훈련은 8일부터 시작하기로 되었었다. 조선 어선 조난 사건에 미기(美機)가 관련된 것인가를 밝히기 위하여 방금 조난 현장 사진을 심사 중이다. 그런데 조선 경찰이 전하는 바에 의하면 내습 비행기는 4발기로 날개[翼部]에 원(圓)과 별[星]의 표장이 있었다 한다.

야만적 행동
독촉국민회 담화

독도사건에 대한 독촉국민회에서는 14일 다음과 같이 발표하였다. 독도사건은 묵과할 수 없는 일이다. 어느 나라를 막론하고 이러한 야만적인 폭행은 세계 평화를 농락하는 자라 하지 않을 수 없다. 만약 미국이 이런 일을 했다면 구실 여하를 막론하고 조선인의 미국에 대한 감정을 악화할 것은 사실이다. 우리는 민족적 입장에서 이 사건의 최후적 규명과 책임 추궁을 끝까지 할 것이다.

조사단 급파·미 당국 조사 중**

독도 근해에서 정체 모를 비행기가 작업 중이던 조선 어선 십여 척을 폭격하여 많은 사상자를 낸 사건에 대해서는 일반사회의 격분을 사고 있으며 신속한 사건 진상 규명이 있기를 일

** 『공업신문』, 1948년 6월 15일, 2면, "독도폭격은 누구, 미군에서 특별조사대 급파, 공보부 발표"; 『대중일보』, 1948년 6월 15일, 2면, "울릉도 어선 폭격사건: 사건 진상조사차 미군 특별조사대 현지 향발"; 『부인신보』, 1948년 6월 15일, 1면, "미군 특별조사단 급파, 구호물품 다수 적재코 독도폭격사건 현장에, 철저 조사하고 진사(陳謝) 요구하라"; 『서울신문』, 1948년 6월 15일, 2면, "미군 조사대 의료품 싣고 출선"; 『수산경제신문』, 1948년 6월 15일, 2면, "미군 특별조사대, 사건 조사차 현지 향발"; 『조선중앙일보』, 1948년 6월 15일, 2면, "미군 특별조사단 조사차 현지 향발"; 『남선경제신문』, 1948년 6월 15일, 1면, "폭격사건 진상, 14일 판정 예상"; 『조선일보』, 1948년 6월 15일, 2면, "미군 조사대 파견"; 『한성일보』, 1948년 6월 15일, 2면, "독도에 미군 조사대를 파견".

반은 바라고 있는데 미군 당국에서는 방금 진상을 조사 중이라고 공보부***를 통하여 다음과 같이 발표하였다. 13일 미국 특별조사대에서는 이번 독도사건을 조사하기 위하여 특별조사단을 현지에 급파하였는데 이 조사단은 부상자를 구호하고자 의료 약품까지 휴대하고 경비선으로 독도로 향하였다.

*** 1948년 6월 15일자 『공업신문』에서는 14일 과정(過政) 공보부에서 발표한 것으로 되어 있다. 『공업신문』, 1948년 6월 15일, 2면, "독도 폭격은 누구, 미군에서 특별조사대 급파, 공보부 발표".

『남선경제신문』, 1948년 6월 15일, 1면

울릉도 근해는 미 공군 특별 연습 구역

사건 발생일이 연습 당일 날!

【뉴욕 RP 발 공립(共立)】 신문 보도에 의하면 지난 8일 조선 어선 20여 척이 울릉도 근해에서 국적 불명의 비행기 수 대에게 폭격되어 침몰되었다고 한다. 또 여러 사람의 어부가 빠져 죽었다고 하며 미군 당국에서는 그 사건을 지금 조사 중이라고 한다. 그런데 극동항공대본부에서 발표한 바에 의하면 미국 비행기가 이 사건에 관여되지 않았는가 해서 조사를 개시하였다고 하며 이번 조선 어선이 조난당한 데 대해서는 미국 공군 특별연습지를 설치한 곳이고 8일 화요일에 연습 비행기가 나간 일이 있다고 한다. 그런데 연습기와 사건을 세밀히 조사 중이라고 한다.

『수산경제신문』, 1948년 6월 15일, 2면

억울한 희생자의 씨명(氏名)*

【울릉도에서 본사 유(柳) 특파원 발】 지난 8일 독도 근해에서 정체 모를 비행기의 폭격을 받아 때마침 출어 중이던 어선 10여 척이 격침되고 다수의 사상자를 내었다고 함은 기보한 바이거니와 10일 울릉도 23관구 경찰서장 여태현(呂泰鉉) 씨의 발표에 의하면 그 후 10일 오전 9시 현재로 판명된 생환자 및 사상자의 씨명은 다음과 같다.

▲ 사망자: 강원도 강릉군 묵호읍 진리 김준선(金俊先)(20), 울릉도 남면 저동 최태식(崔台植)(34) (이상 시체 수습), 강원도 어민－김동술(金東術), 권천(權天), 김응화(金應和), 박춘식(朴春植), 조성용(趙成龍), 오재옥(吳在玉), 이천식(李天植), 울릉도 어민－고원오(高元五)(19), 김해술(金海述)(19), 김해도(金海道)(21), 채일수(蔡一洙)(28), 김태현(金泰鉉) (30) 이상 14명

▲ 중상자: 울릉도 어조 조합원 장학상(張鶴祥)(36)(□□와 □□부상), 동 이상주(李相周)(31)(□□ 완(腕) 및 안면 부상), 강원도 울진군 평해면 검음리 221 김태홍(金太弘)(25)(우각 부상) 이상 3명

▲ 생환자: 강원도 묵호읍 경양환 선장 이완식(李完植)(34), 강원도 울진군 평해읍 삼율리 148 최만일(崔萬一)(33), 동 후포리 259 최춘삼(崔春三)(43), 영덕군 내곡면** 백석리 29 김대지(金大志)(34) 이상 4명

---

* 『서울신문』, 1948년 6월 15일, 2면, "차마 볼 수 없는 참경(慘景), 구호선이 말하는 독도폭격사건".

** '병곡면'으로 되어 있는 기사도 있다.

단호 조치 강구하라

국민건의회서 담화

금번 독도 근해 사건에 대하여 조선국민건의회(朝鮮國民建議會)에서는 다음과 같은 요지의 담화를 발표하였다.

"우리는 하국에서 시행한 불법행위인지 진상을 규명하여 국제에 호소하는 동시에 단호한 손실 배상과 가해자에 대한 극형 처단을 요망한다. 이와 같은 야비무쌍한 행동은 극악무도한 사상적 신경전술이라고 추측되는데 이것을 계기로 하여 항시 비상경계를 하되 해안 경비와 38선에 대한 감시를 엄중하게 행하여야 한다."

고도(孤島)는 인영 절무(人影絶無)

행방불명자 즉사로 확인
울릉도도 비통일색

독도폭격 제4특신

【울릉도에서 본사 특파원 윤고종 제4신】 동해의 절해고도 독도에 대한 폭격 기관총 소사 사건은 사건 자체가 전시 아닌 평화시대에 우리 국토에서 벌어진 일인만큼 그 파문은 바야흐로 각계 각 방면으로 퍼지고 있는데 사건이 발생한 다음 날인 9일 저녁에 울릉도를 떠나 현지에 향하였던 구조선 2척은 10일 저녁 6시 희생자의 가족이 눈물 속에 기다리는 울릉도 도동에 돌아왔다.

그러나 그들에게 구조선이 전한 소식은 8일 폭격 당시 독도 부근에 흩어진 사체는 하룻밤 사이에 모진 파도 물결에 흘러갔는지 깨어진 배 파편과 함께 자취를 감추고 오직 바위 위와 기울어진 경양환(慶洋丸)에서 사체 두 개를 수용하였을 뿐이라는 창자를 끊는 사실뿐이었었다.

때마침 울릉도 일대는 동해의 첫여름을 말하는 안개가 자욱이 끼고 있었는데 구조선을 타고 현장에 갔던 사람의 말에 의하면 사망으로 판명된 9명의 시체 수용에 힘쓰는 한편 행방불명인 5명의 행방을 찾아 독도 해변에 있는 동굴까지 낱낱이 조사하였으나 한 사람도 발견하지 못하여 결국 8일 오전 11시 폭격 당시 그들도 즉사한 사실을 확인하였다고 한다.

그뿐 아니라 독도에 잔류하고 있는 사람이나 없나 하고 재삼 찾았으나 사정 모르는 물새만 우짖고 있을 뿐 물새 한 마리 없었다는 것이다.

그리하여 겨우 경양환 선원 김준선(金俊先)(20) 씨와 울릉도 남면 저동 최태식(崔台植)(30) 씨의 시체만 수용하고 새로이 사망으로 확인된 5명까지 합친 다음 12명의 사체 수사는 곤란한 것이 판명되었다고 한다.

즉 강원도 강릉군 묵호읍 후포리* 김동술(金東述), 변권천(邊權天), 김응화(金應和), 박춘식(朴春植), 조성용(趙聖龍), 오재옥(吳在玉), 이천식(李天植), 울릉도 남면 도동 고원오(高元五)(19), 김해술(金海述)(19), 채일수(蔡一洙)(28), 저동 김해도(金海道)(21), 김태현(金泰鉉)(30) 등 12명의 사체는 이미 바다에 흘러간 것이 확실한데, 부상자 장학상(張學商)(35), 이상유(李相由)(31) 두 명은 도동에서 치료 중이고 강원도 출신 어부 중 4명은 10일 오후 8시 울릉도를 떠나는 연락선 충주호로 고향으로 귀향한 것을 위시하여 속속 울릉도를 떠나고 있다. 그런데 이번 사건이 벌어지자 울릉도 1만 5천 도민은 조난 가족은 물론하고 전부가 깊은 슬픔 속에 잠기고 도청(島廳) 당국은 9일 이래 일체 가무음곡(架舞音曲)과 유흥을 금지하여 그야말로 비장한 공기가 전도(全島)를 덮고 있는 형편이다.

---

* 각기 다른 행정구역인 묵호읍과 후포리가 묵호읍 후포리로 잘못 표기되어 있다.

『조선중앙일보』, 1948년 6월 15일, 2면

"미국 비기 습격"

울릉도서 경북 수산과에 전문

【경북지사 발】 지난 10일 오후 2시경 울릉도에서 경북도 수산과에 들어온 전문에 의하면 지난 8일 울릉도에서 출선한 어선 20척이 독도 부근에서 미국 비행기의 습격을 받고 (후에 폭탄 투하 기총 사격으로 판명) 작업 중이던 선원 16명이 사살되었으며 어선 17척이 행방불명이며 다만 그 중 3척만이 기적적으로 울릉도에 귀환하였다고 한다. 경북도 수산당국에서는 전기와 같은 전문을 받고 진상을 조사하기 위하여 동 10일 도(道) 수산당국자가 급 포항에 출장하였다.

독도의 위치와 도세(島勢)*

독도(죽도(竹島)라고 칭함) (동서방(東西方) 2서(嶼))

(가) 위치: 2서(嶼) 중 동방도 북위 37도 14분 18초 동경 131도 52분 22초

(나) 거리: 자(自) 울릉도 49리, 자(自) 은기도 86리

(다) 주위: 약 1리 반(半)이라 하나 정확한 것은 실측(實測)이없으므로 미지(未知)

(라) 도세(島勢)

---

* 해당 신문기사의 인쇄 상태가 고르지 못하여 제대로 알아볼 수 없는 글자가 많으나, 전체적으로 유사한 내용의 글이 1951년 9월 1일 경상북도 지사가 내무부 장관에게 올린 「독도(죽도)에 관한 조사의 건」에 있어 그 내용을 참고하여 기사의 내용을 복구하였다. 「1951년 경상북도 보고서」(「독도(죽도)에 관한 조사의 건(對 4284년 8월 31일, 무전통첩)」) 참고.

(1) 일본해(동해) 상의 일소군(一小群) 여**로서 동서 양대(東西兩大) 여가 상대(相對)하여 해상에 흘출(屹出)하였고 그 주위에는 다수한 소여와 암초가 기포(碁布)되어 있는데 차등(此等) 서초(嶼礁)는 편평한 암판(岩板)으로서 약간 수면에 노출하여 수십장의 방석(方席: 草席)을 부포(敷布)한 듯하다.

(2) 양여는 전부 척피(瘠疲)한 독암(禿岩)으로서 해풍에 폭퇴(曝頽)되어 1수(樹)의 식목(植木)도 없고, 동남방에 있어서 겨우 야생초가 있을 뿐이요. 또 도안(島岸)은 단애절벽(斷崖絶壁)으로서 연질(軟質)의 석층(石層)으로 되어 형형색색의 암석과 기관(奇觀)의 동굴이 많다.

(마) 비고

(1) 이상과 같은 도세이므로 농지는 물론 주택지와 음료수가 결핍하므로 인류의 주거에 부적합

(2) 어업상 본도 근해에는 해구(海狗) 엽호(獵虎) 복 곽감(藿甘) 오적(烏賊) 기타 패류 등 해산동식물이 서식 번성하므로 조선 어업의 보물이다.

** 기사에서는 한자 '嶼'(서)자를 한글 '여'로 식자한 것으로 보인다.

『한성일보』, 1948년 6월 15일, 2면

미 폭격 연습 부대에 관련? 극동항공대에서 성명*

동포 어선 폭격사건

【동경 13일 발 UP】 미국 극동항공대에서는 지난 8일 일본해(동해)에서 11척의 어선을 폭격 격침하였다는 사건에 미국 비행기가 관련이 있었을는지 모른다고 다음과 같이 발표하였다.
지난 8일 남조선 미국 점령지대 동해안에서 떨어진 구역에 폭격 연습 부대가 비행한 일이 있다. 그러나 이상 비행기가 이 사건에 관련이 있었는지를 판단하기 위하여 공격 사진 및 부대 보고를 연구 중이고 완전한 조사를 행하고 있다. 그런데 조선 경찰은 9대의 4발 미국 비행기가 11척의 배를 폭격 기관총 소사로 격침하고 사망자 14명, 기타 부상자를 내었다고 보고하였다. 한편 미국 극동항공대사령부 대변인은 다음과 같이 말하였다. 배가 격침되었다고 전하여지는 구역 일대에는 소정의 폭격 실험장이 있다. 이 실험장은 폭격 비행기가 실폭탄 훈련 임무 실시에 사용하고 있다. 그러나 이상 대변인은 8일의 폭격 연습에 비행기가 일본 어느 기지로부터 출동한 것인지는 말하지 않았다. 조선인 보도는 비행기가 서쪽으로부터 와서 서쪽으로 돌아갔다고 말하였다. 그러나 서울 근방에 있는 김포 기지 당국에서는 확정적으로 8일 사건 현장에 동 기지 비행기는 없었다고 말하였다. 당지에서는 이 폭격 연습장이 어선을 위하여 분별할 수 있도록 표식하여 있었는지는 알 수 없다. 당국에서는 표준절차로서는 실탄 연습 전에 연습 구역에 정찰을 행하게 되어 있다고 말하였다. 동 대변인은 미국 비행사가 어부에 기관총 소사를 가하지는 않았을 것이라고 믿는다고 말하였으며 문제의 폭격 연습은 고공에서 행한 것이라고 말하였다.

---

* 『수산경제신문』, 1948년 6월 15일, 2면, "독도 근해 어선 폭격 사건, 미 비행기 관련 유무 조사 중, 미 극동항공대 성명".

미 당국 14일 판정 예상*
동포 어선의 폭격 진상

【동경 14일 발 UP】 13일은 일요일이므로 미국 극동항공대로서 조선 동해안 원방 일본해(동해) 중에서 조선 어선 폭격에 대한 책임을 결정하는 데 지장이 있었다. 조선 경찰 측에서 9대의 미국 4발 비행기가 11척의 조선 어선을 폭격 총격하여 14명의 사망자를 내게 하였다고 전하고 있는 구역에서는 지난 8일에 미국 항공부대가 고공에서 폭격 연습을 한 일이 있었다 한다. 폭격기 탑승원이 이 연습 중에 촬영한 사진이 동경에 도착하였으며 최고 항공대 당국은 조선인 어부를 고의적으로 공격하였는지 그렇지 않은지를 판단하기 위하여 이를 연구하게 되었다. 그러나 당국에서는 미국 연습 부대가 일본의 어느 기지에서 출동하여 갔는지는 말하지 않고 있다. 이 사건에 관한 판결은 14일에 내릴 것으로 보인다.

---

* 『경향신문』, 1948년 6월 15일, 2면, "폭격사건 진상, 14일 판정 예상"; 『동아일보』, 1948년 6월 15일, 2면, "미(美) 연습기 투탄? 독도사건 방금 조사 중"; 『조선중앙일보』, 1948년 6월 15일, 2면, "전민족 격분 속에 판명되는 독도 사건, 미 항공부대 폭격 연습, 미군 당국, 고의 여부를 연구 중".

울릉도 답사 소기(상)

수산물 연 2억원 축항 완성 도민들 갈망

【울릉도에서 본사 이 기자 발】 기자를 태우고 포항을 출발한 운수부 해사국의 정기 연락선 충주환(忠州丸)은 만경창파의 거센 파도를 박차며 질주 또 질주 백십여 리의 해로(海路)를 주파하고 소요 시간 11시간 30분 만에 멀리 동해 바다 위에 우뚝 솟은 신비하고도 고적한 섬 울릉도에 도착하여 답사 제일보를 내딛었다.

(중략)

(사진은 울릉도를 향하여 항해 중에 있는 충주환)

울릉도 답사 소기(하)

2면 3교제(校制) 실시 북면 수원지에 기대 다(多)

【울릉도에서 본사 이 기자 발】 모든 부면에서 있어서 도회지와 비교하여 그리 혜택을 입지 못하고 있는 이 섬에도 일부 전력의 해택만은 받고 있다.

(중략)

그리고 이곳에 농민과 어민들의 유고시에 충분한 약재를 공급할만한 의료 기관과 의사 그리고 약품의 보유가 매우 결핍하여 보건면에 있어서 비약적 개척이 있음이 크게 요청되고 있다. 현재 한지(限地) 의사가 한 사람 있을 뿐 자격을 가진 의사는 없고 이에 겸하여 산파도 한 사람도 없어서 이 방면에도 급속한 시책이 있어야 할 것이다.

(중략)

묘망(渺茫)한 바다는 한편에 수평선을 그리고 또 한편은 절벽의 해안선을 따라 왼쪽으로 도동

항구를 출발, 달리는 소형 발동선은 부슬부슬 내리는 비를 맞으며 촉대바위(燭臺岩), 삼본립(三本立) 등의 기암을 지나 서면의 천부학교와 전설로 유명한 태하동을 돌아 다시 배는 좌편으로 돌진, 이렇게 울릉도 시찰을 하는 기자는 이번 답사에서 뜻하지 아니한 동포에 대한 커다란 민족적인 비보를 들었다. 이는 바로 독도에서 지난 8일에 동포 어부가 미역 따러 나갔다가 무참하게도 모국 비행대에 잔인하고도 무도한 폭탄 투하와 기총소사로 말미암아 아깝게도 14명의 사망자를 내고 6명 이상의 중경상자를 낸 것이다(完). (사진은 해변에서 바라다 보이는 울릉도의 산)

독도폭격사건 진상

조춘정(趙春汀)

머리말

울릉도에서 49리가량 떨어져 있는 독도에서 어획 중이던 어민에게 6월 8일 모국 비행기로부터 폭탄 세례와 기총소사가 있어 40여 명의 사상자가 났으며 5백여만원의 선체 피해를 입었다. 이 같은 독도사건의 비보는 조선 인민에 커다란 타격을 주는 동시에 민족적 분노를 격발시키고 있다. 무고한 어민이 이와 같이 무참히 죽었다는 것은 민족 감정에서 분하고 억울하기 짝이 없는 일일뿐더러 인도상으로 보더라도 차마 견디기 어려운 모욕이 아닐 수 없다. 또한 독도는 문헌상으로나 지리적 조건으로나 우리 영토에 속한 것이다. 그러나 해방 후 일본 정부가 저희 것이라고 한 일도 있었다. 최근에도 독도 근해에 일인(日人)의 어업 침해가 여러 번 있었다. 그러므로 조선산악회에서 학술탐험대를 파견하여 소속 지점을 밝히었고 또 울릉도 본토인들의 여러 가지 증언을 종합하더라도 이것이 확실히 우리 영토 내의 섬인 것이 틀림없는 사실이다. 이번 맹폭격사건에서는 기체가 불명하다. 최근 불시착을 잘 한다는 모국기가 원거리에 있는 독도 해상까지 나타났을 리 없으며 또한 패전 일본의 군용기나 어군 탐사기가 있을 리 만무할 것이며 더욱이 조선 비행기가 아님은 틀림없는 사실일 것이다.

독도가 모국의 기지로 되어 연습 구역의 침입이 제지되어 있으며 금단의 구역으로 지정되었다 하더라도 폭격 연습 시일 수일 전에 예보가 반드시 있음이 원칙일 것이다. 그러나 금번 사건에 있어서는 예보조차 없이 맹폭을 가함은 비인도적이라 아니할 수 없다. 또한 전시 체제의 그대로인 기총소사를 했다는 것은 인도상 문제로도 용납키 어려운 일이다. 전시가 아니요, 비전투원이며 흉기를 가지고 저항을 하지 않는 이상 그처럼 전투행위를 하여서 다수의 인명 사상을 내었다는 것은 그 책임 소재를 분명히 하지 않으면 안 될 것이다. 그러면 이것은 국제적 도의를 몰각하고 공법을 무시한 행위로서 도저히 용서치 못할 만행이라 하지 않을 수 없는 것이다. 제2차 대전이 종식된 후 세계 인류는 오로지 영원한 세계 평화를 확보하기 위하여 아낌없는 노력을 계속하고 있는 이때에 남의 영토에 침입하여 폭격 기총소사 등을 감행하였다는 것은 그 이유 여하를 막론하고 이것은 곧 세계 평화를 파괴하려는 행동으로 규정을 지을 수밖에 없는 것이다. 그러므로 금번 독도에서 발생된 만행은 그 진상을 철저히 규명한 다음 세계 인류의 공적(公敵)으로서 엄중한 처단을 내려야 할 것이다.

독도사건 진상

백구가 반무하는 울릉도는 산험(山險)하고 해심(海深)하며 평야가 희박한 절해고도(絶海孤島)이다. 그러나 천연 조건이 울릉도를 중심으로 한 해역을 천혜의 해상 보고(寶庫)를 이루게 한 것이다. 기자는 울릉도 시찰 중에 천만의외로 독도폭격사건에 접하게 되었다.

독도는 일명 죽도(竹島)라고도 칭하며 동서방 여러 섬으로 되어 있다. 그 위치는 중동방도(中東方島) 북위 37도 14분 18초이며 동경 131도 52분 22초로 울릉도와 거리는 49리를 격하였으며 수위는 약 1마일 반(半)이라 한다. 그리고 기암괴석으로 기관(奇觀)의 동굴이 많으며 농지는 물론이요, 음료수가 결핍하므로 인류의 거주에는 부적당하다. 한편 어업 상황을 보면 근해에는 해구(海狗), 고래(鮑), 패류(貝類), 기타 해산 동식물이 무진장으로 서식하므로 조선 어업계의 보고라 아니할 수 없다. 그러므로 어기(漁期)인 6월부터 다음 해 2월까지는 어선의 내왕이 끊일 사이가 없다고 한다. 지난 8일에도 독도 해상에는 20여 척의 어선이 모여 어획 중이던바 불의의 참변을 당하였던 것이다. 피해 상황을 종합하여 보면 동일은 일기가 매우 쾌청하였으므로 물질도 잔잔한 해상에는 23척의 어선이 떠 있고 50여 명의 어부가 일심불란(一心不亂)의 작업을 하고 있었는데 정오경에 무슨 소리가 나기는 하였으나 작업에 열중한 어부들이라 무심히 파도 소리로만 알고 있었던바 의외에도 모국 비행기가 3대씩 편대가 되어서 다수 내습하여 처음에는 산과 물 위에다가 폭탄을 뿌린 다음 선박을 목표로 기관총으로 소사하여 왔다. 현장에 있던 어선들은 태극기를 꽂고 있었으며 또 폭격을 받을 때에도 태극기를 휘둘렀으나 결국 소용이 없으므로 어부들은 당황하여서 물속 혹은 동굴 속으로 피신한 사람도 있으나 일시는 수라장을 이루었던 것이다. 폭격은 4, 5차 계속되었다. 그 후 현장 바위 위에는 팔다리가 떨어진 피투성이의 시체가 산란하고 바닷물은 뿌연 잿빛이 되고 여기저기 물속에는 배의 파편과 시체가 떠 있고 화약 냄새와 함께 생지옥을 이루었다. 그때 발동선 2척과 전마선(傳馬船) 2척이 겨우 사경을 면하고 위기를 탈출하였을 뿐이오, 경양환(慶洋丸)을 비롯하여 11척의 발동선이 침몰당하였고 인명의 피해는 사망자 9명, 행방불명 5명, 중상자 2명, 경상자 8명을 내었으며 선체 피해액은 500만원에 달하리라고 한다. 그리고 최후로 또 와서 정찰하고 간 비행기에는 푸른 바탕에 흰 별이 그려져 있더라고 한다. 또한 작년 4월에도 이러한 일이 있었던 것으로 보아 당시 당국자들은 모국 비행기의 연습 행위가 아닌가 추측하고 있다. 당시 피해자 중 사망자 최태식(崔台植)(34)과 김준선(金俊先)(20) 2명의 시체는 즉시 발견되어 10일 하오 울릉도에 안치되었으나 김동술(金東述)(39), 변권천(邊權天), 김응화(金應和), 박춘식(朴春植), 조성용(趙成龍), 오재옥(吳在玉), 이천식(李天植) (강원도 강릉군 묵호읍 후포리), 고원오(高元五), 김해술(金海述), 김태현(金泰鉉), 채일수(蔡一洙), 김해도(金海道) (울릉도 남면 도동) 등 12명의 시체는 이미 바다에 흘러갔으므로 수사하기 곤란한 것이라 한다.

사망자 중 김준선(金俊先)은 두개골이 절개되어 후두부가 전부 없어졌으며 뇌가 노출된 것은 목불인견의 참상이었다. 그리고 부상자 장학상(張鶴商)(35)은 두 다리와 팔에 대부상을 입었으며 이상주(李相周)(31)는 팔과 한 다리와 얼굴을 부상하고 울릉도 도동 병원에서 가료 중이다.

동 사건 발생 당시 경양환(慶洋丸) 이완식(李完植) 선장은 현장에서 길이 3석 두께 1척의 탄파편을 얻어다가 당지 경찰에 바치었다.

한편 독도에서 이번 사건이 생기자 울릉도 1만 5천 도민은 애도의 뜻을 표하기 위하여 9일 이래 전도에는 가무 유흥을 금지하고 있다.

또 구원대의 민첩한 활동으로 9일 하오에 구출 생환한 김대진(金大鎭)(34) (경북 경복면 백석리), 김태홍(金太弘)(35), 최만일(崔萬日)(33) (강원도 울진군 평해면), 최춘삼(崔春三)(44) (동 후포읍) 등 4명은 10일 울릉도를 떠나는 연락선(충주호: 忠州號)으로 포항을 거쳐 고향으로 돌아갔다.

경양환 선장 담

비분무쌍한 일대 비극은 세인의 커다란 충격을 목격하고 구사일생으로 귀환한 경양환(慶洋丸) 선장 이완식(李完植)(34)(강원도 묵호읍) 씨는 10일 울릉도 도동에 상륙하여 폭격 당시에 정경을 다음과 같이 말하였다.

우리들은 울릉도 미역 채취를 끝마치고 4일경에 독도로 가서 일하고 있었는데 8일 정오쯤 되어서 무슨 소리가 나서 파도 소리려니 하고 무심하고 있던 중 뜻밖에 천지를 진동하는 폭탄 소리가 나므로 나는 엉겁결에 배에서 물속으로 뛰어 들어가 얼마 후 사방을 살펴보았더니 그때는 3대씩 편대가 된 비행기가 섬 동편 2백 미터 부근에서 미역을 따고 있던 어선에다가 (당시 20여 척이 해상에 떠 있었음) 돌멩이를 퍼붓듯이 폭탄을 떨어뜨리고 있었다. 그 비행기는 차례로 나머지 배를 향하여 폭탄을 던졌으며 다시 반대 방향으로부터 다른 편대가 나타나서 또 폭탄을 뿌렸다. 그리하여 섬 부근은 갑자기 파풍과 진동하는 화약 냄새에 생지옥을 이루었다. 그때 다시 소낙비 소리 같이 나는 기관총 소리가 들리더니 바위와 배 위에 총알이 비 오듯하였다. 그래서 나는 황급히 물속으로 뛰어 들어가지 않을 수 없었다. 이 통에 우리 배에서 밥 짓는 김준선(金俊先)은 등에 총알을 맞아 즉사하였다. 얼마 후 총소리가 잠잠하기에 물 위로 나와보니 비행기 1대가 부근 상공을 휘돌아보고 해안을 향하여 날아갔다. 그날 현장에는 20여 척의 배가 있었는데 겨우 몇 척 남고는 다 침몰되고 말았다. 아마도 4, 5차의 폭격을 당한 것 같다. 나의 배는 운전할 수 없이 파손되어 다른 배를 타고 독도에서 얻은 폭탄(파편 길이가 3척, 너비가 1척 가량)과 기관총의 탄환을 가지고 피비린내 나는 그곳을 떠나 울릉도로 돌아와 경찰서에 바쳤다. 이와 같이 폭격 연습을 한다는 말도 없이 남의 영토 내에서 어선을 폭격하고 기관총 소사까지 한다는 것은 정말 억울하기 짝이 없으며 기가 막혀서 말이 안 나온다.

생환자 최만일(崔萬日) 담

지난 7일 해양환(海洋丸)으로 독도에 도착하여 해초 작업을 계속하고 있던 중 8일 오정 때쯤 하여서 난데없는 비행기가 여러 대 날아오더니 선박을 목표로 수차에 걸쳐 10여 발 이상의 폭탄을 투하하므로 우리는 물속과 바위틈에 피신하여서 겨우 난을 면하였으나 우리가 탔던 배는 파선되어 침몰하여 버렸습니다. 자세히는 모르나 그때 현장에는 20여 척의 선박이 있었는데 겨우 2, 3척이 현장을 탈출하여 귀환하였을 뿐입니다. 그리고 우리 일행 중에 강원도 울진군 평해면 삼율리에 사는 김동술(金東述)(39)만은 총알을 맞고 사망하였으나 시체는 찾지 못하였습니다. 또 2차 내습 시에 있어서는 폭탄과 기총소사를 하였고 3차 내습 시에는 4발동기를 가진 비행기가 와서 정찰을 하고 갔는데 자세히 본즉 푸른 바탕에 흰 별이 그려져 있었습니다. 그리고 우리는 폭탄 투하가 끝난 다음 구사일생으로 난파선을 의지하여 돌아오면서 생각하여 보니 14명 이상 사망한 것을 알았고 울릉도에 온즉 그곳에서도 14명이라고 합디다. 우리는 다행히 살아나서 좋으나 죽은 친구들을 생각하면 참으로 비통합니다. 우리는 겨우 침몰을 면한 발동선으로 9일 저녁때에 울릉도에 돌아왔습니다. 끝 [6월 15일 기(記)]

극동군, 폭격 사고 시인

도쿄에서 에디 청이 난징 중앙통신에 보낸 영문 모스부호 특전, 1948년 6월 15일, 동부표준시 오후 9시 30분

(본문)

6월 16일, 도쿄 — 오늘 미국 극동공군은 어선 11척이 침몰하면서 사망자 9명, 부상자 10명 및 실종자 5명이 발생한 6월 8일 일본해(동해) 한국 어선 폭격사고에 대한 책임을 인정했다.

오늘 오전에 발표한 공식성명에서 극동공군사령부는 정기 폭격 훈련 중 B29 중폭격기로 인해 발생한 이 비극적인 사건을 '매우 유감스럽고 안타까운 사고'로 묘사했다. 이번 사건은 혼슈 남쪽, 한국 동해안에서 300마일 거리에 위치하며 '폭격 연습지로 지정'되어 있는 리앙쿠르암에서 발생했다.

그러나 극동공군사령부는 공식 성명에서 폭격 훈련을 실시하기 전에 사고를 예방하기 위한 모든 조치를 취했다고 말했다. 오키나와 기지 소속인 B29기가 표적에 실폭탄을 투하하기 30분 전에 정찰기가 리앙쿠르암 상공을 여섯 차례 비행하며 '표적 지역을 육안으로 확인'했고, 폭격기가 도착하기 전에 정찰기가 여섯 번의 정찰비행 후 모두 문제가 없다고 보고했다는 것이다.

극동공군사령부는 공식 성명에서 '일본해(동해)에 위치한 두 개의 큰 암석 바로 주변의 작은 암석들이 표적이었으며, 전에도 유사한 연습을 실시할 때 몇 번 표적으로 삼았던 곳'이라고 말했다.

그러나 연습 폭격 30분 전에 실시한 정찰비행 중 촬영한 사진에서 '위험 구역 내 소형 수상선'이 확인되었다.

이와 같은 정보에 대해 극동공군 관계자는 '표적 구역에 작은 암석들이 많은데 암석들 사이에 소형 수상선이 섞여 있었고 육안 정찰비행 중 촬영되었을 것'이라고 말했다.

극동공군사령부는 모든 폭탄이 표적 구역 내에 투하되었기 때문에 위험 구역 외부에 있는

한국 어선들이 폭격당할 가능성은 없는 상황이었다고 밝혔다.

지난해 8월 12일에도 극동공군 항공기가 북규슈 앞 바다에서 일본 화물선을 폭격하는 사고가 있었으나 사상자는 발생하지 않았다.

Central News, June 15, 1948*

FEA Force Admits Accidental Bombing

Dispatch in English Morse from Eddie Tseng in Tokyo for CENTRAL NEWS in Nanking, June 15, 1948, 9:30 p.m. EST-H

(Text)

Tokyo, June 16—The United States Far Eastern Air force today assumed responsibility for the accidental bombing of Korean fishing vessels in the Japan Sea June 8 when 11 boats were (sunk, 9 people killed), 5 missing and 10 injured.

The tragedy, which was caused by B29 Superforts during a routine bombing training mission, was described in a Far Eastern Air Force official's statement this morning as a 'most unfortunate and regrettable accident.' It occurred at Liancourt Rocks-'an established bombing range'-300 miles north of the southern part of Honshu and east of Korea.

The official statement pointed out, however, full precaution was taken prior to target practice. Reconnaissance aircraft made six trips over Liancourt Rocks to 'visually check the target area' within 30 minutes before the Okinawa-based B29's dropped live bombs on the target. Six separate reports from reconnaissance aircraft were received indicating all clear prior to the arrival of the bombing flight.

'The established target is a series of small rocks immediately surrounding two larger rocks in the Japan Sea and has been used a number of times before for similar training missions,' the official statement said.

However, a photo reconnaissance mission conducted over the target 30 minutes after the practice bombing showed 'there were small surface craft within the danger

* 미국 국립문서기록관리청 소장 자료(국립중앙도서관 해외 한국 관련 기록물 사이트: RG554 〉 USAFIK: XXIV Corps, G-2 Historical Section, 1945-1948 〉 Politics 3rd Year: Foreign Radio Broadcasts 1948, 1 of 2 〉 31. 3 U.S. civilians ambushed at same spot; 기록 자료, 1948.06.16).

area.'

On the above information the Far Eastern Air Force official said 'It is probable that with the large number of small rocks in the target area small surface craft were among the rocks and estimated direction during the visual reconnaissance.'

The statement said all bombs fell within the target area which precluded any possibility that Korean fishing vessels were bombed outside of the danger zone.

It is recallable Far Eastern Air Force planes also accidentally bombed a Japanese cargo ship off the northern Kyushu coast Aug. 12, last year. No casualty of damage, however, was inflicted during last year's accident.

4. 1948년 6월 16일

제1대 국회 본회의 논의
미국 극동공군사령부 발표
각 정당 및 사회단체의 성명

『경향신문』, 1948년 6월 16일, 2면

독도폭격사건 진상 이렇다
폭격·정찰·기총소사
원주(圓周) 내에 성표(星標) 있는 4발동 비행기로 확인

이 책임을 누가 지나
민족의 울분만 격동

【울릉도에서 본사 특파원 박흥섭 발】 동해의 고도인 독도에서 지난 8일 오전 11시 40분경 수십 척의 어선과 어부들이 비참하게도 폭격을 당하여 애처롭게도 바다에서 희생을 당한 사실을 알게 된 것은 폭격 당시에 구사일생으로 사경을 면하여 간신히 울릉도에 돌아온 어선 1척과 어부들로부터이다. 기가 막히는 소식을 접하자 당지의 도청과 경찰에서는 9일 오후 7시경 구호선을 독도에 파견하여 구출 작업을 하는 한편 사실을 조사하려고 하였으나 완전한 경비선조차 없는 울릉도라, 사건이 발생되자 독도까지 39마일이나 되는 지점을 불과 4톤도 못 되는 발동선으로 현장에 이르렀으니 그 구출 작업 역시 뜻대로 되지 못하였을 것이었다. 그러나 폭격을 실지로 목격하고 사선을 돌파하고 귀환한 어부 김태홍(金泰弘)(25), 최만일(崔萬日)(33), 최춘삼(崔春三)(44) 등의 보고에 의하여 폭격 당시의 사실을 알 뿐이다. 이상 4명은 10일 오후 9시경 충주호(忠州號)로 울릉도를 떠나 포항을 거쳐 자기 고향으로 향하는 도중 기자는 충주호에서 그들을 직접 만나게 되었다. 이하는 그들이 말하는 조난 당시의 광경이다.

"지난 7일 우리 일행은 해양환(海洋丸)으로 독도에 도착하여 미역을 따고 있었다. 그 이튿날인 8일 오전 11시 30분경 돌연 정체 모를 비행기 6대가 날아와 우리들의 어선을 목표로 10개 이상의 폭탄을 던졌다. 그리하여 우리가 타고 있던 어선은 폭풍으로 침몰되었으며 당시에 독도 부근 해상에는 약 23척의 어선이 있었음을 확인하였다. 내가 알기에는 결국 어선(발동선) 2척과 천마선(天馬船)* 2척이 겨우 귀환하였을 뿐이다. 우리 일행 중에는 행방불명된

자가 2명이며 김동술(金東述)(39)은 기총의 탄환을 맞아 사망하였고 시체는 아직 찾지 못하였다. 곧 이어서 2차의 투탄(投彈)이 있었으나 나는 실신 상태에 있었으니만치 몇 대의 비행기가 왔는지는 알 수 없었다. 그 후에 비행기가 저공으로 날아와 정찰을 하고 갔다. 그때 보니 비행기는 둥근 굴레 속에 별이 그려져 있었다. 그리하여 10일 오후 6시 구사일생으로 울릉도에 와보니 14명이 사망하였음을 알았다. 죽은 사람들을 생각하니 참으로 기가 막힐 뿐이다."

이상이 독도의 참사를 실지로 겪고 온 사람의 말이다. 대해 속에서 발생된 참사라 확실한 희생자들의 수효와 피해가 판명되기까지는 상당한 시일이 필요할 것이다. 그런데 울릉도 도사(島司) 허필(許苾) 씨의 말에 의하면 8일 오후 1시경 비행기 1대가 울릉도를 통과한 사실도 있다고 한다. 이런 사건이 발생하면 어민들이 안심하고 출어작업을 할 수 없으니만치 어떠한 이유로 이런 폭격사건이 있었는지 모르되 조선의 해안에서는 절대로 이런 불상사가 없도록 이에 대한 절대적인 대책을 중앙 당국에서 수립하여 주기를 열원하고 있다. 독도의 영토문제도 급속 해결이 필요하겠지만 어권(漁權)은 확실히 조선에 있다 함은 엄연한 사실인 이때 우리의 동포가 언제나 안심하고 독도뿐만 아니라 조선 해안에서는 어업을 할 수 있도록 어민들은 갈망하고 있는 것이다.

---

* '전마선'의 오타로 보인다.

국회서 분격의 논전(論戰) 전개

외교·국방위원회*에 일임을 가결**

지난 8일 오전 11시경 독도 부근에서 일어난 춘사(椿事)에 대하여 그 진상이 차차 알려지게 됨에 민족의 격분은 날이 갈수록 커지고 있는데 드디어 15일에 개최된 국회 제11차 회의에서도 이 문제는 '클로즈업' 되어 토의의 초점이 된 바 그 광경은 다음과 같다.

▲ 김장열 의원 외 10명: 긴급동의로서 독도사건 대책 강구를 요청(동의), 그리고 설명에 들어가 비행기의 국적을 조사해야 한다고 강조.

▲ 이항발 의원: 이 문제는 묵과할 수 없다. 그러나 신중을 기하기 위하여 신문 보도에 관한 것을 알아보자.

▲ 김장열 의원: 경무부에 의탁하여 조사하자.

▲ 신익회 부의장: 당국자를 부른다는데 조심합시다. 경찰은 미군정의 경찰이오. 그러니 조사 방법에 있어 신중을 기합시다.

▲ 정용 의원: 위원 5명을 선정하기를 동의.

▲ 조영규 의원: 국회 교섭위원에 일임하면 좋겠다는 의견.

▲ 조헌영 의원: 지금 우리로서 조사한다면 결국 다른 나라 사람의 손을 빌어야 하겠다. 국제적으로 효과가 있게 하기 위해서는 먼저 정부가 수립되어야 하겠다.

▲ 윤치영 의원: 우리 국회는 절대 자주성 있는 국회가 되어야 한다. 그러므로 조사를 위하여 타력에 의존한다면 자주성이 없어진다. 그러므로 무엇보다 정부를 수립해야 한다.

▲ 윤재근 의원: 3천만 동포가 다 죽어 넘어가는 때도 정부 수립만 부르짖어야 할 것인가, 만일 그런 정부가 들어선다면 모국의 앞잡이 정부 밖에 될 것이 없지 않은가, 조사위원을

---

* 외교국방위원회가 국회 제11차 회의 속기록에는 '외무국방위원회'라고 되어 있다.

** 『경향신문』, 1948년 6월 16일, 1면, "전위로 별개 회의, 상위 선출을 촉진"; 『대중일보』, 1948년 6월 16일, 1면, "하곡(夏穀) 수집 독도문제 등을 논의"; 『부인신보』, 1948년 6월 16일, 1면, "인민은 먼저 자주 독립을 원한다, 수집 공출 등은 차차 문제, 우선 정부 수립하고 보자, '독도' 미곡문제 등 상임위 일임, 국회 제11차 본회의 15일 경과"; 『영남일보』, 1948년 6월 17일, 1면, "진상조사 여부로 의원 응수전(應酬戰) 전개".

내야 한다.

▲ 이진수 의원: 동 사건 일체는 외교국방위원회에 일임하기로 개의하였다.

이리하여 동 개의는 115대 4표***로 가결되어 울분과 내정의 대립 논전은 낙착되었다.

*** 『동아일보』, 1948년 6월 16일, "독도사건 대책, 외무국방위회에 일임"에는 115대 14로 되어 있다. 국회 속기록에는 '재석인원 168인, 가(可) 115, 부(否) 14, 절대 다수로 가결'되었다고 기록되어 있다. 제1회 국회 속기록 제11호, 1948년 6월 15일, 5쪽.

단기 4281년 6월 15일(화) 상오 10시 국회 제11차 회의

2. 울릉도어선피습의건**

○ **부의장 신익희:** 다만 특별한 긴급사항으로 신문에도 발표되여 있는 그 문제 울릉도 어선 피습의 문제 여기의 긴급동의안으로 제출된 게 있어요. 시방 낭독해 드리겠읍니다.

긴급동의서

금차 울릉도 근해에 어선 피습사건 대책 강구를 동의함(설명은 구두로 함)

단기 4281년 6월14일

동의자 전남 김장열, 강기문, 김상순, 조영규, 이성우, 류성갑, 오석주, 조옥현, 김옥주, 황두연, 황병규.

○ **부의장 신익희:** 여러분 시방 들으신 바와 같이 극히 간단한 말이고, 동의자 김장열 의원 이외 찬성한 분이 열 분입니다. 그러면 동의로 취급합니다. 거기에 말씀하신 바와 마찬가지 설명은 구두라고 하였으니까 지금 구두설명을 듣겠읍니다.

---

* 국회회의록 "제1대 국회 제1회 제11차 국회 본회의(1948년 06월 15일) 2. 울릉도어선피습사건" 참조.

** 이하 국회 속기록 내용은 지금의 맞춤법대로 교정하지 않고 '국회회의록'에 있는 내용 그대로 옮겼다(국회회의록 사이트: http://likms.assembly.go.kr/record/index.jsp).

○ **김상돈 의원**: 지금 동의 들어온 울릉도 건에 있어서 대단히 긴급한 문제이고, 거기에 충분한 설명과 대책이 있지 않으면 다소간 시간이 가게 되니까 그 말씀에 언급하기 전에, 아까 전형위원 중 김도연 의원께서 말씀하시는 중간보고를 하시고, 끝으로 희망하는 것은 만일에 여러분이 허하신다고 하면 전형위원만은 나가서 상임위원회를 선정하도록 말씀이 계셨는데 본인의 의견 같아서는 이제부터 전형위원되시는 분은 퇴장을 하셔서 거기에 전력을 해 가지고 남은 의원으로 하여금 당면한 문제를 충분히 의논하는 것이 어떨까 해서 만일 여러분이 찬성하신다고 하면 그렇게 하기를 동의를 드리고 싶습니다.

(「동의하시요.」하는 이 있음)

동의했읍니다.

○ **김준연 의원**: 재청합니다.

○ **황두연 의원**: 삼청합니다.

○ **부의장 신익희**: 그러면 전례에 의지해서 세 분의 동의자와 찬동자가 있읍니다. 이 동의는 성립되었읍니다. 의견있읍니까? 의견없으시면 가부묻겠읍니다.

(거수표결)

표결한 결과를 말씀합니다.

재석원수 169, 가에 154, 부에 없읍니다. 가결되었읍니다. 그러면 전형위원으로 계신 동지는 곧 자리를 떠나셔서 전형위원회의를 열어 주시기를 바랍니다.

그러면 시방은 상정되어 있는 문제에 관해서 말씀하시요.

○ **김장열 의원**: 울릉도 근해 독도 사건에 있어서는 우리 국회의원 전체가 어느 분을 물론하고 여기에 대한 감정이 있을 줄로 생각합니다. 잠간 순서상 그 진상의 경과를 여러분 앞에 말씀드릴려고 합니다.

이달 8일 울릉도 독도 사건에 대해서 각 신문지상의 보도가 대단히 구구합니다마는 제가 아는 바로서는 23척의 어선이 취업하는 도중에 비행기 아홉 대의 편대기가 날려와서 기총 또는 폭탄을 던진 결과 죽은 사람이 열네 사람이고 중상이 두 사람이고 여덜 사람이 경상이고, 이러한 인명의 사상을 보았읍니다. 평시나 전시를 통해 가지고 국제법……, 그러한 국제적 권리에 근거해서 각 국민의 자유권리라든지 그 생명, 자유권리 그러한 모든 것을 보호해 나가는 도중에 있지마는 우리는 우리가 잘 아는 바와 같이 40여년 동안 그러한 국제적 권력을 향유해서 우리 민족의 생존권리, 자유력을 보호할 하등의 실력이 없었든 것입니다.

오늘날 우리 국회가 결성이 되고 우리 국회는 앞으로 우리 자주권을 세워가는 도중에 있어서 우리 민족이 이와 같은 박해를 당함에도 불구하고 여기에 우리가 하등의 국책을 강구하지 않는다는 것은 노예 생활을 감수한다는 것과 조곰도 틀림이 없는 것입니다.

여기에서 우리는 이 진상을 조사함에 있어서, 물론 우리 국회가 어떤 자신이 없는 그러한 객관적 방식에 의지해서 진상을 조사한다는 것보다도 우리가 이것은 주동적으로 철저한 조사를 해서 그 가혹한 행위를 하는 비행기의 국적 또는 그러한 행동하는 주체 이것을 엄정하게 조사해서 거기에 대한 대책을 수립해야 되겠는데, 물론 이것이 가결된 다음은 예민하게 할 것은 여러분의 주의에 귀하려고 합니다마는 비참한 생명 손해라든지 기타에 물적 손해라든지 또 앞으로 우리에게 있어서 이러한 가혹한 행위 같은 것이 없을 것 이러한 대책이 강구되리라고 생각합니다.

또한 일방 우리는 국내적으로 우리 동포의 여론을 환기하고 국제적으로 이와 같은 문제를 환기시켜서 우리들에게 있어서 앞으로 이와 같은 지배를 받지 않을 것을 강구하는 동시에 우리 민족 생명권을 주장하고 나가기를 생각해서 이것은 무엇보다도 우리 국회로서 긴급히 대책을 강구할 필요가 있다는 것을 제안한 것입니다.

○ **이항발 의원:** 지금 우리는 제안자의 구두설명에 있어서 그 내용을 들었읍니다. 그런데 이것은 어떤 기관을 통해서 들어온 것이 아니라 이 보도가 신문을 통해서 우리 전체가 받었다고 생각합니다. 이에 있어서 우리는 항상 신중을 기하여야 할 것입니다. 이 신문에 나타난 그 보도만으로도 이것을 의회에서 문제를 삼는 데에 있어서 가장 신중을 기해야 되겠읍니다.

그러하나마 그런 보도가 있는 이상은 우리의 의회로서 그대로 묵과한다든지 그러한 사유가 없다고 봅니다. 여기에 있어서 우리는 미리 그 보도가 진실인가 아닌가 또는 그 주체가 어데서 나왔는가 하는 것을 조사할 필요가 있다고 생각합니다. 그러므로 그 조사하는 방법을 여러분과 같이 토의하는 것을 저로서는 제안하려고 합니다.

○ **김장열 의원:** 지금 말씀하시기를 대단히 신중이 있어야 되겠다고 말씀하셨는데 적당히 사실을 조사해서 구명한 다음에 우리가 거기에 대책도 세울 것도 사실입니다.

그런데 아마 거기에 대한 진상은 우리 국내 기관으로서는 누구 어떤 데 보다도 제일 잘 수습해 있으리라고 생각합니다. 그러니까 지금 경무부 수사국에서부터든지 혹은 그 보고를 들어본다고 하면 거기에 대한 조처를 우리가 직각해서 알 수 있을 것을 생각합니다. 그러니까 여기에서 그 경무부에 교섭해서 지금 우리 앞에 여기에 대한 문제를 잠간 보고해 달라고 요청을 했으면 좋겠습니다. 다만 제 의견뿐이올시다.

○ **부의장 신익희:** 우리 국회는 우리로서 행동하고 있는 우리들입니다. 물론 조사를 한다든지 혹은 심문을 할 일이 있으면 어데나 다 얘기할 수가 있어요.

그러나 과거에 혹은 지나간 일과 같이 무슨 당국자를 불러다논다든지 보고를 청한다든지 하는 것은 우리들이 신중하게 생각하지 않으면 안 됩니다.

여기 안건을 처리하는 방법에 있어서는 먼저 여러분께서 다 신중히 생각하시되 위선 상임위원회가 오늘 작정되여서 내일은 조직될 것이니 그 성질에 따라서 상임위원회에다가 맡기는 것이 하나, 또 한 가지는 임시로 상임위원회가 조직되기 전에 우리가 세 가지 종류의 임시 위원회가 조직이 되여 있으니 그 가운데에 성질이 가까운 데에, 다만 하로 반날이라도 위탁해서 조사하고 재료를 수집하라고 맡기는 것도 또 한 가지 방법, 또 한 가지 방법은 이것이 특별한 일이니 위선 임시로라도 여기서 의원 몇 분을 선정해 가지고 특별 전문으로 이 사건에 대한 진상, 거기에 대한 재료 모든 가지를 수집해 가지고 보고하라고 하는 것 하나, 그러면 이 몇 가지 방법이 있을 것이고, 또 그런 방법이 있다고 하면 여러분께서 시간을 허비하지 말고 구체적으로 작정해 주시기를 바랍니다.

○ **정준 의원:** 울릉도 어선사건 조사위원을 이 자리에서 다섯 명 택해서 각 방면으로 그 진상을 조사해서 국회에 보고하도록 하기를 동의합니다.

○ **오석주 의원:** 재청합니다.

○ **부의장 신익희:** 동의가 성립되었다고 말씀하기 전에는 동의가 성립되는 절차에 관한 말씀하시요. 시방 발언하시는 동지 이 안에 대해서 찬성의 뜻으로 말씀하겠읍니까?

○ **조영규 의원:** 아까 정준 의원으로부터 말씀이 계셨는데 아까 의장께서 말씀하시는 바와 같이 이미 교섭위원이라는 과거 역할을 해 주신 그런 위원이 있으니까 여기서 새로 택하는 것도 좋지만 교섭위원 그분을 통해서 적당히 조사보고케 하도록 해 주셨으면 좋겠어요. 아까 정준 의원에 대해서 이의를 가지는 바이올시다.

○ **부의장 신익희:** 그러면 동의에 대해서 재청 한 분밖에 없읍니다.

○ **배중혁 의원:** 동의에 삼청합니다.

○ **부의장 신익희:** 그러면 정준 의원의 동의는 성립되였는데 그 동의 내용은 특수한 사건이니 만큼 여기서 특별위원회를 조직하기 위해서 5명을 선정하자고 하는 것이 동의 재청

삼청으로 성립되었읍니다. 의견 말씀하시요.

○ **서우석 의원:** 의사진행에 대해서 잠간 말씀하겠읍니다.

아까 김장열 의원 외 몇분이 제출하신 것은 긴급동의안이라고 저는 들었읍니다. 그러면 그 동의가 성립된 후에 비로서 거기에 따라서 방법을 강구하는 것이 순서라고 저는 해석하는 것이올시다.

그런데 지금은 긴급동의안을 결정하기 전에 또 동의안이 성립된다고 하면 동의안이 둘이 있으니 그것을 어떻게 처리할 것인지 의장은 그 순서에 따라서 진행해 주시기를 바랍니다.

○ **부의장 신익희:** 알았읍니다. 사회의 경험 부족이라고 할까 주의 부족이라고 할까, 과연 그 말씀 서우석 의원의 말씀이 오라요. 그러나 서면으로 동의가 되어서 이것이 성립이 된 까닭에 동의가 되었다는 말을 선포하고, 거기에 따라가지고 여기에 처결방법을 이야기하자고 하는 그것을 과연 의사순서로 말하면 긴급동의가 성립되었으니까 그 동의는 작정하는 절차를 무형중에 그대로 넘어간 소홀이 있읍니다. 주의하겠읍니다.

그러면 조헌영 동지의 발언을 허락하기 전에 위선 긴급동의가 성립되고 의견 많이 말씀하시는 가운데 있으니 위선 구체적 방법으로는 또 한 가지 동의가 되었으니 이 동의에 대한 찬부 이야기라든지 개의나 재개의하는 방법으로 진행한 것은 잠간 동안 보류하고 이제 긴급동의에 대한 표결합니다. 여러분 찬동하시면 곧 표결에 부치겠읍니다.

(「이의없읍니다.」하는 이 있음)

(거수표결)

재석의원 168인, 가에 95표, 부에 2. 과반수로 가결되었읍니다.

그러면 다시 계속해서 방법에 대한 것 동의에 대한 의견 말씀하겠는데 조헌영 의원 말씀하시요

○ **조헌영 의원:** 이 문제에 대해서 우리가 먼저 우리 국회로서 할일에 대한 태도를 결정해 가지고 의논하는 것이 좋을 줄 압니다. 우리가 급한 일이 한정없이 많습니다.

요전에는 하곡수집 문제도 나왔고 또 38 이북 문제도 나왔고 제주도 문제도 나왔는데, 우리가 여기서 국회에서 할 일이 먼저 나라를 세워가지고 행동해야 되겠는데 위선 급하니까 여기서 모인 데서 일을 하겠다는 이것을 우리가 생각해야 될 줄 압니다.

우리 국회에서 하는 일은 과거 우리가 사회운동단체에서 우리 의사만 표시하고 신문에 발표하고 선전하면 용무가 끝난 것으로 그렇게 해석하는 것은 안 되고, 우리가 일을 한

다면 권위있는 일을 해야 할 터인데 우리가 여기서 어떠한 방법으로 하겠느냐 하는 것을 생각해야 될 줄 압니다.

그러면 여기서 급한 일이 한없이 많은데 이것을 빨리 처리할 방법은 무엇이냐, 우리가 빨리 정부를 세우는 것밖에 없다고 생각합니다. 지금 어떤 정체 모르는 비행기가 와서 우리 동포를 살해하였읍니다. 이것이 우리 민족, 우리 나라의 비행기가 아닌 것 만큼은 확실합니다. 그러면 어느 비행기냐, 외국 사람의 비행기는 확실한 것이에요.

우리가 여기서 대책을 강구한다면 어떤 방법으로 하겠느냐, 우리는 나라도 없고 외교상 어떻게 할 아무 것도 없읍니다. 그러면 여기서 조사해 가지고 강구한다고 해도 우리는 어떤 기관의 손을 빌리지 않으면 안 되는 것이 오늘날 현실입니다. 그러므로 저는 이 문제를 상정해서 결의가 되었으니까 여기에 대해서는 다시 언급하지 않겠읍니다마는 이 문제 처리에 있어서 우리가 조사한다면 어떤 방법으로 조사하느냐, 조사한 뒤에 어떤 방면에서 왔다고 하면 그렇다면 우리는 여기에 대책을 어떤 방면으로 하겠느냐 하는 것을 생각할 때에 나는 아직 아무 방법이 없다고 생각합니다.

다만 우리는 급하니까 죽은 동족애에 대해서 유감의 의를 표해서, 가만이 있을 수 없으니까 말을 한 마디 하고 끝인다면 모르지만 구체적으로 어떻게 하자면 나는 아직 별 방법이 없다고 생각합니다. 이번 울릉도 조난사건보다 몇백 배, 몇천 배 급한 일이 우리 당장에 얼마든지 있다고 생각합니다.

그것은 다 덮어놓고 우리가 초조하게 나라를 세우려는 이유가 무엇이냐 하면 일을 빨리 효과적으로 정당화시키기 위해서 한다고 하는 점에서 이 문제도 아까 의장도 잠간 언급하였읍니다마는 이미 상정된 문제를 다시 번안하려고는 하지 않습니다.

이 문제는 여기에 상정해 가지고 우리가 중대하게 취급하였으니까 이 문제의 금후 처리에 있어서 각 분과위원회가 생길 것이니까, 거기에 외무국방위원회라는 것이 있으니 거기에 맡겨서 처리하도록 하고 이 문제는 이것으로 끄치는 것이 좋다고 생각합니다. 여러분 의향이 어떠신지 아직 조건을 부치지 않고 이만큼 말씀합니다.

○ **윤치영 의원:** 나는 오날 아침에 잠간 말씀하려고 하는 것은 대단히 외람되고 또 여러분이 주저넘다고 생각하시는지 모르겠읍니다마는 울릉도 사건에 대해서 잠간 참고적으로 말씀하려고 합니다.

우리의 국회는 절대 자주독립국가의 자주성과 자유성을 가진 우리의 국회입니다. 우리 국회가 우리로서 우리를 주시하고 우리를 감시하는 외국 사람에게 조소꺼리가 되어서는 절대 한 될 것입니다.

물론 애국심에서 나오고 우리 동포를 위해서 나오는 그 성의는 경애합니다마는 여기에 일하는 순서에 있어서 우리는 어느 계단에 들어 있읍니까, 즉 이것은 국제공약, 국제법상에 어데 있느냐 하면 국제연합 총회에서 11월 14일 결정된 제2항 제3항에 가서 보면 국회가 조직된 다음에 그 다음에 거기서 정부를 조직한다 하고 있읍니다.

그러므로 우리는 이제 이 정부를 국회가 조직하는 그 계단에 들어 있읍니다. 일전에 국제연합에 대한 책임자와 이야기할 때에 국회에 대해서 승인하느냐 안 하느냐 하는 문제가 있었읍니다. 그때에 사적으로 이야기한 것입니다마는 국제법상에 한 독립국가의 그 나라를 승인할 것이나, 그 정부를 승인하는 전례는 있지만 국회를 승인한 전례는 없다. 국회라고 하는 것은 국내성을 가지고 있기 때문에 국제연합으로서 국제상으로 승인하는 것이 없다고 토의해서 거기서 결정이 되었읍니다.

지금 우리가 이 문제를 가지고 토의하신다면 우리의 감정이나 동족애에 대하여 마음이 아프고 슬프고 원통하기 한이 없읍니다마는 우리 국회로서 도모지 아무 방법이 없읍니다.

아까 어떤 분이 말씀하기를 경찰의 힘을 빌리자고 하셨는데 경찰은 우리의 경찰이 아닙니다. 미주둔군에 속한 경찰이니까 우리와는 아무 관련성이 없읍니다.

여기에 말씀하려고 하는 것은 법적 성질에 있어서 우리끼리 얼마든지 토의는 할 수 있는데 그것을 결정을 지여가지고 사실 나가서 조사할 아무 방법이 없읍니다. 왜, 우리는 정부가 없기 때둔입니다.

그러므로 헌법을 통과해서 이런 등등의 일을 해결하기 위해서 곧 정부를 수립해야 합니다. 그럴 때까지 아무 일할 계단도 교섭할 아무 것도 없읍니다. 비공식으로 그렇게 하는 것은 얼마든지 할 수 있읍니다. 대단히 외람되지만 분명히 이야기하지 않을 수 없읍니다. 이런 등등의 문제로 국회의 모든 감격을 손상하시지 않기를 바라고, 동의한 취지에는 이의가 없읍니다.

(언권을 청하는 이 있음)

○ **부의장 신익희:** 안하신 동지는 조곰들 말하는 것이 원칙입니다. 원래 제안을 내놔서 여기서 찬부 이야기할 때에 제안자만 자꾸 말하면 여러분의 의견을 잘 들을 수 없어요.

그러면 잠간 기다리십시요. 다른 의견없읍니까?

○ **박해극 의원:** 이 문제에 대해서 이미 조헌영 의원하고 윤치영 의원 두 분의 의논이 적당하다고 본인은 생각합니다.

왜 그러냐 하면 원래 국회의 성질을 우리가 해석해야 할 것이라고 생각합니다. 국회라는 것은 그 국가에 대해서 정치를 감독하고 그 정부를 편달하는 것이지 국회 자신이 자발적으로 나가서 정치행동은 도모지 안 되는 줄 생각합니다.

즉 환언해서 말하면 우리의 결의사항을 정부에 내거나 혹은 정부를 시켜서 편달해서 국정을 진행해 나가는 것이지 국회 자신이 하는 것은 아닌 줄 생각합니다.

금반 울릉도 사건에 대해서 본인도 조선동포의 한 사람으로서 하여간에 우리 동포가 살해당하였다는 것은 골수에 사모친 한은 말할 수 없읍니다.

왜 그러냐 하면 우리 삼천만이 유력한 국가를 조직해 가지고 있다면 국제문제도 완전히 해결되고 또 미인들이 겸해서 그런 불법의 행위를 하지 않었을 것이라고 자신합니다. 오늘날 우리의 입장이 세계를 통해서 완전한 자주독립의 백성이 안 되고 우리를 무시하는 행동에 대해서는 피눈물이 떨어지나, 그러한 일이라는 것은 잠시의 일이고 신생국가가 되려는 이 국회가 탈선행위를 해 가지고 열국 주시하에 조소를 받는다면 그것이 통탄할 것으로 생각합니다.

또 이 울릉도 사건은 악의로 나왔거나 과실로 나왔거나 그 문제는 고사해 두고 이 문제를 낸 것은 국제 문제입니다. 우리 나라 사람이 우리 나라 사람을 폭격 안 한 이상에는 남의 나라 사람이 하였으니까 이것은 국제문제입니다. 혹 국제문제로 해결한다면 국제상 대상할 국가가 있어야 됩니다.

그러면 우리는 아직 나라가 성립되지 않었으니 우리는 무엇을 가지고 하겠읍니까? 우리 나라는 국회가 정부를 수립해서 각 기관을 완비하면 그 완전된 그 국가로 하여금 그 나라를 대상을 해서 국제적으로 나가야 그것이 완전하지 우리가 막연히 여기서 결의해 가지고 군정청에 가서, 경찰서에 가서 왁짜구해도 그 사람들이 우리에 대해서 동정감이 있어 활동해 주면 다행이지만, 자기들이 우리는 군정청 관리지 총선거로서 독립한 이 국회와는 관련이 없다고 우리의 말을 안 들어주면 우리의 위신만 추락이 됩니다.

그러니 본 의원의 생각 같어서는 이번 일에 우리가 동포애로서 의원 몇분을 보내서 사실을 진상을 조사하는 것은 본인도 찬동합니다마는 국가의 기관을 통해서 질문을 한다든지 하는 것은 도모지 우리 정부가 완전히 성립되는 그날, 즉 우리가 독립국가로서 한 사람이 되어야 딴 사람을 대상해서 교제가 되리라고 생각합니다. 완전히 된 뒤에라야 비로서 모든 것을 힘있게 해 나갈 줄 생각합니다.

○ **윤재근 의원:** 이제 동 의원의 말씀을 중심으로 해서 생각할 것 같으면 우리는 이미 안전지대에 서 있는 것이 아닙니다.

만일 삼천만 동포 가운데 200명이 죽는다고 할지라도 우리는 정부 수립될 때까지 기다릴밖에 없읍니다. 다만 정보라든지 재료를 모집하기 위해서 파견한다는 것은 반대하는 의사가 아닙니다.

만일 정부 수립하는 데 있어서 반대의사를 가진다고 하면 그것은 조선인민을 위해서 정부 수립하는 것이 아니라 어떤 외국의 앞잽이의 정부 수립하는 데 지나지 않으리라고 생각합니다.

그러므로 해서 동의를 찬성하는 한 사람인데, 우선 조사위원을 내서 실정을 조사케해서 기록을 낸 뒤에, 일후에 정부가 선 뒤에 생명에 대한 배상이라든지 대책을 강구하기로 하고 조사와 충분한 기록을 내기 위해서 위원을 파견해야 할 것입니다. 그러므로 해서 토론을 중지하고 가부 물어 주시기 바랍니다.

○ **이구수 의원:** 여러 선생님 말씀에 정부 수립한 후에 모든 문제를 해결하자고 하지마는 만약에 정부가 한 달 늦고 두 달 늦는 데 있어서, 가령 외국 비행기가 와서 우리 동포들을 살해해도 정부 설 때까지 기달리느냐 우리가 생각할 필요가 있읍니다.

이때 우리는 한편 생각해 볼 때 36년 동안 일제의 압박을 받었고, 우리 임시정부는 상해에 있어서 당당이 선전포고를 하고 있었읍니다. 그러한 용기를 가지고 우리 국회의원도 앞으로 용감스러운 생각을 가지고 우리 국회를 살리며 우리 삼천만 동포를 살리는 의사를 가지고 나가시기 바랍니다.

○ **부의장 신익희:** 잠간 용서하세요. 우리는 늘 문제를 해결하는 합의한 방면에 늘 유의해서 토의해 주십시요.

○ **이진수 의원:** 지금 동의에 대해서 개의하겠읍니다. 그 이유는 여기서 다섯 조사위원을 선정하는 것은 좋지만 우리가 아홉 분과위원회를 지금 전형중에 있읍니다. 전형이 끝나서 내일 오전 회의에는 상정되어서 결정될 줄 압니다.

그러므로 이 문제는 외무국방위원회에 넘겨서 절차를 찾는 것이 온당하기 때문에 새삼스럽게 여기 조사위원 다섯 사람 선정하는 일부터 우리 원법에 따라서 분과위원회 조직되는 데 따라 시간 간략하기 위해서 외무국방위원회에 넘기기로 개의합니다.

○ **최규옥 의원:** 재청합니다.

○ **오용국 의원:** 삼청합니다.

○ **부의장 신익희:** 그러면 시방 개의로 특별히 다섯 사람을 선정할 것이 아니라 내일이라도 성립되는 상임위원회 성립에 따라서 외무국방위원회에 넘기자는 것입니다.

의견 말씀하십시요.

○ **류홍열 의원:** 지금 이 문제에 대해서 동의와 개의가 성립되었읍니다만은 여러분이 많이 말씀하신 바와 같이 이 문제에 대해서 이 민족이나 우리로서 마음에 찔르고 뼈아픈 것은 두말할 것도 없읍니다.

그러나 이것을 결국 조사를 하자, 조사를 하면 조사한 결과를 가지고 어떻게 하느냐, 그 귀착점을 우리가 논의해야 할 것입니다. 그러면 우리 국내문제가 아니고 국제적 문제가 되어 있으니까 우리 국제외교를 잘 하지 않으면 안 될 줄 압니다.

그러면 진상조사를 하라고 하면 그 결과에 의해서 미정부에 항의를 하는 동시에 피해에 대한 배상을 요구하는 것이 꼭 귀착하는 점이라고 생각합니다. 그러면 우리가 그것을 항의하고 요구할 권리를 우리 국회가 가졌느냐 안 가졌느냐 이것을 여러분이 생각해 보셔서 할 것입니다.

우리 국회에서 아즉 그 권리를 갖지 못한 것은 여러분이 다 아십니다. 그러면 아무리 조사를 했댓자 결과를 이루지 못하는 조사는 할 필요가 없으리라고 생각합니다. 그러니까 이 문제는 동의, 개의 여기에 대해서 저는 찬성치 아니 하고 이것은 토의하는 정도로 그대로 하는 것이 좋을 줄 생각합니다.

(「가부」하는 이 있음)

○ **윤재욱 의원:** 그러면 토론을 하시면 우리의 민족 의분상 가만이 있을 문제라고 보지 않습니다. 그것이 우리 의회의 성격이라든지 국회의 성격이라든지 여러 가지로 보아서 토론중지하고 표결해 주시기를 정식으로 동의합니다.

○ **이정래 의원:** 재청합니다.

○ **김철 의원:** 삼청합니다.

○ **부의장 신익희:** 이 문제도 토론을 중지하자는 동의 성립되었읍니다.

(거수표결)

재석인원 168인, 가 124인, 부 없읍니다.

절대 다수로 가결되었읍니다.

그러면 시방 개의를 표결에 부칩니다. 개의 내용 다 아시죠?

(거수표결)

재석인원 168인, 가 115, 부 14, 절대 다수로 가결되었읍니다. 그러면 개의가 가결된 까닭에 동의는 묻지 않습니다. 이 문제는 상임위원회로 넘겨서 조사하고 재료를 모집해서 만반의 준비를 하라는 정도에 끝일 것입니다.

시방 의사일정에 작정한 바는 없는데 딴 문제가 있다고 하면 생각나는 대로 말씀해 주십쇼.

(이하 생략)

『민주일보』, 1948년 6월 16일, 2면

어선 폭격사건 물의 비등

(중략)

근로대중당 담

근로대중당에서는 15일 독도폭격사건에 대하여 다음과 같은 담화를 발표하였다.

시일이 갈수록 우리 민족의 앞에는 기괴한 사건만 적출한다. 제주도 사건이 문제화되고 있는 이때에 또다시 독도에 작업 중인 어선군을 폭격 침몰시킨 사건이 발생하였다. 이 사건의 진상발표될 때까지 잠시 침묵을 지키고 있던 중 작일 각지 미기의 폭격이라는 보도를 접하자 전 민족의 분노□은 바야흐로 재폭발하기 시작한다. 이 사건이 발생하자 의식 있는 사람은 일찍이 어느 나라 비행기라는 것을 넉넉히 추측하였던 것이다. (下略)

책임 규명을 요청

독도사건에 민독당 담*

민주독립당에서는 독도폭격사건에 대하여 15일 다음과 같은 담화를 발표하였다.

독도 참사에 대하여 미군정 당국은 성의 있는 진상 조사와 준열한 책임 규명이 있기를 강력히 요청한다. 우리 판도 내에서 우리 동포를 대상으로 여사(如斯)한 폭거가 자행되었음은 외군 주둔 하에 아직 통일권을 가지지 못한 우리 민족으로서 더욱이 분노를 금치 못하는 바이다.

---

* 『부인신보』, 1948년 6월 16일, 1면, “민독당 담화”.

『서울신문』, 1948년 6월 16일, 2면

무슨 원한 있기에 그들을 죽였는가 몸서리치는 시체들

무심한 갈매기도 목메어 운다

생지옥화한 독도 현지보고*

【울릉도에서 특파원 □□】 천지를 뒤엎을 듯이 무서운 파도가 넘실거리는 망망대해 위에서 하루의 호구를 위하여 □은 배에다 십여 명의 운명을 내걸고 고기잡이를 하는 어부들에게 무슨 원한이 있다고 폭탄을 떨어뜨리고 총질까지 하여 23척의 어선이 형체도 알 수 없게 되었는가. 파편은 파도에 이리 밀리고 저리 밀리는가 하면 14명의 존귀한 생명이 까닭 없는 총질에 바다의 고혼이 되었나. 그 중 12명은 그 사체까지도 찾을 길이 없고 다만 찾았다고 하는 시체는 무참히도 총격을 받아 머리의 뒤통수가 송두리 채 없어져버린 것이 있는가 하면 요행히 목숨은 빼앗기지 않았다 해도 온몸에 무수한 총탄을 맞아 운신을 못하고 있는 형편이며 불상사가 일어났던 그때 바다는 때아닌 피바다로 변했으며 구원을 부르짖는 아우성은 완연 생지옥을 이루어 차마 눈으로 볼 수 없는 목불인견의 끔찍끔찍한 정경이었다 한다. 처음에는 별안간 비행기 소리가 나며 돌멩이 같은 것이 떨어져 사방에서 폭발을 하며, 이 배 저 배가 폭파 또는 폭풍에 불어 뒤엎어지며, 파편을 맞은 어부들은 물속으로 뛰어 들어가며 총질하는 비행기를 향해 손을 들어 흔들며 우리는 죄 없는 어부임을 변명했으나 아는지 모르는지 사정없는 총알은 비 같이 내리붓고 있었고 하는 수 없어 태극기까지 들고 우리는 조선 사람이라는 것을 표시하였으나 마지막의 간청은 통하지가 않았다 한다.

---

* 이 기사에는 울릉도 현지에서 찍은 사진과 사진 설명도 있으나 인쇄 상태가 좋지 않아 생략하였다. 유사한 사진이 『조선중앙일보』, 1948년 6월 16일, 2면, "독도사건 화보"에 있다. 본 책 166쪽 참고.

이러한 억울한 죽음의 □어가 영원한 저주의 비명을 끝내고 없는 바다 위에다 남겨놓고 자연은 모른다는 듯이 비극을 간직한 채 운명의 하루가 저물고 또다시 하루가 밝아서 울릉도에서는 구사일생을 얻어 돌아온 생존자의 말에 비로소 알았다는 것이다. 십여 명의 겨레가 억울한 죽음을 했다는 슬픈 소식을 들었으나 하소할 곳 없는 도민들은 오직 "응! 응!" 대고 빗발치듯했다는 총소리만이 생각날 뿐이리 그곳 비극의 바다를 쳐다만 보고 있을 뿐 소리쳐 아버지를 또는 남편, 아들을 찾아 나설 경황도 없었다 한다. 이윽고 이날 저녁때에야 이곳 경찰서의 주선으로 구조선이 출동되어 비로소 생존자 네 명 □□□ 부상자 세 명을 간신히 실어왔다는 것이다. 이 비보의 □ 싣고 오는 것을 맞은 수백 도민들은 소리 높이 울며, 그들의 죄 없는 주검을 조상하여 죽어서라도 잘 가기를 빌 뿐이었다. 꿈에도 볼까 무서운 사체가 상륙되자 모두 바로 쳐다보지 못하고 "은 저런! 무슨 죄가 있다고" 혀를 차고 땅을 치며 울었다는 것이다. 한편 총 맞아 폐선이 된 다섯 척의 배가 끌려들어오는 것을 보고 그날 참극의 무서움을 눈앞에 보는 듯 몸서리를 쳤다.

대체 정체불명의 비행기는 어디로 갔으며 그는 누구인가? 말 없는 갈매기까지도 유심한지 푸른 창공을 처량하게 울며 휘나를 뿐 이제 이곳 동해의 고도 울릉도는 겨레를 죄 없이 죽인 그 비행기에 대한 원한과 격분으로 그들의 노성은 땅과 하늘에 사무쳐 울리며 분노의 득□니로□하고 있다. 바다와 싸우며 가난하게 먹고 살아가는 그들이 무슨 죄가 있기에 까닭 없이 바다의 고혼으로 장사 지냈는가!

『자유신문』, 1948년 6월 16일, 1면

10정당도 궐기*

진상 규명 대책 수립 중

최근 일본인 전 고관의 내조(來朝)설과 독도 참극문제는 민족 감정을 격무(激務)시키고 있는데 6월 15일 오후 2시 시내 민독당 회의실에서는 민독, 한독을 비롯한 10개 정당 대표가 회합하여 이 문제의 진상을 규명하여 엄중히 대책 수립을 하기로 하였다고 하는데 회동한 각 당은 다음의 10개 정당이다. 한독당, 민독당, 민중동맹, 사민당, 근로대중당, 근로인민당, 농민당, 민주한독당, 독로당, 신진당.

---

* 1948년 6월 16일 『한성일보』 1면, “독도사건 등 토의, 12정당 회의” 참고.

『조선일보』, 1948년 6월 16일, 2면

독도는 공군 연습 구역
어선 폭격은 미확(未確)

미국 극동항공대사령부에서 발표*

【동경 발 UP 조통】 미국 극동항공대사령부에서는 일본해(동해) 중의 조선 어선 폭격사건에 미국 비행기가 관련이 있는지를 조사한 결과에 관하여 다음과 같이 발표하였다.

미국 항공대가 일본해(동해)에서 행한 폭격 연습에 관한 사진 및 보고를 조사한 결과는 상금 미국 비행기가 지난 6월 8일의 11척 조선 어선 침몰에 대하여 책임이 있다는 것이 확인되지는 않았다. 그러나 설혹 미국기가 관련이 있다는 것이 판정되었다 하더라도 이 폭격은 전연 우발적일 것을 확신한다. 조선 경찰은 어선이 총폭격을 받고 침몰하여 14명의 어부가 사망하였다고 말한 구역은 소정이 폭격 연습장이다. 표적은 일본해(동해) 내의 대암석 부근에 있는 일련의 소암석이며 이는 얼마 전부터 폭격 연습의 목표로 사용되어 온 것이다. 8일 이 구역을 비행한 부대는 고공에서 비행하였다. 이로써 암석 가운데 또는 부근에 있는 폭격장 범위 내외에 있는 작은 어선을 발견하기를 불가능하지는 않는다 하더라도 곤란케 할 것이다. 그리고 미국 극동항공대는 이날 총격 행동을 취하지 않은 것이 확인되었다. 사건 현장은 남조선 미국 점령지대 해안 동방 약 100마일에 있다.

---

* 『경향신문』, 1948년 6월 16일, 2면, "설혹 미국기 소위라도 우발적임을 확신한다"; 『남선경제신문』, 1948년 6월 16일, 1면, "조선어선 침몰에 미기 책임 유무 미정, 미극동항공군서 조사 발표"; 『동아일보』, 1948년 6월 16일, 2면, "독도사건 우발적 폭격일 듯 미기 관련 여부 미확인"; 『민주일보』, 1948년 6월 16일, 2면, "어선 폭격사건 물의 비등, 폭격은 우발적으로 확신, 미 극동항공대에서 조사 발표"; 『부산신문』, 1948년 6월 16일, 2면, "미국기 책임유무는 상금 미판명, 폭격사건은 우발적이다, 소정 연습장이라고 극동항공대 발표"; 『수산경제신문』, 1948년 6월 16일, 2면, "미 극동항공대 조사 발표, 독도 근해 어선 폭격 사건, 미기 책임 유무 상금(尙今) 미정, 설혹 미기 관련이 판정됐대도 이 폭격은 우발적일 것을 확신"; 『자유신문』, 1948년 6월 16일, 1면, "설혹 미기라도 폭격은 전연 우발적, 조선 어선 피습, 미 항공대 발표"; 『한성일보』, 1948년 6월 16일, 2면, "독도폭격사건, 미기 책임 미확증, 극동항공대 조사 발표".

육안에도 기표

총소사는 피해자 확인

사진은 바닷가에서 구조선을 기다리는 도동 주민들(원 내는 김준선의 시체와 구멍 뚫어진 '트렁크')

독도 근해에서 일어난 우리 어선 총폭격 사건 진상에 관하여 미국 극동군사령부에서는 별항과 같이 두 번째 조사 결과를 발표하였다. 이 두 번 발표를 통해서 보건대 사건 현장이 극동군 폭격 연습 구역이고 사건이 발생한 그날 동 비행대가 현장 상공을 날았고 또한 폭격을 연습한 사실이 있었다는 세 가지 조건만은 확인되어 있으나 이 조건과 어선 총폭격 사건과의 직접 인과 관계에 대해서는 가설적으로 만약 관련이 있더라도 동 비행기의 기총소사는 전연 없었고 또 고공비행이라 어선을 인정키 곤란했으리라고 그 본의 아님을 암시하는 동시에 어쨌든 결국 ㅁ`군의 책임은 없다는 것을 결론하였다.

이로써 조선 경찰이 말한 '원에 별' 표식을 봤다는 사실과 아울러 보더라도 극동항공대 비행기의 이날 연습 폭격이 바로 어선 폭격이란 결과를 내었다고 거의 확증할 수 있을 것이다.

다만, 과연 고의냐 '우발적'이냐가 문제인데 우발적이리라는 이유로 '고공이어서 어선을 인정키 곤란했다'고 하지만, '원에 별' 표식을 아래서 인식할 정도라면 고작 높아야 천 미터가량이라는 것이 상식이요. 그렇다면 고공이어서 표식보다 몇십 배나 커다란 어선을 그나마 육안이 아닌 광학기계로 미처 내려다보지 못할 리가 없지 않을까 이러한 의문이 생길 여지도 다분 있다. 한편 기관총으로 소사한 사실은 목격자의 말과 '트렁크'에 구멍이 뚫어진 물적 증거로서도 역연한 사실인즉 극동 비행대가 그런 사실이 없다면 어떤 다른 비행기의 소행일까? 아무튼 극동군사령부의 조사는 적어도 이번 사건의 진상을 틈 없이 규명했다고는 볼 수 없는 것으로 앞으로 군정 당국의 더욱 면밀한 조사가 기대되는 바일 것이다.

폭격 책임자는 공개 처단하라

대동청년단 담

대동청년단 본부에서도 15일 독도폭격사건에 관하여 비행기의 국적 여하와 고의 여하를 불문하고 엄중 조사하여 책임자를 공개 처단하는 동시에 손해 보증과 유가족 생활 보장을 군정 당국에 요망한다는 요지의 담화를 발표한 바 있다.

어민의 시험물 시(視)는 만행

어선 폭격에 조민당 담화*

조선민주당에서는 어제 15일 독도폭격사건에 대하여 다음과 같은 담화를 발표하였다.

---

* 『부인신보』, 1948년 6월 16일, 2면, "독도사건과 각계 여론(조민당 담화)"; 『수산경제신문』, 1948년 6월 16일, 2면, "조민당서 담화, 사건 진상 강구하라".

독도의 괴비행기 사건은 철저한 진상 발표가 있어야 할 것이다. 선량한 한국 어민을 미물과 같이 시험물로 사용한다는 만행도 있을 수 없는 것이다.

진상조사와 책임 밝히라

민독당 담화**

민주독립당에서는 독도폭격사건에 대하여 작 15일 다음과 같은 담화를 발표하였다.

독도 참사에 대하여 미 군정 당국은 성의 있는 진상 조사와 준렬한 책임 구명이 있기를 강력히 요청한다. 우리 판도 내에서 우리 동포를 대상으로 이러한 폭거가 있었음은 외군 주둔하에 아직 통일 주권을 가지지 못한 우리 민족으로서 더욱 분노를 금치 못하는 바다.

** 『민주일보』, 1948년 6월 16일, 2면, "책임 규명을 요청, 독도사건에 민독당 담(談)"; 『부산신문』, 1948년 6월 16일, 2면, "준렬한 책임 구명을 요망, 용서할 수 없는 만행이다, 독도사건에 민독당 담"; 1948년 6월 16일, 『부인신보』 1면, "독도사건과 각계여론(민독당 담화)"; 『수산경제신문』, 1948년 6월 16일, 2면, "책임규명 요망, 민독당서도 담화".

독도사건 화보

사진은 상(上)으로부터 비참한 이번 사건의 발생지 절해고도의 독도 전경, 다음 사망자 김준선(金俊先)(20, 강원도 묵호읍)의 시체, 〈중우: 中左〉* 부상자 장학상(張鶴商)(35), 〈중좌상: 中左上〉 부상자 김태홍(金太弘)(25, 강원도 울진군 평해면 삼율리), 동(同) 최만일(崔萬日)(33), 최춘삼(崔春三)(44, 동 후포면), 김대진(金大鎭)(34, 경북 경복면 백석리), 〈중좌하: 中左下〉 기총 탄환에 관통된 가방, 〈하: 下〉 구호선 돌아오기를 기다려 운집한 울릉도민들……

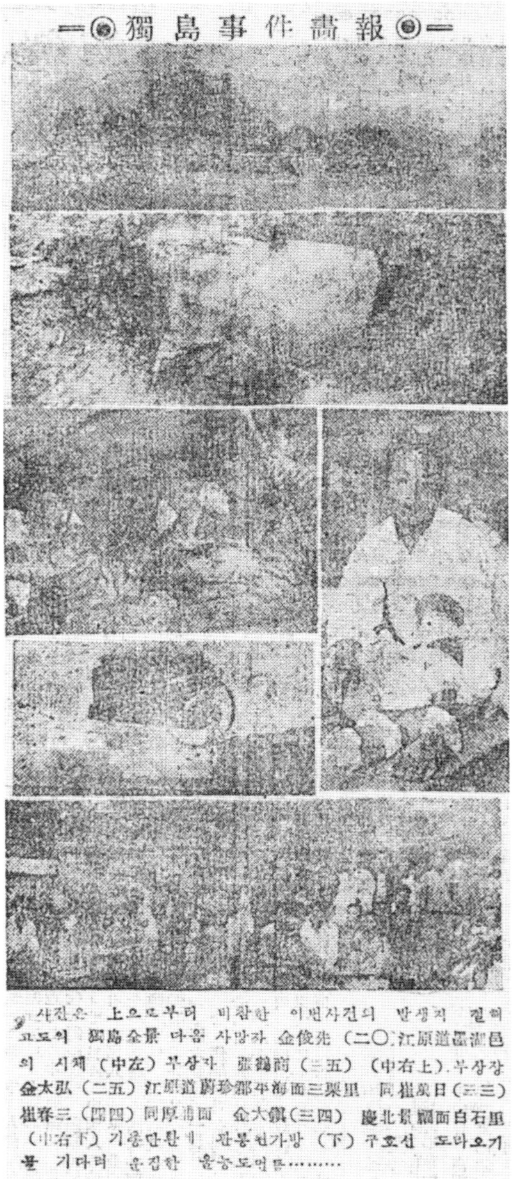

獨島事件畵報

사진은 上으로부터 비참한 이번사건의 발생지 절해고도의 獨島全景 다음 사망자 金俊先(二〇, 江原道墨湖邑의 시체(中左) 부상자 張鶴商(三五) (中右上) 부상자 金太弘(二五) 江原道蔚珍郡平海面三栗里 同 崔萬日(三三) 崔春三(四四) 同厚浦面 金大鎭(三四) 慶北慶福面白石里 (中右下) 기총탄환에 관통된가방 (下) 구호선 도라오기를 기다려 운집한 울능도민들……

* 이하 사진 설명에서 사진의 '좌', '우' 위치 표시가 잘못되어 있어 수정하였다.

어민의 희생에 민족적 의분 격발!
독도사건의 비보에 각 정당, 책임 규명 요청

독도사건의 비보는 조선 인민에 커다란 충격을 주는 동시에 민족적 분노를 격발시키고 있다. 무고한 어민이 이와 같이 무참히 죽었다는 것은 민족적인 감정에서 분하고 억울하기 짝이 없는 일일뿐더러 인도상으로 보더라도 차마 견디기 어려운 최대 모욕이 아닐 수 없다. 어느 나라 비행기인가? 이것은 둘째 문제다. 조선 비행기가 아님은 틀림없는 사실인 것이며 그것이 어느 나라 비행기였던 그와 같이 다수의 인명과 어선을 폭격 살상한 것은 음폐할 수 없는 사실로써 정히 가시기 어려운 유감지사가 아닐 수 없다. 폭탄 한 개 혹은 탄환 한 발이 과실로 인하여 배에 맞았다면 있을 수 있는 일이라고 맞은 사람의 불행을 동정할 정도로 그칠 수도 있는 것이다. 그러나 20여 척 선박이 거의 다 파손 침몰되고 다수의 선원이 생명을 잃은 이 사실을 아무리 호의로 관찰한들 어찌 단순한 과실로 처리해 넘길 수 있으랴. 연습의 희생이 되었다면 더욱 억울한 일이다. 조선 사람도 사람일 것이다. 그러기에 이에 대한 격분을 토로하고 있는 것이며 철저한 책임 규명을 요청하고 있는 것이다. 또한 나라 없는 설움을 벗어나 사람답게 살기 위하여 통일 조선 건설을 지향하고 끊임없이 싸우고 있는 것이다.

진상 밝히라!
근민당

우리 해역에서 당당히 태극기까지 내걸고 생업에 종사하는 동포들에게 투탄 기총소사까지 하여 어선을 폭격하고 다수 인명이 사살된 것은 그 의도 여하를 막론하고 야만적 행위인 것이다. 그러므로 ㅁ군정 당국은 급속히 그 진상을 규명하여 우리 민족에게 공개 발표하기를 엄숙히 요구한다. 이에 우리는 오직 양군 철퇴와 남북 통일을 완성함으로써만이 이와 같은 민족적 치욕과 인도적 최대 비통사를 근절할 수 있다는 것을 재강조한다.

인도상 용서할 수 없다

민독당

민독당 6월 8일 모국 비행기로 인하여 야기된 독도 참사에 대하여 미군 당국은 성의있는 진상 조사와 준렬한 책임 규명이 있기를 강력히 요청한다. 비무장 평화 민중에 대하여 기총소사까지 하였다 함은 인도상 용서하지 못할만한 책임을 지적하는 동시에 우리 판도 내에서 우리 동포를 대상으로 여사한 폭거가 자행되었음은 외국 주둔하에 아직 통일 주권을 가지지 못한 우리 민족으로서 더욱이 분노를 금치 못하는 바이다.

민족적 격노

근로대중당

독도에서 작업 중인 어선군을 폭격 침몰시킨 사건 발생은 전 민족의 분노를 재폭발시켰다. 작업장에서 이 일이 일어났다는 것에 대하여 책임 있는 해명을 강경히 요청한다.

책임 추궁하자

신화당

이번 발생한 독도사건에 대해서 우리 민족은 묵과할 수 없으며 비법적 야만적 처사라고 지적하는 동시에 우리 민족적 입장에서 끝까지 책임을 추궁하는 바이다. 미군정 당국은 그 진상을 속히 밝혀 일반 대중에 발표하기를 바란다.

불법행위에 배상 요청

독도사건에 건의회 담화

조선국민건의회 담화

지난 8일 울릉도에서 39리 떨어진 독도에서 고기잡이배 15척이 미역 채취 작업 중 그날 점심때 상공에 나타난 비행기로부터의 폭탄과 기관총 소사를 받아 11척이 침몰당하고 9명 사망, 5명 행방불명, 중상 2명, 경상 8명의 춘사를 낸 사건에 대하여 우리는 어느 나라에서 자행한 불법행위인지 진상을 구명하여 국제에 호소하는 동시에 단호한 손실 배상과 가해자에 대한 극형 처단을 요청한다.

독도폭격사건을 규탄함

1. 독도의 어선 총폭격 사건은 어느 국가의 소행임을 막론하고 인류공도(人類公道)를 몰각한 야수와 같은 만행에 우리는 민족적 의분을 금치 못하며 그 비(非)를 천하에 규명코자 하는 바이다.
2. 미군은 이에 관련이 있는 듯 없는 듯 반인반부(半認半否) 하는데 정의를 사랑하는 나라 미국이 그 같은 비행(非行)을 했으리라고는 믿지 않는다. 미 당국은 이 비인도적 폭행의 진상을 조사하여 엄정한 처단이 있기를 요망한다.

6월 15일

대한독립청년단

한국농민총연맹

역도근로단

폭격 현장의 사진 검토

루더포드 포츠

UP 특파원

폭격 훈련 중 촬영한 사진을 검토한 결과 지난 화요일 한국 동쪽의 일본해(동해)에서 미 공군의 폭격으로 인한 것으로 추정되는 어선 11척의 침몰 사건에 대한 책임 소재가 오늘 밝혀질 것으로 기대된다.

토요일 도쿄에서 극동공군사령부는 한국 경찰이 미국의 4엔진 비행기가 한국 선박 11척에 '폭탄을 투하하고 기관총을 발사하여 침몰시키면서' 어민 14명이 사망했다고 주장한 위치에서 지난 화요일에 고공 폭격 훈련을 실시했음을 시인했다.

고의적으로 또는 부주의로 인해 한국 어민의 사망을 초래한 책임이 미 공군에 있는가의 여부를 판단하기 위해 훈련 당시 촬영한 '폭격 사진'이 공군 고위 관계자에게 급히 전달되었다.

공군 관계자들은 일본의 어떠한 기지에서 훈련 비행이 시작되었는지를 공개하는 것은 계속해서 거부했다.

이번 사건은 미국 점령 지역인 36도선 남쪽의 동해에 위치한 울릉도 인근에서 발생했다.

미 공군은 공군기가 한국 어선에 기총을 소사했다는 한국 경찰의 주장을 비공식적으로 일축하고, 이번 훈련 비행은 대형 폭격기가 투입되는 고공 폭격 연습이었음을 강조했다.

어민을 보호하기 위해 해당 지역이 폭격지임을 눈에 띄게 표시했는가의 여부가 바로 파악되지는 않았으나, 공군의 표준절차에 따르면 폭격 훈련 전에 훈련 지역을 항공 정찰해야 한다.

Check Pictures On Bomb Attack

By RUTHERFORD POATS
UP Correspondent

Examination of photographs taken during a practice bombing mission was expected to fix responsibility today for the sinking of 11 fishing boats, allegedly by U.S. Air Force bombs, in the Japan Sea off eastern Korea last Tuesday.

Far East Air Forces headquarters in Tokyo admitted Saturday that its planes conducted a practice high-altitude bombing last Tuesday in the area where Korean police say nine American four-engined planes "bombed, machinegunned and sunk" 11 Korean vessels, killing 14 fishermen.

"Strike photographs" taken during the practice mission were rushed to Tokyo for study by top Air Force officials to determine whether U.S. airmen were guilty of deliberately or recklessly raining death on the South Korean fishermen.

Air Forces officials continued to refuse to disclose from what base in Japan the practice mission was flown.

The incident occurred near Ullung Island, in the Japan Sea, just south of the 36th parallel, in the American occupation area.

Air Force officials informally dismissed Korean police claims that the planes strafed the Korean boats. They pointed out that the practice flight was a high-altitude bombing mission involving large bombers.

It was not immediately known whether the area was visually marked as a bombing

* 미국 국립문서기록관리청 소장 자료(국립중앙도서관 해외 한국 관련 기록물 사이트: RG554 〉 USAFIK: XXIV Corps, G-2 Historical Section, 1945-1948 〉 Historical Journal of Korea, June-August 1948 〉 21. Airplane bombs, sinks Korean fishing boats: 발췌문, 1948.06.13).

range for the protection of fishermen, but standard Air Forces procedure requires air reconnaissance of an area prior to a live-bomb practice.

폭격 보고서를 기다리는 극동공군사령부

U.P.

어젯밤 극동공군사령부는 일본해(동해)에서 미 공군이 실시한 폭격 훈련의 사진과 보고서를 검토한 결과 지난 화요일에 한국 어선 11척이 침몰한 사건이 미 공군에 의해 발생했음이 아직 밝혀지지 않았다고 발표했다.

공군 관계자는 미 항공기가 연루되었음이 밝혀진다고 하더라도 어선에 대한 폭격은 고의성이 전혀 없는 사고였음이 확실하고, 한국 경찰이 어선이 "폭격과 기관총 사격으로 인해 침몰하면서" 어민 14명이 사망했다고 밝힌 위치는 폭격지로 지정되어 있음을 강조했다. 공식 성명서에서는 폭격의 표적을 "일본해(동해)의 큰 암석 옆에 위치해 있으며 폭격 훈련의 표적으로 종종 사용되는 작은 암석들"로 묘사했다.

공군은 화요일에 실시한 훈련은 고공비행 훈련이었다고 밝혔다. 이로 인해 암석 또는 인근에 위치한 암석의 영역을 벗어난 곳에 위치한 소형 어선을 탐지하기가 불가능하거나 어려웠을 것이다.

공군은 성명을 통해 "해당 일자에 극동공군사령부의 항공기는 기총소사 임무를 수행한 바가 없음이 분명해졌다."고 밝혔다.

이번 사건은 한국의 동해안으로부터 100마일 가까이 떨어진 곳에 위치한 큰 섬인 울릉도 인근에서 발생했다.

FEAF Waits Bomb Report

By United Press

Examination of photographs and mission reports made by a U.S. Air Force practice bombing mission in the Japan Sea has not yet established that American airmen were responsible for the sinking of 11 Korean fishing boats last Tuesday, Far East Air Forces headquarters announced last night.

Air Force officials said that even if it were determined that U.S. planes were involved, they were convinced that bombing of the boats was purely accidental.

They pointed out that the area in which Korean police said the vessels were "bombed, machinegunned and sunk," killing 14 fishermen, was an established bombing range.

An official statement described the target as "a series of small rocks near a larger rock in the Japan Sea and used for some time as a bombing mission objective."

Officials noted that the mission flown in that area Tuesday was a high-altitude flight. This presumably would make difficult, if not impossible, the detection of small fishing craft in an out of bounds area amid rocks or near rocks.

The Air Force statement said it had been "definitely established that no strafing mission was performed by FEAF aircraft on that date."

Scene of the incident was nearly 100 miles off the east coast of Korea, near the large island, Ullung Do.

---

* 미국 국립문서기록관리청 소장 자료(국립중앙도서관 해외 한국 관련 기록물 사이트: RG554 〉 USAFIK: XXIV Corps, G-2 Historical Section, 1945-1948 〉 Historical Journal of Korea, June-August 1948 〉 21. Airplane bombs, sinks Korean fishing boats: 발췌문, 1948.06.13).

5. 1948년 6월 17일

국내 각 정당 및 사회단체의 성명 발표
주한미군사령관 하지 중장의 성명 발표

민족적 대모욕

독도사건에 민련 담(談)

민련(民聯) 선전부에서는 16일 독도사건과 민생 문제에 언급하여 다음과 같은 요지의 담화를 발표하였다.

1. 일인(日人) 재등장설(再登場說)이 있어 사회의 물의가 분분한 이때에 모국 비행기는 상당한 표식과 신호가 있음에도 불구하고 하등의 이유도 없이 독도의 어선과 어민을 포격하여 귀중한 인명과 재산에 우심(尤甚)한 피해를 주었다는 소식이 있다. 아무리 약소민족일지라도 적출하는 민족적 모욕을 그대로 묵과할 수 없는 엄숙한 사건이다. 관계 당국은 이 진상을 철저히 규명하는 동시에 그 책임 소재를 밝혀 민심 수습에 만전을 기하기 바란다.
1. 정치의 요체(要諦)는 경제문제의 해결에 있을 것이다. 일반 민중은 불가불여의 살인적 물가고(物價高)로 인하여 기아선상에 헤매고 있는 현상이니 정계나 관계 당국은 시속(時速)히 근본적 타개책을 강구하여 강력한 실천을 하지 않으면 앞날을 예견치 못할 민족적 불행을 초래할 것이다.

『수산경제신문』, 1948년 6월 17일, 2면

수산국서도 파견

탁(卓) 서무과장 금조(今朝) 출발

전 겨레의 분격을 최고조로 비등(沸騰)케 한 독도의 불상사에 대하여는 방금 미 당국으로부터 조사 위문차 특별조사대를 현지에 파견하였거니와 또 한편 이번 피해의 직접 행정당국인 농무부 수산국에서도 사건의 중대성에 비추어 그 관할을 경북 수산과에만 일임할 수 없다 하여 그 실태를 조사 파악함으로써 이에 대책을 강구하고자 동(同) 국 서무과장 탁장제(卓長濟) 씨를 현지에 파견키로 되어 금조 출아하였다 한다.

『조선일보』, 1948년 6월 17일, 1면

[사설]

독도폭격사건

1

독도폭격사건에 대해서는 미군측 극동항공부의 발표가 아직 미심(未審)하다. 사실을 은폐하련다든가. 또 책임을 회피하려는 듯한 무엇은 있을 수 없을 것으로 믿는다.

만약 시일을 경과한다 하더라도 상세한 증거에 의거한 책임 있는 발표를 하고자 하는 것이라고 볼 수 있다. 지금까지의 동 항공부대가 인정한 바로는 동 지역이 폭격 연습 지역이었다는 것. 폭격이 있었다 해도 우발적이었을 것이라는 것. 단 총격의 사실은 인정치 못하겠다는 것 등인데, 대개는 미군 폭격 연습에서 발생된 것이 아닌가 생각도 된다는 태도만은 엿볼 수 있으며, 따라서 책임 있는 명쾌한 조사가 우리에게 의혹을 남기지 않도록 하리라고 믿을 수 있다. 즉 만일 미군 측의 소위가 아니었다면 누구의 소위일 것이냐 하는 것을 명백히 할 것도 미 점령군의 책임일 것이다.

2

우리가 지금 이 사건에 깊은 주의를 가지고 있는 것은 우리 영토 내나 영해 또는 근해에서 실탄(實彈)에 의한 점령군의 연습이 무경고로써 시행되고 있다는 사실에서부터 점령군 당국의 불찰을 지적하는 것이다. 그리고 그것이 어느 나라의 공군이었다 하건, 오늘의 극히 과학적인 정밀 기계로 장비(裝備)된 폭격기가 비록 5, 6천 및 7, 8천 미돌(米突) 상공에서 부감(俯瞰)한다 할지라도 특히 해상의 명징(明澄)한 공간에서 투시될 수 있는 점과 또 부산물 하나 없는 독도에서 무심코 작업 중인 어선군을 발견치 못할 리 없을 것이다. 아성층권(亞成層圈) 비행에서 능히 5만분지 1급의 정밀한 지도를 제작할 수 있는 혹은 그 이상의 정공한 작전 촬영이 가능한 사실을 생각한다면 그 어느 나라의 폭격기의 소행이었건 그 부주의는 극심한 자이다. 우리에게는 총격이건 폭격이건 간에 우리 영토 내에서 평화적 생업에 종사턴 국민이 처참한 시체로서 돌아왔다는 증거가 우리로 하여금 사건의 진상을 추궁케 하는 것뿐이다. 다만 그 부주의를 범한 폭격기군의 탑승자의 심리에는 과연 무엇이 있었든가 긴절(緊切)히 알고 싶은 바이다.

3

하지 사령관은 미 점령군 당국으로서 본 사건에 진중함을 성명하는 동시에 사건의 전모가 조사 발표되기까지 자의의 판단을 삼갈 것을 주의했다. 사건은 극히 비통스러운 면을 가진 불상사이다. 사태는 진상 규명에 따라서 유감없이 수습되고 향후의 안전이 보장되었으면 될 것이고 그 이상 혹시 감정적인 어떤 경향이 나타난다면 이는 필요 이상의 것일 것이므로 삼가야 할 것이다. 오직 이때에 독도의 귀속이 세속(世俗)에 전하는 대로 일본에서 문제시한다 하더라도 오랜 역사적 지리적 관계가 있는 그 위에 이번에 뜻하지 않은 가운데 동포의 피로써 지은 본 사건 기록이 동도(同島)로 하여금 우리에게 귀속될 새 기록임을 확증하고 이 점을 명기함으로써 피해 동포의 영(靈)을 조위(弔慰)할 것을 잊지 않도록 할 것이다.

『조선일보』, 1948년 6월 17일, 2면

동해의 내 국토 슬프다 유혈의 기록

답사 회고… 홍종인(洪鍾仁) 기(記)

독도 고명(古名)은 삼봉도, 항공로의 요충(要衝)

내 민족을 사랑한다는 정신은 국토를 사랑한다는 정신을 떠나서 있을 수 없다. 망망한 동해의 검푸른 물 위에 불쑥 솟아 있는 일점 울릉도에서 동남으로 다시 삼십팔 마일(哩) 해상의 독도, 사람도 살지 못하는 두 덩어리의 산으로 된 보잘 것 없는 땅이건만 해안경비대의 속선으로 사오 시간만에 이 땅에 발을 올려놓았을 때 여기 또한 내 국토이든가! 하는 감격이 가슴에 북받쳐 오르던 작년 그 여름 그날의 그림 같은 청신한 기억 위에 평화로이 작업하던 수십명 동포 어선이 무자비한 외국 비행기의 폭격으로 파괴된 어선과 시체는 낭자하고 동포의 피로 이 섬을 물들였을 광경을 생각할 때 우리는 가슴에 억제키 어려운 비분을 느끼게 된다.

—◇—

바로 작년 팔월 하순 조선산악회 주최로 울릉도 학술조사대를 조직하여 우리 학계 각 부문의 중진 등 팔십 명의 대가족이 울릉도와 독도를 실지 답사하였을 그때 나는 확실히 내 눈으로 본 것이 있었다. 첫째 울릉도와 독도는 서울서 일본 동경 방면으로 통하는 항공로의 해상 표식지(標識地)가 되어 있다는 것이었다. 울릉도에서도 조선 쪽에서 동남으로 가는 미국 비행기를 보았거니와 독도에 갔던 날도 오후 세 시 반경 우리 배가 독도를 떠날 때 한 대의 비행기(쌍발동기)가 바로 약 삼백 미돌 상공으로 우리 머리 위를 지났다. 우리는 아무 뜻 없이 손을 들어 외쳐도 보았던 것이다.

—◇—

독도를 소개하자면 울릉도를 약간 소개해야 할 것이다. 우리가 울릉도에서 독도로 가던 날 팔 월 이십 일 새벽 다섯 시 아직 동트기 전이었다. 바다는 비교적 안온한 편이다. 바람은 차가웠다. 오리 내지 십리 밖 먼 바닷가에는 어제 해질 무렵에 바다로 나간 오징어잡이 배가 '카바이트' 등불을 밝히고 쪼로니 울릉도를 에워싸고 있다. 이것이 울릉도민의 생활의 전수단이요, 또 이것이 동해 한복판의 우리 국토를 밤 새워 지켜주는 바다의 용사인 것을 알아야 한다. 농사라고는 일반 오천 명 도민의 양식 절반밖에 못나는 이곳에서 여름 넉달 오징어잡이로 육지에서 식량과 일용품을 사들인다. 농사 개량이니 산업 진흥이니 본토의 중앙청이나 경상북도 도청이 (타근이) 돌보아주는 배 없는 이곳 울릉도 도민은 묵묵히 바다와 싸우며 근근이 살아간다는 것이 곧 내 땅 내 국토 우리 울릉도를 지켜나간다는 가장 거룩한 사명이었던 것이다. 아직 어두운 가운데 해안 경비대 대전환(大田丸) 갑판에는 정장 이하 병사들이 정렬하여 새벽 바다에 우렁찬 '차렷' 하는 호령을 붙이고 돛대에 국기를 올리는 것이다. 우리도 경건히 국기에 주목하고, 옳지! 우리는 국기를 받들고 우리 민족에게 처음 되는 대부대로 무인 절도의 내 국토를 찾으려 가는 것이구나! 하여 더욱 엄숙했다. 이윽고 동편 하늘이 허연히 틔우고 불그스름히 물들어올 때 동해의 전모를 살피며 멀리 동남으로 까맣게 보이는 일점을 발견했으니 이것이 곧 독도였다. 여기서 바다의 장엄은 또 우리 동해의 보배를 간직한 것을 알 수 있었다. 울릉도와 독도 중간 바다 위에는 여울물같이 물결을 기다란 띠[帶]와 같은 폭이 넓은 물줄기를 볼 수 있었으니 이것이 곧 한류와 난류가 강원도 죽변 근해에서 마주쳐서 울릉도 북쪽을 돌아 독도 서편으로 빠져나가는 그것이다. 이 물줄이 본토에서 울릉도를 찾아가는 길이 되고 또 이 한류와 난류가 섞이는 여기에 동해 어업의 큰 생명선이 되어 있는 것이다.

—◇—

독도의 옛 이름은 삼봉도(三峰島)라고 했다. 지금으로부터 사백칠십여 년 전 성종 이전에 울릉도 방면에 관원을 파견하였을 때 여기에도 사람을 보내어 삼봉도의 세 섬의 봉우리를 보고 왔다는 기록이 실록에 있다. 실제로 우리가 답사하고 두 섬 사이에 돌부리가 돌올하게 서 있는 것이 그럴듯했다. 섬은 화산이 터진 이래 수천 년 혹은 몇만 년래에 비바람과 판도에 씻긴 석벽으로 된 산이다. 서편 섬이 약간 높은데 높이가 일백오십 미터가량이고 동편이 백여 미터 되는데 동편 섬은 위로 오를 수 있었다. 화산이 터져 나온 분화구가 무섭게 입을 벌리고 있고 그 밑으로 뚫어진 동굴 사이로는 바닷물이 들고 나고 있었다. 산 위에는 모처럼 기다리고 있었던 듯이 흔히 여기서도 볼 수 있는 주황색 백합꽃이 소복이 피어 있는 것을 비롯하여 오십여 종 채집된 식물은 모두 울릉도와 동일한 계통이었다. 태고시에 동해의 대륙이 무너져 바다 밑으로 내려앉았다면 독도는 울릉도에 붙었던 것을 짐작케 하는 것이다. 그리고 일본 은기도(隱岐島)와의 거리는 울릉도와 독도 사이의 거리보다 칠마일이 더 멀다. 물줄기와 어선의 왕래 그리고 성종 이후 또 숙종 이래의 관계가 물론 울릉도에 속한 조선 땅임은 더 말할 것 없다.

—◇—

우리 일행에는 남조선과도정부로부터 파견된 독도 현지 조사대로 국사관 부관장 신석호(申奭鎬) 씨와 리봉수(李鳳秀) 씨의 일행도 있어서 지리적인 조사도 했거니와 산악회 학술조사대에는 동물, 식물, 광물, 지질, 지리반 등 자연과학 각 부분의 학자 전문가들이 있어서 독도가 우리 땅이라는 지도에 나타난 지면을 확인했다 뿐이 아니고 실제로 독도가 오늘에 있는 모든 모습을 있는 그대로 과학적인 조사 기록을 함으로써 우리 국토의 실태를 확인했던 것이다. 혹은 독도의 귀속이 일본측과 문제되는 듯이 도전하는 이가 있으나 이는 문제가 아닌 것이다. 특히 이번 불의의 참변으로 동포의 피가 이 땅을 물들였다는 그 사실은 더욱 우리 국토 됨을 다시 피로 기록 지은 것이라 할 것이다. 지금도 독도 동편 섬에는 우리 산악회와 과도정부조사대가 세운 뚜렷한 푯말이 서 있을 것이다.

『조선중앙일보』, 1948년 6월 17일, 2면

독도폭격사건에 민족의 분노 충천

지난 8일 독도 근해에서 미국 비행기가 폭격과 기총소사를 감행하여 우리 어선 11척을 격침시키고 동포 14명의 귀중한 생명을 빼앗고 다수의 중상자를 낸 소위 독도폭격사건에 대하여 3천만 조선 인민의 분노는 충천하고 있거니와 작 16일에도 각 정당 사회단체에서는 다음과 같이 그 추궁을 강경히 주장하고 있다.

인민공화당 담화

이것은 여하한 변명이어도 이해할 수 없는 고의적인 조위로 일찍이 일제에 군대가 중일전쟁에 있어서 중국 인민을 시켜 연습의 대상으로 하던 만행과 같이 잔인무도한 행동인 동시에 우리 민족을 동물과 노예로 취급하는 극단적인 모욕 멸시이다. 이러한 살해를 공공연하게 감행하였다는 것은 조선 민족으로서는 묵언할 수 없는 통분한 감정을 가지게 한다. 그러므로 우리는 이 사건의 책임 규명하는 항의를 보내는 바이다.

사회민주당 성명

독도폭격사건은 그 목적 의도가 나변에 있는가 의심한다. 비인도적이며 그 잔인 무비한 행동은 인류의 정의로써 전 민족의 이름으로 성토하는 동시에 당국은 이 문제의 신속히 성의 있는 진상을 공표하기 바란다.

민주한독당 담화

우리 당은 사건의 진상 원인, 책임 등을 철저히 규명토록 하는 동시에 민족통일의 자주 정부를 수립하는 민족적 과업을 완수함으로써 오늘날 조국이 직면한 극악한 사태를 극복할 것을 제창하여 강조하는 바이다.

민중동맹 성명

소위 해방된 이 땅 상공에서 외국의 비행기가 군사 연습을 행한다는 사실로 통분할 일이거늘 그들의 기총으로 귀중한 동포의 생명이 무참히도 희생되다니 얼마나 통절한 사태이냐. 우리는 그 국적의 수하를 막론하고 또한 그 행위의 고의와 불고의를 막론하고 희생 동포들에 대한 사죄와 배상을 요구하는 바이다.

불교청년당 담*

고의로 폭격을 하였다면 그 의도는 극악성이다. 우발적이란 구실로 되지 않는다. 조선인에 대한 멸시의 의식발로라면 또한 참을 수 없는 통분사다. 조선 민족의 피를 가진 자라면 누가 이 천인공노의 만형에 분기하지 않으랴. 이 사건은 우리의 종교적 양심이 허하지 않으니 우리는 맹세코 이 책임을 규명코자 한다.

---

* 『영남일보』, 1948년 6월 17일, 1면, "불청(佛靑) 담, 독도비극 민족에 사과하라".

『한성일보』, 1948년 6월 17일, 1면

[사설]

독도사건의 의혹

1

지난 8일 울릉도 부근의 독도 해상에 출어 중인 조선 선박 20여 척에 소속 불명의 10여 대 비행기가 총폭격을 가하여 어선 11척이 침몰되고 14명의 어부가 사망한 불상사(不祥事)가 발생하였다. 이런 일은 한 우발적인 해상사고라 해도 벌써 큰 비보임이 틀림없겠거늘 일부러 저지른 인위적 만행으로 돌발된 희생인 점에서 인도상 도저히 용인할 수 없는 죄악으로 민족의 분노를 참을 수 없다. 그리고 또 가해한 비행기의 소속이 모국이라는 이외로 된 판명되지 않은 점에서 더욱 의아(疑訝)가 깊고 국제간 정의와 신뢰감에 적지 않은 불안을 느끼게 한다. 관계 당국은 이 사건의 진상을 속히 규명하는 동시에 책임자를 준열히 처단함으로써 조선 동포민족의 자존심을 존중히 하고 앞으로 이런 회의적 행위가 다시 없도록 경계해야겠다.

2

대체 모국기(某國機)라 하니 이 모국이란 어느 나라를 지칭함인가? 사건 현장이 조선 동방 해중 백여 리 지점이니 여기에 비행 가능국은 몇 나라를 가상(假想)할 수 있는가, 일본에 공군이 없고 보매 그들을 책(責)할 수는 없고 더구나 이 지점은 미국 점령 지역이오, 맥아더 라인 등 어디로 보든지 조선의 해공(海空)인 것이 틀림없으니 어떤 제3국의 비행기가 침입했다면 더욱 국제적 중요사로 절대로 묵과할 수 없을 것이다. 만일에 연합국의 연습기 과실이라 할지라도 그저 간단하게 우연한 일로만 취급할 수 없는 터이니 근로 평화 민중이 암석 대신에 사격 목표가 될 수는 없는 것이며, 더욱이 태극기를 흔들었음에도 총탄을 퍼부었다는 것은 현대과학이 발달된 기상(機上)의 발견 착오로 돌릴 수는 없다.

3

우리가 이따위의 설움을 당할 때마다 무엇이 뼈아프게 느껴지는가? 우리 민족이 외군의 점령하에 놓여 있지 않고 우리의 주권이 서 있다면 국제 외교적으로 이러한 섭외 문제가 취급될 것이로되 진상의 조사까지를 남들에게 요구하고 있는 현실이 너무나 딱한 것이다. 하지 중장도 그 성명에서 사건 전모의 발표와 책임 부하(負荷)를 약속하였으니 불일(不日) 이 해괴(駭怪)한 의혹이 해명될 것을 믿거니와 사후 처리에 만전을 다한다 해도 만일에 그 책임이 미군의 소위로 돌아가는 것이 판명될 때 이것은 자못 유감스러운 일이오, 조미(朝美) 친선에 부질없는 간극(間隙)이 생긴 것을 우려하는 바이다. 끝으로 바라건대 우리 3천만 동포는 이런 민족적 수회(受侮)가 있을 때 대외적 반발을 강렬히 하는 일방(一方)으로 내(內) 자성자계(自省自戒)하여 신속한 결합통일로써 자주독립 국가를 □취하여서 이런 사고를 완전히 근절시켜서 오늘의 비탄(悲嘆)을 풀어야 할 것이다.

독도폭격사건에 하지 중장 발표*

남조선 미 주둔군 사령관 하지 중장은 독도 불상사건에 대하여 작 16일 공보부를 통해 아래와 같은 성명을 발표하였다.(사진은 하지 중장)

본관은 독도폭격사건의 보도에 대하여 여러분과 함께 큰 충격을 받았습니다. 본 사령부는 조선 신문을 통하여 비로소 처음으로 금반(今般) 사건의 발생을 알았습니다. 조선 주재 미군 사령부에서는 즉시로 철저한 조사를 명하였는데 상금(尙今) 조사 중에 있습니다. 이 비참사(悲慘事)는 조선 해안에서 140리가량 떨어진 지점에서 발생되었다는 것을 알게 되며 따라서 철저한 조사가 완료되고 진상이 판명되기까지는 다소 시간이 경과되어야 할 것입니다. 그러나 본 사령부에는 조선에 기지를 둔 또는 조선 부대에 배속된 비행기는 동 지역에 없었고 또 폭격한 사실도 없고 따라서 본 사건에 하등의 관계가 없다는 것을 이미 인정하였습니다. 이 사건의 진상을 조사하고 가능한 구호를 하기 위하여 군의(軍醫)를 포함한 조사 및 구호반이 즉시 현지에 파견되었습니다. 그 일행

---

* 『경향신문』, 1948년 6월 17일, 2면, "독도사건에 하지 중장 성명, 진상을 조사 중 자의 판단말라"; 『대중일보』, 1948년 6월 17일, 1면, "독도사건 신중히 조사, 미기라면 책임진다. 하 중장 특별 성명"; 『동광신문』, 1948년 6월 18일, 2면, "하 중장 성명, 독도사건은 조사 중 미기라면 책임진다"; 『동아일보』, 1948년 6월 17일, 1면, "미기(美機) 투탄(投彈)이면 미군 당국 책임, 하지 중장 독도사건에 성명"; 『민주일보』, 1948년 6월 17일, 1면, "독도사건에 대하여 하지 중장 성명발표"; 『부산신문』, 1948년 6월 18일, 2면, "독도사건에 하지 중장 담, 조사 완료되면 상보(詳報) 발표, 유가족에 대한 위로 만전 기하겠다"; 『부산신문』, 1948년 6월 18일, 2면, "진상 발표하라, 처단 없으면 감정 악화"; 『부인신보』, 1948년 6월 17일, 1면, "미기가 관련되었다면 군당국 책임질터, 상금 조사 중이니 판단 삼가하라, 독도사건에 하지 중장 특별성명"; 『수산경제신문』, 1948년 6월 17일, 2면, "독도사건에 하지 중장 성명, 조선부대 소속 아님은 확인, 전모 발표할 때까지 자의(恣意) 판단 삼가라"; 『영남일보』, 1948년 6월 17일, 1면, "하 중장 성명, 폭격 진상 조사 중, 조선 부대에의 소속 아님은 확인된 사실"; 『자유신문』, 1948년 6월 17일, 2면, "독도폭격은 철저 규명, 조선주재 미군은 무관계로 판명, 하지중장 성명"; 『조선일보』, 1948년 6월 17일, 2면, "사건 진상 조사 중. 미군 관련이면 부책(負責) 당연. 독도사건에 하지 중장 성명"; 『조선중앙일보』, 1948년 6월 17일, 2면, "폭격진상조사, 하지 중장 독도사건에 성명"; 『현대일보』, 1948년 6월 17일, 1면, "미기의 소행이라면 전적 책임지겠다, 독도사건 하 중장 성명".

은 아직 귀환하지 않았습니다. 일본에 기지를 둔 미기(美機)의 본 사건 관련 여부에 대하여서는 방금 극동공군사령부와 극동총사령부에서 조사 중에 있으므로 동 조사가 완료되는 대로 즉시 사건의 전모가 발표될 것입니다. 만약 미기가 관련되었다는 사실이 판명되면 미군 당국으로서는 사망자의 유가족 및 피해자들을 위하여 만반의 대책을 강구할 것을 조선 국민에 보장하는 바입니다. 또 미군이 그 책임을 져야 한다는 것이 판명되면 그 책임은 철저히 피할 수 없을 것입니다. 조선 국민은 본 사건의 진상이 판명되어 그 전모가 발표될 때까지는 각자 자의(恣意)의 판단을 삼가주기를 바라는 바입니다.

남조선과도정부
공보부
한국, 서울

1948년 6월 16일

특별 보도자료

주한미군사령관은 독도폭격사건의 사상자로 인해 한국 국민들만큼이나 큰 충격을 받았고 깊이 우려하고 있다. 주한미군사령부는 한국 신문의 보도를 통해 이번 사건을 처음 알게 되었다.

주한미군사령부는 즉시 철저한 조사를 시작했으며 아직 조사가 진행 중이다. 이번 참극은 한국 해안으로부터 약 140마일 떨어진 지점에서 발생했기 때문에 전면적인 조사를 완료하기까지 상당한 시간이 소요될 것이다.

그러나 본 사령부는 한국에 기지를 두었거나 한국에 배치된 미국 비행기가 사건 발생 지역에 위치하거나, 폭격하거나, 또는 다른 일체의 방식으로도 이번 사건에 연루된 바가 없음은 이미 확인했다.

진상 조사와 구호를 위해 즉시 군의관 등 구호 및 조사팀을 현장에 파견했고 아직 복귀하지 않은 상태다.

극동공군사령부와 극동군사령부가 일본에 기지를 둔 미국 비행기의 관련 가능성을 추가로 조사하고 있으며, 조사가 완료되는 즉시 사건의 전모를 발표할 예정이다.

미국 비행기가 관련되었음이 드러나면 미 당국은 사망자의 유가족을 위로하고 손실을 보상하기 위해 만반의 대책을 강구할 것임을 한국 국민들에게 보장한다.

이번 사건의 책임이 미군에 있다고 판명되면 책임을 회피하지 않을 것이다. 사건의 모든 진상이 밝혀지고 발표될 때까지 한국 국민들은 개별적인 판단을 유보해 주기를 바란다.

SOUTH KOREAN INTERIM GOVERNMENT
Department of Public Information
Seoul, Korea

16 June 1948

SPECIAL PRESS RELEASE

The Commanding General USAFIK is as deeply shocked and concerned by the reports of the casualties resulting from bombings at Tok Island as are the Korean people. The first information which this headquarters received of such an incident came from news accounts in the Korean press.

Immediately, Headquarters USAFIK instituted a careful investigation which is still continuing. It must be remembered that the tragedy took place at a distance of about 140 miles from the Korean coast, and therefore much time must elapse before a thorough investigation can be completed.

This Headquarters early established, however, that no US planes based on or assigned to units in Korea were in the area, or bombed, or had any part whatsoever in this affair.

An investigating and relief team, including a medical officer, was dispatched to the scene at once to obtain the facts and to render all aid possible. They have not yet returned.

Further investigation including the possibility of involvement of American planes

---

* 미국 국립문서기록관리청 소장 자료(국립중앙도서관 해외 한국 관련 기록물 사이트: RG554 〉 USAFIK: XXIV Corps, G-2 Historical Section, 1945-1948 〉 USAMGIK: Press Releases April~August 1948 〉 56. Special Press Release; 기록 자료, 1948.06.16).

based on Japan is being conducted by the Far East Air Force and the Far East Command. As soon as that investigation is completed a full report will be made.

The Korean people can be assured that if it is found that American planes were responsible, the American authorities will do everything that can be done to compensate and to comfort the bereaved for the loss of life and property.

If it is discovered that United States forces are to blame, the responsibility will not be shirked. Koreans are urged to suspend judgment until all the facts are clarified and a full report can be made.

『한성일보』, 1948년 6월 17일, 1면

김구 씨 담화*

김구(金九) 씨는 작(昨) 16일 독도사건에 대하여 다음과 같은 담화를 발표하였다.

이제까지의 경과로 보아 미군 비행기의 행동 같은데 고의적으로 했다고는 생각되지 않는다. 그러나 과실이라 할지라도 이에 대한 적절한 조치를 취하지 않는다면 양 민족 간의 감정을 악화시킬 염려가 있으니 책임 당국은 하루바삐 사건의 진상을 발표하는 동시에 당사자에 대한 엄정한 처단이 있기를 바란다.

진상 규명 요구

민련 선전국장 담화**

민련(民聯) 선전국장 김붕준(金朋濬) 씨는 12일 다음과 같은 담화를 발표하였다.

1. 모국 비행기가 상당한 표식과 신호가 있음에도 불구하고 아무런 이유도 없이 우리 국토의 일부인 독도 평화 어민 어선을 폭격하여 피해가 우심(尤甚)하다는 소식이 있다. 아무리 약소민족이라도 연달아 닥쳐오는 민족적 모욕을 그대로 묵과할 수 없는 사건이다.

* 『대구시보』, 1948년 6월 17일, 1면, "민족적 참사니 엄중처단 요망, 김구 씨 독도사건에 언급"; 『부산신문』, 1948년 6월 18일, 2면, "처단 없으면 감정 악화"; 『수산경제신문』, 1948년 6월 17일, 2면, "엄정 처단 요망, 김구 씨 담화"; 『조선일보』, 1948년 6월 17일, 2면, "적절조치 요망, 독도 건에 김구 씨 담".

** 『조선일보』, 1948년 6월 17일, 2면, "책임 규명하라, 민련서도 담화".

극동공군사령부, 폭격사건에 대해 밝히다

루더포드 포츠

UP 특파원

오늘 극동공군사령부는 6월 8일 한국의 동쪽 바다에서 실시한 폭격 훈련 후에 촬영한 사진을 통해 소형 수상선이 '위험 지역' 내에 있었으며 표적 구역의 암석으로 가려져 있던 한국 어선에 미군의 폭탄이 투하되었을 수 있음을 시인했다.

공군은 이번 일을 '매우 유감스럽고 안타까운 사고'라고 표현했다.

공식 발표에 따르면 해당 훈련에는 오키나와에서 출발한 B-29기가 투입되었다.

극동공군사령부는 6월 8일 한국 어선이 침몰하고 한국인 14명이 사망한* 사고의 '원인일 가능성이 있는' 고공 폭격 훈련에 대하여 지난 토요일에 시작한 조사의 예비 보고서를 확보했다고 발표했다.

공군은 예비 보고서를 통해 한국 어선이 폭격을 당했다고 보고된 6월 8일 화요일에 통상적인 폭격 훈련이 실시되었음이 드러났다고 밝혔다.

공군에 따르면 혼슈 남부에서 북쪽으로 약 130마일 떨어진 북위 37도 15분, 동경 131도 45분에 위치한 리앙쿠르암이 폭격의 표적이었다.

공군은 공식 발표를 통해 "폭격 훈련을 시작하기 30분 전에 표적 구역을 육안으로 확인하고자 정찰기가 리앙쿠르암 상공을 여섯 차례 비행했고 훈련을 실시하기에 문제가 없는 상태라고 보고했다."고 밝혔다.

---

* 기사 원문은 주어가 없는 부정확한 문장이지만, 앞문장과의 내용 연결을 고려하여 번역하였다.

Stars and Stripes, June 17, 1948*

FEAF Reveals Bomb Accident**

By RUTHERFORD POATS

UP Correspondent

Far East Air Forces headquarters said today that photos taken after the practice bombing mission off the east coast of Korea on June 8 revealed small surface craft within the "danger area" and admitted that American bombs may have struck Korean fishing craft obscured by rocks in the target area.

The Air Forces termed it a "most unfortunate and regrettable accident."

The official announcement said the planes involved B-29 aircraft from Okinawa.

Far East Air Forces headquarters announced that a preliminary report of the investigation which was started last Saturday on the high-altitude bombing training mission which "may have been the cause" of damage to Korean fishing vessels on June 8, had been received. were sunk and 14 Koreans killed.***

The Air Forces said their preliminary report disclosed that a routine bombing training mission was flown on Tuesday, June 8, the day the Korean fishing vessels were reported to have been struck.

The Air Forces said their target that day was Liancourt Rocks, located at 37 degrees 15 minutes north latitude and 131 degrees 45 minutes east longitude which is approximately 130 miles north of the southern part of Honshu.

---

* 미국 국립문서기록관리청 소장 자료(국립중앙도서관 해외 한국 관련 기록물 사이트: RG554 〉 USAFIK: XXIV Corps, G-2 Historical Section, 1945-1948 〉 Historical Journal of Korea, June-August 1948 〉 21. Airplane bombs, sinks Korean fishing boats: 발췌문, 1948.06.13).

** *San Francisco Chronicle*, June 16, 1948, "Fatal Target Practice 'Regrettable', Air Force Admits Korea Bombing Error" 참고.

*** 기사 원문을 보면, 주어가 없는 부정확한 문장이다.

"A reconnaissance aircraft made six trips over Liancourt Rocks to visually check the target area within 30 minutes prior to the practice bomb drops, reporting that the target area was clear," the official announcement said.

6. 1948년 6월 18일

미 극동공군사령부의 조사 결과 발표

『경향신문』, 1948년 6월 18일, 2면

진상을 계속 조사*

투탄자 처치는 급거부

【동경 17일 UP 조선】 미국 극동항공대사령부는 일본해(동해) 방면 폭격 연습대가 촬영한 사진에 의하여 동 폭격 표적 지구 내에 소형선이 있었던 것이 판명되었다고 발표한 후 일본해(동해)에서 일어난 우발적 조선 어선 폭격에 관한 전면적 진상 조사를 추진시키게 되었다. 동 성명은 지난 8일 오키나와 기지로부터 출발한 미국 B29폭격대가 일본해(동해) 중부 수역에 있는 암석을 연습 폭격 중 조선 어선에 폭탄을 투하하였을는지도 모른다고 정식으로 인정하였다.

조선 경찰은 4발기 수 대가 어선 11척을 침몰시키고 어부 14명을 살해하였다고 말하였는데 전기 사령부 당국자들은 만일 금후 조사한 결과 그와 같은 과실이 판명되는 경우 동 폭격기 대원들에게 대하여 어떠한 처치를 취할 것이냐는데 언급을 거부하였다. 그리고 당국자들은 동 예비 보고 중에서 6차의 정찰비행과 폭격대 시야(視野) 조사에서도 불구하고 암석 주변에 선박이 있는 것을 발견치 못하였으며 폭격 30분 후에 촬영한 공중사진에 의하여 소형선이 폭탄이 투하된 위험 지역 내에 있었던 것이 판명되었다고 지적하였다.

---

* 『자유신문』, 1948년 6월 18일, 2면, "미항공대서 조사를 진행".

어선 폭격사건
고공 폭격, 연습대(練習隊)로 인정
미 극동항공대 공식 성명*

【동경 17일 발 UP 조통(朝通)】 미국 극동항공대사령부는 일본해(동해)에서의 조선 어선 폭격 사건에 미국 비행기가 관련했다는 사건에 관하여 조사한 결과 고공 폭격 연습대의 폭탄이 조선 연안 원방에서 조선 어선을 손상하였을는지도 모른다고 인정하였다. 동 항공대사령부의 공식 성명서는 14명의 조선인을 살해하고 기타를 부상시켰다고 전하여진 이 사건을 가장 불행한 유감스러운 사고라고 말하였다.

8일 조선 동해안 방원에서 폭격 연습을 행한 후 촬영한 사진은 위험 구역 내에 소형의 수상 주정(舟艇)이 있음을 지시하였다. 사진을 확대한 결과 연습 폭격 구역으로 공시되고 상시에는 암석이 위험한 관계로 대소선(大小船)이 항행치 않는 구역 내의 암석에 접근하여 암석에서 약 30척의 근거리에 있는 것이 판명되었다.

동 부 발표에 의하면 어선이 연습 폭격 중 고공을 비행한 폭격수로서는 해면에 돌출한 회색 바위로 잘못 인정하였을는지도 모른다. 이 구역 내에 있었던 약 30척의 어선 중에서 생환한 어부들은 4발 폭격기 날개에 미국 표식이 있었던 것을 보았다고 한다. 동 발표에 의하면 이 폭격 연습은 오키나와(沖縄)에서 출동한 B29가 2,300피트**의 높은 데서 행한 것이라 한다. 또한 동 B29가 지난 8일에 연습 폭탄을 던졌을 때에는 표적 구역 내에서 아무런 수상 선박도 보이지 않았다고 말하였다. 폭격 30분 후에 촬영한 경찰 사진을 조사한 결과 폭탄이 떨

---

* 『수산경제신문』, 1948년 6월 18일, 2면, "극동항공대 사령부 발표, '지극히 불행한 유감사', 어선을 암석으로 오인?"; 『자유신문』, 1948년 6월 18일, 2면, "미 항공대서 조사를 진행"; 『조선중앙일보』, 1948년 6월 18일, 2면, "미 극동항공대 진상 조사 진보, 연습 폭격 중 어선에 폭탄을 투하, 독도사건".

** 23,000피트의 오자로 보인다.

어진 구역에 3척의 조그만 배가 있음을 인정하였다고 발표하였다. 남조선 경찰은 그 비행기가 조선 울릉도 부근에서 폭탄과 총격으로 11척의 선박을 침몰케 하고 14명을 살해하였다고 말하였지만 항공대는 총사격은 한 일이 없다고 부정하고 있다.

『부인신보』, 1948년 6월 18일, 2면

'독도사건' 진상 조사차 위원을 파견키로 결정*

완전 자주 독립의 서광을 앞두고 우리가 갈망하던 국회가 열리고 있는 요즘 과거 어느 면에서도 볼 수 없던 불온한 사실이 우리 금수강산에 일어나 말초신경이 예민할 대로 예민하여진 우리의 신경을 벼락같이 치고 간 '독도사건'! 이 사건에 대하여서는 일반의 물의가 분분한 것은 두말을 다시 할 필요도 없는 일이려니와 이에 전국 사백만의 회원을 둔 애국부인회 제3차 전국대회에서는 상당히 분노한 기색이 보여 어제 오후 회의 진행 중 긴급동의로서 독도사건 진상 조사가 요청되었던바 진상 조사의원으로 다음 오(五) 씨가 선정되어 근간 곧 행동에 옮기리라 하는데 위원들의 면면은 다음과 같다. 박순천, 모윤숙, 박승호, 최이권, 황애덕.

* 『부인신보』, 1948년 6월 19일, 1면, "사설, 애국부인회 전국대회를 끝마치고" 참고.

『수산경제신문』, 1948년 6월 18일, 2면

50만 어민 격분의 노도(怒濤)

만일을 우려 출어도 않고 전전긍긍!

어획 전선에 저기압 중첩

지난 8일 동해의 고도 독도 근해에서 발생한 어선 폭격 사건에 대하여 3천만의 격분은 날로 승천하고 있거니와 특히 희생자가 어선이며 어민이다는데 감하여 남조선 50만 어민은 이에 대한 분노와 불의가 점차로 고조되어가고 있다. 동 사건에 대하여 미군 당국과 과도 정부 수산당국에서 방금 조사단을 현지에 파견 중이므로 불원간 사건 진상 전모가 백일 하에 명백히 나타날 것이나 전업을 하고 있는 어선에 대하여 폭격을 가함은 일찍이 세계사에도 없는 천인 공로한 일대폭거이며 더구나 조선 어업 유사 이래로 처음 보는 일대 참사이다.

근자 일선에서 어로하고 있는 어민들은 불시의 비행기 폭격을 우려하여 전전긍긍 하고 있는 형편이며 따라서 제대로 출어도 하지 않고 있는 실정으로 이것이 이 어획 생산에 미치는 영향은 실로 크다 할 것이다.

금번의 독도폭격사건은 어느 국가의 소행일지언정 그 책임을 철저히 추궁하여 3천만 동포 앞에 또는 50만 어민 앞에 사죄해야 할 것이며 위정당국은 불우한 이 땅 어민들이 안심하고 생산 중강에 매진할 수 있도록 항구적인 대책을 긴급 수립하여 어획 저하를 방지하여야 할 것이다.

어선 4척 침몰, 사상 7명

독도사건에 울릉도 어조(漁組) 피해

지난 8일 독도 근해 어선 폭격사건으로 울릉도 어업조합이 입은 피해는 다음과 같다. 즉 조합 소속 어선 발동선 1척, 범선 3척이 격침되고 조합원 사망 □, 중상 5, 미귀환 2명을 내었다고 한다.

불원(不遠) 진상 발표

딘 장관 기자회견 담

군정장관 딘 소장은 작 17일 중앙청 기자단과의 정례 회견석상에서 다음과 같이 말하였다.

▲ 독도사건… 사건의 진상을 조사코자 조사단이 파견되었으므로 조사단으로부터 보고가 있는 대로 발표하겠다.

남조선과도정부
공보부
한국, 서울

1948년 6월 17일

딘 소장 기자 간담회 질의응답

질문 1.
울릉도에서 발생한 어선 폭격 및 기총소사에 대한 조사의 진행 경과를 알고 싶다.

답변 1.
폭격기의 정체를 파악하고자 울릉도로 조사관들을 파견했다. 상세한 조사 결과가 보고될 때까지는 공식적으로 발표할 수 없다.

(이하 생략)

Question and Answers for Gen. Dean's Press Conference (June 17, 1948)*

SOUTH KOREAN INTERIM GOVERNMENT
Department of Public Information
Seoul, Korea

17 June 1948

Question and Answers for Gen. Dean's Press Confernce

Question 1.
Will you please announce progress made in investigation of the bombing and strafing of fishing boats of Wooloong Island?

Answer 1.
To obtain the identity of planes involved, investigators have been dispatched to Wooloong Island. Until their detailed report is received it will be impossible to make an official announcement.

(이하 생략)

---

* 미국 국립문서기록관리청 소장 자료(국립중앙도서관 해외 한국 관련 기록물 사이트: RG554 〉 USAFIK: XXIV Corps, G-2 Historical Section, 1945-1948 〉 USAMGIK: Press Releases April~August 1948 〉 55. QUESTION AND ANSWERS FOR GEN. DEAN'S PRESS CONFERENCE; 기록 자료, 1948.06.17).

『조선일보』, 1948년 6월 18일, 2면

미 극동공군사령부서 독도폭격을 확인

기총소사 여부는 아직도 조사 중

동경 발 에이피 통신에 의하면 미국 극동공군사령부에서는 독도폭격사건에 관하여 세 번째 조사 발표를 하였는데 비이십구(B29) 폭격기가 폭격 연습을 하는 바람에 독도 어선이 폭격을 받았다는 사실을 확인하고 있다. 다만 고공을 날았기 때문에 어선은 보지 못했다고 우연한 불상사임을 말하고 기관총 소사 문제에 대해서는 아무 말이 없는데 정식 조사가 끝나는 대로 완전한 보고를 상사에 제출할 예정이라니까 그 진상 전모는 좀 더 기다려서 판명될 것으로 기대된다. 동 사령부 발표에 내용은 다음과 같다.

미군 측 발표*

현장 촬영 사진을 심사한 결과 독도 근해에 있는 조그마한 어선들은 B29폭격기의 고도 폭격 연습시에 바위로 간취되었던 것이 판명되었다. 조사한 바에 의하면 충승(沖繩) 기지를 출발한 B29폭격기대가 폭격을 가하기 30분 전에 정찰기가 6회나 독도 부근(북위 37도 15분 동위 131도 45분 지점)을 시찰하고 연습에 무방하다는 것을 보고하였던 것이다. 현지 부근에는 폭격 대상이 될 다수의 소도서가 있는 만큼 이 어선들도 도서로 잘못 간주된 것 같다. B29 폭격대는 2만 3천 피트 상공에서 연습탄을 투탄한 것이었으며 이들은 해상에 하등의 선박도 보지 못하였다고 보고하였던 것이다. 그러나 폭격 30분 후에 정찰기가 촬영한 사진에 의하여 이 위험지구 내에 다수의 소선박이 있음을 발견하였다. 정식 조사가 끝나는 대로 완전한 보고를 상급 사령부에 절충할 터이다.

---

* 『경향신문』, 1948년 6월 18일, 2면, "과연·독도 폭격기는 B29, 어선을 도서로 오인, 촬영한 사진으로 판명, 미 극동군사령부, 16일 정식 발표"; 『군산신문』, 1948년 6월 18일, 1면, "독도 폭격기는 B29, 어선들을 소도(小島)로 오인, 미 극동공군사령부 발표"; 『남선신문』, 1948년 6월 18일, 2면, "「렌즈」 자량(自量)이 웬 말, 어선 맹폭은 미제 B29기로 판명, 선박을 도서로 오인"; 『대동신문』, 1948년 6월 18일, 2면, "독도사건 진상 판명, 어선을 소도서로 오인"; 『대중일보』, 1948년 6월 18일, 2면, "독도폭격 희생은 B29의 작희(作戲), 어선을 소도서로 오인"; 『동광신문』, 1948년 6월 18일, 2면, "암석으로 오인하고 B29가 폭격! 독도사건 당국 발표"; 『부산신문』, 1948년 6월 19일, 2면, "얼빠진 과학이 원수! 독도 폭격은 B29, 쓰러진 원령, 도서로 오인"; 『민주일보』, 1948년 6월 18일, 1면, "독도 폭격기는 B29, 어선을 소도로 오인, 미 극동공군사령부에서 발표"; 『자유신문』, 1948년 6월 18일, 2면, "고공에서 B29 폭격, 어선을 소도서로 오인? 독도 해상의 참극 그 후의 경위 조사, 미군 극동항공대사령부 발표"; 『조선일보』, 1948년 6월 18일, 2면, "미 극동공군사령부서, 독도폭격을 확인, 기총소사 여부는 아직도 조사 중"; 『한성일보』, 1948년 6월 18일, 2면, "B29폭격이 판명, 조사 후에 상부 사령에 보고, 독도폭격사건"; 『현대일보』, 1948년 6월 18일, 2면, "독도 폭격기는 B29로 판명, 미 극동공군사령부 발표".

『현대일보』, 1948년 6월 18일, 2면

외세를 막자!

독도사건에 청총 담

청총(靑總) 선전부 담 — 약소민족의 비참한 현실은 금번 독도에서 자아낸 이 참사를 당국과 통술부(統術部)는 급속히 진상을 발표하여 책임있는 조치가 있기를 강력히 바란다. 이 민족적인 참상은 일언이 폐지하고 화급히 정부를 수립하여 국방군을 강력히 조직하고 주권을 확보함으로써만 이 외세가 침입하는 참극을 방지하고 민족의 안녕 질서를 갖출 것이므로 3천만은 육탄 무장의 각오가 있기를 바라마지 않는다.

7. 1948년 6월 19일

뉴욕타임스 사설 보도
국내 각 정당 및 사회단체의 성명

『경향신문』, 1948년 6월 19일, 2면

독도폭격사건에 원성 자자
한미 우호관계에 암영(暗影)
문제는 기총소사? 맹폭?

여론 비등

독도 근해의 조선 어선 폭격사건은 조선 민중의 분격을 자아내어 사건 진상 규명에 대한 여론이 비등하던 중 폭격을 한 비행기는 유감스럽게도 일본 오키나와(沖繩)에 기지를 둔 미국 폭격기 B29가 연습탄을 떨어뜨렸다는 것이 판명되었다.

미국 폭격기가 연습을 하다가 실수를 하였다면 어떤 사람이 어떠한 경위로 어떻게 하다가 이런 불상사를 일으키게 되었는지 자세한 진상이 응당 계속하여 발표될 줄로 알지만은 우리가 상식으로 생각할 때 비행기가 아무리 고도 비행을 하여 바위와 어선과를 구별할 수 없다고 하더라도 이 구역이 울릉도민들의 어장으로 되어 있는 만치 결과에 있어 폭탄으로 무고한 인명을 살상한 것은 당해 항공사의 엄연한 죄과라고 하지 않을 수 없으며 또 이 사건 내용이 아직 명세히 규명되지 않은 만치 문제의 핵심인 기총소사 여부와 비행사에 참으로 암석과 어선을 구별할 수가 없었느냐는 것이 밝혀져야 비로소 시비곡절을 가릴 수가 있을 것이다.

사건을 일으킨 장본인이 우리 민족이 가장 신뢰하는 연합국의 일원인 미국 항공대원이라는 데 대하여 조선 민족은 적이 섭섭한 생각을 금치 못하는 동시에 앞으로 미국과의 꾸준한 우호관계를 위하여 이번 사건의 철저한 규명을 절실히 기대하는 바로서 이하 이 사건에 대한 여론의 일단을 소개한다.

빠르고 후한 해결책 필요

여하한 설명으로도 부정할 수 없다

독도폭격사건에 뉴욕타임스 사설*

【뉴욕 18일 발 AP 합동】 뉴욕타임스 지는 독도사건에 관하여 다음과 같은 요지의 사설을 게재하였다.

만약 미국이 극동지구에서 이 이상 위엄의 손상을 받지 않으려면 미 극동공군기에 의하여 우발적으로 받은 조선 어선대 폭격사건에 인한 모든 손상 요구에 대하여 신속하고 뜻있는 해결책을 강구하여야 할 것이며 사망된 어부 유가족에 대한 손해배상을 금전으로 할 수 있는 한에서는 번문욕례(繁文縟禮)식으로서 이를 지연시킴은 용납될 수 없다. 사건 발생 현장이 폭격지구로 공고되었었다는 설명은 충분치 못하다. 즉 충분한 예비공작이 강구되지 않았던 것이다. 해안 주민들이 생계를 획득하고자 수 세기 전부터 그들의 조상 대대로부터의 어장에 출어하였다가 미기에 의하여 폭격당하여 사망하였다는 사실은 여하한 설명으로도 부정할 수 없다. 고도의 상공으로부터는 소선박을 운영 또는 해중암석과 구별하기는 곤란한 것인 만큼 미기 승무원들은 별 실책이 없는 것이다. 그러나 조선인은 사망하였으므로 미국은 참변 사건에 대하여 보상을 하지 않으면 안 된다.

---

* 원문의 뉴욕타임스 사설은 *New York Times*, June 17, 1948, "A Case for Restitution" 참조. 『공업신문』, 1948년 6월 19일, 1면, "사망한 어부 유가족에 조속히 절적(切適)한 해결책 강구하라, 뉴욕타임스 지(紙) 독도사건 평"; 『군산신문』, 1948년 6월 19일, 1면, "폭격 사실은 석명이 불필요, 유가족 문제 조속 해결 지어라, 뉴욕타임스 지 독도사건 담"; 『남선신문』, 1948년 6월 19일, 2면, "미국은 번문욕례(繁文縟禮) 말고 사망자에 후한 보상하라, 독도 참사에 미지(美紙) 사설"; 『대구시보』, 1948년 6월 19일, 1면, "독도 참극사건 보상의 지연은 단불용대(斷不容貸): 뉴욕타임스 지마저 사설로 비난"; 『민주일보』, 1948년 6월 19일, 1면, "독도사건 충격 익대(益大), 위험예방에 대실책 지극지후한 선후대책이 필요, 미지 논평"; 『부산신문』, 1948년 6월 19일, 2면, "얼빠진 과학이 원수! 독도 폭격은 B29, 쓰러진 원령도서로 오인"; 『부인신보』, 1948년 6월 19일, 1면, "사실 부정할 수 없다 신속 진사하라, 미공군 당국 위엄지키라, 독도사건에 미지의 논평"; 『자유신문』, 1948년 6월 19일, 1면, "미군 위신 유지하려면 신속코 후히 해결하라, 천연(遷延) 불가 당연히 보상해야 한다, 독도사건과 미국의 여론, 뉴욕타임스 사설"; 『조선일보』, 1948년 6월 19일, 1면, "미(美)의 위엄을 손상한 독도사건, 조상전래의 어장을 교란, 맹폭의 책임 솔직히 인정하라, 미지(美紙)도 역설"; 『조선중앙일보』, 1948년 6월 19일, 2면, "여하한 설명으로도 미기에 의한 폭격 사실 부정 불능, 뉴욕타임스 지 독도사건 논평"; 『현대일보』, 1948년 6월 19일, 1면, "조속 해결하라, 뉴욕타임스 지 평(評), 독도사건".

책임을 규명
구제책 강구하라

한민당·건민회 담화*

독도폭격사건에 관하여 한국민주당과 건민회에서는 다음과 같은 담화를 발표하였다.

▲ 한민당(韓民黨): 미국의 B29폭격기대가 독도 부근에서 어선을 폭격한 결과 다수의 사상자를 내게 되었음은 실로 유감 천만이다. 미 당국으로서는 마땅히 이 사건의 진상을 철저히 조사 규명하여 책임의 소재를 준엄히 밝혀 금후 이러한 불상사의 재발을 방지할 것은 물론이거니와 이번 사건으로 인하여 사상한 피해자 및 그 유가족들에 대하여 정중한 진사와 아울러 만전의 구제책을 시급히 강구 실시하기를 요청한다.

▲ 건민회(健民會): 전시 중에 교전국 사이에 있어서도 비무장 비전투원을 폭격한다는 것은 열정한 규탄을 받는 바로서 이것이 소위 전쟁범죄자라는 것이다. 하물며 전시도 아니요. 적국도 아닌 해방민족에 대한 폭격 행위는 이유 여하 국적 여하를 막론하고 극악무도한 야만적인 악희(惡戲)라고 밖에 말할 수 없다. 무릇 어느 나라 군대이든지 간에 해방지역에 외국군이 주둔한다는 것은 벌써 불행의 씨앗이 되고 있는 것임은 재언을 요치 않는다.

---

* 『대구시보』, 1948년 6월 19일, 1면, "책임 준엄히 추궁, 피해자 규제는 진급(進急) 한민당 담"; 『대구시보』, 1948년 6월 19일, 1면, "무도한 악행, 독도사건에 건민회 담"; 『동아일보』, 1948년 6월 19일, 1면, "독도사건 유감, 유가족 구제하라, 한민당 담"; 『수산경제신문』, 1948년 6월 19일, 2면, "한미 친선에 유감: 한국민주당 선전부 담"; 『수산경제신문』, 1948년 6월 19일, 2면, "건민회 담"; 『조선일보』, 1948년 6월 20일, 1면, "책임을 추궁, 한민 독도사건 담"

[사설]

울도(欝島) 참변에 대하여

지난 8일 오전 11시 40분경에 북위 37도 15분 동경 131도 45분 지점 근방 독도 해변에서 출어 작업 중인 어선 15척이 정체가 확실치 못한 비행기 9대의 포격과 기총소사로 말미암아 순식간에 11척이 침몰되고 사망, 행방불명, 중경상사 등 12명의 참극이 돌발된 것에 대하여는 거족적 분격을 사고 있으니 은연자적하고 있었던 바이다. 17일 동경 전(電)은 미 극동공군사령부 발표를 보도한 바에 의하면 과연 미 폭격기는 오키나와(沖縄) 기지를 출발한 보잉 29호로서 고도 폭격 연습시 조난당한 어선을 암석으로 또는 소도서로 오인하여 투탄한 것이라고 발표되었다. 다시 말하면 고의로 한 것이 아니라는 말이다. '뉴욕' 전보는 "사건 발생 현장이 폭격기지로 공고되었으나 이것은 충분치 않다."고 전하였다. 동시에 폭격 예고가 없었던 것도 사실이라 한다.

그러면 제2차 대전시 상당한 공훈을 세운 B29기가 아무리 고도비행을 하였다 하더라도 지리 지식이 없을 리 없다.

가사(假使) 극동항공사령부 발표대로 23,000척 상공이라 하면 극히 형체가 적은 어선쯤이야 도서로 오인한다는 것을 상식상 믿어지지를 않는다. 더욱이 전시에 가장 발달된 광학(光學)이다. 렌즈를 논지하면 아무리 상공이라도 식별하지 못할 리 없을 것이며 운상(雲上)에서도 적진지를 능히 촬영할 수 있었다는 것은 고지하는 사실이 아닌가. 상공에서 도서로 인정하였다면 어선도 역시 자세하게 감별될 수 있었을 것이며 심지어 조난당했다가 구사일생한 어부의 말을 들으면 선체마다 태극기를 꽂았고 동시에 의심을 면하기 위하여 국기를 흔들어 표식을 명백하게 하여 화를 면하고자 애원하다시피 하였음에도 불구하고 적선에 대한 태도로 투탄과 기총소사를 하였다 하지 않는가. 이 점도 오인은 해석하기가 매우 어렵다. 23,000피트 상공에 있는 비행기를 엽주(葉舟) 안 어부들이 반드시 폭격하리라는 상식이 있을 이치(理致)가 만무하다. 확실히 저공비행을 하고 무슨 위구감(危惧感)이 생긴 시위(示威)가 있었기에 태극기를 흔들며 살려달라고 애원하였을 것이라고 본다. 그리고 폭격 실연을 한만큼 내가 투탄한 것이 정확히 명중되었는가 안되었는가를 현장을 검증하지도 않고 그저 비행할 리가 없다고 봄으로 조난 광경을 목도하고도 구조하지도 않고 떠났다는 것은 인도적으로 용인할 수 없는 일이 아닌가? 수일 전 전패국(戰敗國) 나치스 독일 최고 의학도들이 포로병을 산 채로 의학 실험한 만행으로 극형에 필한 것도 잊혀지지 않는다. 일찍이 싱가포르 함락 당시 일(日) 군인이 비전투 수천 명을 기총으로 학살한 것도 들은 일도 있다. 이것으로 야만행위로 분노한 일이 있다. 그러면 세계에 인도주의를 제일 많이 선포하는 아메리카 군인이 또 어느 정도 코스모폴리탄 주의를 실행하는 합중국 인민이 어찌해서 이와 같은 폭행을 감행하였는가. 물론 과오든지 고의든 간 사실을 시인한 이상 충분한 조위(弔慰)가 있을 줄 아나 남의 민족을 이와 같이 미개인이나 야만시하여 살해한 후에 금품으로 위령한다는 것은 너무나 인도에 이탈된 가면 쓴 국민이라 아니할 수 없다. 좋고 궂고 간에 일점일적(一点一滴)이 우리에게는 만금(萬金)으로도 살 수 없는 귀하고 사랑하는 민족이다. 금반 이 참극을 연출한 군인은 정식조사가 완료되는 대로 가중처벌이 있어야 될 줄 안다.

『동아일보』, 1948년 6월 19일, 1면

[사설]

독도사건에 대하여

1

지난 8일 울릉도 부근 독도 해안에서 작업 중에 있던 11척의 이 나라의 어선이 소속불명의 아홉 대의 전투기의 폭격을 받고 14명의 사자와 그 외의 부상자를 낸 사건은 드디어 미 극동 항공대 사령부의 발표로서 B29의 소행으로 판명되었다.

그들의 말에 의하면 "폭격 연습 후"에 백인 사진에는 폭탄이 투하된 곳에 암석들이 솟아 있는 걸로 보아 "그늘에 있던 어선들은 바윗돌로 오인했을 것이다."는 것이다. 물론 이번 사건이 고의가 아니라 부주의에서 유래된 과실일는지도 모른다. 그러나 사실이 사실대로 드러난 오늘에 있어서도 몰살된 14명의 동포의 혼령과 함께 정의와 인도에 어긋난 그 무책임한 살인 결과에 더욱 애달프고 쓰라린 분노를 금할 수 없다.

2

어선을 바윗돌로 오인했다는 조사 보고를 그대로 전적으로 긍정하기로 하자. 그렇다고 하더라도 실탄 폭격 연습을 하려거든 왜 하필 장소가 없어 이 나라의 선량한 어부들이 목선을 타고 고기 잡는 곳에서 해야 한단 말인가. 폭격 실험장을 선택하려면 미리부터 면밀한 조사와 설계가 있어야 할 것이다. 아무리 바쁜 세상이라도 사람이 내왕하는 곳쯤은 미리 살펴두어야 할 것 아닌가. 만일 이 정도의 성찰도 없이 설정된 한국 근해의 폭격 시험장이라면 우리는 우리 민족과 인류 전체의 이름으로서 말소(抹消)를 요구하지 않을 수 없다.

3

인류는 지금 제2차의 대전의 경험을 통해 새로운 평화와 공□책(共□策)을 찾아야 할 단계에 놓여 있다. 민족과 민족은 그 증오나 멸시나 과실 등으로서 상극(相克)할 때가 아니라 실로 그 치밀한 성의(誠意)와 주도(周到)한 애정(愛情)으로서 서로 부조(扶助)해야 할 때인 것이다. 미국과 한국의 경우는 더욱이 그렇다. 이러한 때 이번 사건의 발생은 참으로 천추의 유감이라 아니할 수 없는 것이다. 하지 중장이 성명한 것처럼 피해자에 대한 만반의 대책이 강구되기를 바라마지 않거니와 미 극동항공대사령부로서도 3천만 동포 앞에 충심의 사과가 있어야 할 것이요. 두 번 다시 이런 일이 우리 강토의 근해에서 발생치 못하게 하기 위하여 미군 당국에서는 한국 근해에서의 폭격 실험장의 철폐와 3천만 민족에게는 자주적 경계를 거듭 요청하는 바이다.

『부산신문』, 1948년 6월 19일, 2면

양군 철퇴하라

독도사건 태도 애매하다

삼균주의 청동 부산지위 담

삼균주의 청년동맹 부산지구 위원회에서는 독도사건에 대하여 다음과 같은 요지의 담화를 발표하였다. 남한 지역 내 독도에 발생한 과학적 살육사건에 관하여 당일부터 10일이나 경과한 16일에야 겨우 애매한 발표가 있었는데 우리들은 그 무성의함에 민족적 비문을 불금하는 바이며 극악무도할 야만적 행위가 고의든 과실이든 간에 살인자를 엄중 처단하는 동시에 즉시 양군이 철병하기를 바란다.

『수산경제신문』, 1948년 6월 19일, 2면

독도폭격사건 진상에

어민의 의혹과 공포는 더욱 증가

지난 8일 독도 근해에서 돌발한 어선 폭격사건은 그간 국내에 상당한 충격을 주어 50만 어민은 물론 3천만 동포 다같이 격분에 넘쳐있는데 이 커다란 참사의 정도가 도의 없는 청천백일 하에 폭로되었다. 즉 외선이 극동항공대사령부 발표다 하여 전하는 것을 보면 이번 폭격사건은 오키나와 기지를 떠난 B29비행기의 연습 중 어선을 섬으로 오인하고 일으킨 실수라고 한다. 과연 실수로 미루어 버릴 수 있는 것일까? 정말 이러한 실수가 세계적으로 우수한 과학력을 가졌다는 미 공군으로서 긍정할 수 있을 것일까? 우리는 참으로 의아를 느끼지 않을 수 없다. 더구나 조난자 목격담을 들으면 저공비행으로 달아나는 어부를 추격, 기총소사까지 하였다 하니 이 어찌 배를 섬으로 잘못 본 소위일까? 우리는 여기서 더 실수의 여부를 추궁코자 하지 않는다. 다만 해방의 선물을 갖다준 □□이 폭탄으로 우리의 어민이 희생되었다는 이 점만을 우리는 중대시하며 유감으로 여기는 바이다. 이번 사건으로 말미암아 자라나는 조선의 수산이 또한 암초를 맞으니 이는 즉 어민들이 출항을 그리고 전전긍긍 하고 있는 것이다. 이에 있어 책임 당국은 조속히 대책을 세우는 동시 피해자에 대한 적극적인 구제책을 세워야 할 것이다.

이해키 어려운 일

수산국장 담화

미 극동항공사령부의 독도 폭사 사건 진상 발표에 의하면 배[船]와 섬[島]의 구별을 못하고 맹폭하였다는 것은 희생 어민의 생명 재산을 위하여 유감천만으로 생각된다. 동 사령부에서는 무변대해(無邊大海)를 저치하고 하필 어장의 일대 근거지인 독도 근해를 기지 삼아 폭격 연습을 감행할 이유가 나변에 있는지 보통 상식으로선 이해키 어려운 일이다. 앞으로 이렇

듯 불상사를 상기할진대 어찌 50만 어민이 안심하고 생산 증강에 전념할 수 있느냐?

민족자주련 담

금반 사건은 인도상으로나 국제 정의상 용인 못할 만행이다. 미군 당국은 이 사건의 진상을 철저히 규명하여 3천만 동포 앞에 명시하여야 할 것이다. 나라 없고 주권이 없이는 앞으로도 이와 같은 불상사를 면치 못할 것이다. 그러므로 하루빨리 남북을 통일한 자주독립이 실현되어 부강한 조국을 건설하자.

책임지라

전평(全評) 담

지난 8일에 일어난 독도사건은 도저히 용인할 수 없는 일이다.

이 사건에 관하여 미군 당국은 책임을 져야 할 것은 물론이요. 그것만으로서는 충분치 않다.

미군의 책임을 □□□다.

「조선중앙일보」, 1948년 6월 19일, 2면

여하한 설명으로도

미기에 의한 폭격 사실 부정 불능

(중략)

자주학생총연맹

이는 인도상으로나 국제 정의상 용서 못할 만행이다. 하등의 이유 없는 이와 같은 대량학살은 참을 수 없는 민족적 통분사이다. 나라 없고 주권이 없이는 앞으로도 이와 같은 비통사를 면치 못할 것이다. 그러므로 하루빨리 남북을 통일한 자주독립이 실현되어 부강한 조국을 건설하여야 하겠다.

각정당협의회 담

극동공군총사령부는 이 사건을 우리 민족 앞에 솔직히 사과하는 동시에 그 진상을 발표하여야 할 것이거늘 여전히 애매한 관용적 언사를 써서 이 사건을 암암리에 매장시키려고 하는 것 같은 인상을 줌은 심히 유감이다. 우리는 그 책임의 소재를 추궁하는 바이다.

건민회 담

이 문제의 해결은 어느 때까지든지 우리가 완전 자주독립을 갖는 날까지 보류하는 수밖에 없다. 무릇이 어느 나라 군대이든 간에 해방 지구에 외군이 주둔한다는 것이 벌써 불행의 씨앗이 되고 있는 것이다. 양군 철퇴를 반대하고 국제상 편당적인 모국군을 철퇴하고 모국은 재류를 요청한다는 것이 과연 □□의 세계정세에 있어서 조국의 재건과 평화를 기도하는 진정한 방법이 될까 하는 점에 큰 교훈을 주는 것이다.

전국농련회 담

독도폭격사건이야말로 우연한 일이 아니다. 참으로 가장 참혹한 장면이 가장 노골적으로 우리 인민 앞에 벌어진 것을 알아야 할 것이다.

반일구원회 담

오늘 자기의 손으로 주권을 행사하지 못하고 있는 우리로써 이와 같은 야만적 행위를 국제법적으로 규탄할 길이 막혔다 할지라도 우리는 이와 같은 만행을 도저히 묵과할 수 없는 것이다.

근로대중당 담

미 공군의 기술이 부동하는 암석과 움직이는 선박을 구분치 못하고 폭격하였다는 것은 인정치 못할 것이다. 그 공군부대를 군법에 의하여 처단하고 우리 민족에게 진사하라.

민애청 담

우리는 날이 갈수록 심해가는 민족을 모욕하는 행동과 동포에 대한 비도덕적 학살을 철저히 규탄 폭로한다. 조국의 자유 독립과 인민 생명의 보존을 위하여 미군의 즉시 철퇴를 강경히 주장한다.

민주학련 담

조선 민족에 대한 멸시의 표현이다. 이 사건에 대하여 인민대중 앞에 사과하며 평화로운 이 땅에서 물러가기를 바란다.

학병거맹 담화

이것은 과연 누구의 명령으로 무슨 목적으로 한 것인가? 관계 당국은 양심적이고 책임있는 책임 규명을 하기 바라며 외군의 철퇴를 요청한다.

한국민주당 담

미국의 B29폭격기가 독도 부근에서 '어선을 소도로 오인하여' 폭격한 결과 다수의 사상자를 내게 되었음은 실로 유감천만이다. 미 당국으로서는 차제에 마땅히 해(該) 사건의 진상을 철저히 조사 규명하며 책임의 소재를 준엄히 밝혀야 할 것이다.

조미(朝美) 관계의 정상성(正常性)

안민세(安民世)

1

독도 부근 바다에서 조선 어선에 폭총격을 가하여 14명의 사망자와 11척의 선박 파괴와 그 외의 상당수의 부상자를 낸 모국 비행기란 것은 미국 극동항공대에 속한 B29호의 행한 일인 것이 발표되었다. 그 일 있은 것이 불행한 유감사이고 이것이 가장 신애 협조할 사이인 조미 간의 관계사항인 것이 또 불행한 유감사(遺憾事)이다. 사전에 정찰한 비행기가 독도 일대의 암석군과 그 부근에 헤여져 있는 어선들은 명백히 분간치 못한 것이 첫 과실이오. 그 보고를 그대로 곧이 듣고 덮어놓고 폭격을 가한 것이 둘째 과실이다. 태극기를 휘둘러 그 소속 국민의 누구임을 표시하였으나 오히려 총격을 가하였다고 피해자인 어민들이 주장하였는데 미군 측에서는 이런 일 없었다고 발표하였으니 이 점은 최종적인 규명을 기다리기로 한다.

2

이 일 있은 후, 조선인은 민족적 분노를 느낀다고 적지 않게 흥분하였다. 폭격자가 누구인지 모르는 경우에도 분노할 만하고 그것이 미국인이라고 인식된 때에도 가장 신애(信愛)할 국민으로서의 의외의 사고임에는 도리어 반발적인 실망의 어선 있을 수 있다. 그러나 2만 수천 척의 고공에서 암석과 어선의 식별이 안되어 방심하고 폭격 연습을 한 것이라고 하니 고의의 일이 아닌 것을 우선 승인(承認)할 수 있고 문제는 총격 사실의 유무이다.

3

이 사건이 조선 주둔 미 항공대의 한 짓이 아닌 것이 착안점이니 그들은 조선인 관계에 관하여 일층(一層) 면밀한 주의를 한다는 사실인 것이다. 오인(吾人)은 이러한 주의력을 극동항공대원 전원들이 가져주기를 바란다. 그리고 남조선 미 주둔군 사령관 하지 중장이 그에 대한 책임있는 성명 및 공약을 선포한 것을 타당타고 한다. "미군 당국으로서는 사망자의 유가족 및 피해자들을 위하여 만반의 대책을 강구할 것을 조선 국민에게 보장함과 또 미군이 그 책임을 져야 한다는 것이 판명되면 그 책임은 도저히 회피할 수 없을 것"이라고 표명한 것이다. 이 책임 문제에 관하여는 (1) 있는 대로의 발표와 (2) 망설임이 없는 남성적인 자인(自認)과 (3) 우호적인 적정(適正) 유족한 대책을 행하여 아끼지 말아야 할 것이다. 이렇게 하는 것에 인하여 조미 관계의 애오라지의 의점(疑點)이 명랑(明朗)하게 불식될 것이오. 상호의 신뢰가 시련을 겪어 확고함을 얻을 것이다. 조선인의 정당한 의사는 결코 미국 측의 흠집을 찾아 일부러 우호를 상케 하고자 함이 아니오. 다만 형극을 헤쳐 걸어오는 그들의 길이 왕왕 울분을 품기 쉽게 된 국제 환경으로 되어 있을 뿐이다. 문화와 전통을 멀리한 양개의 민족이 협력하여 국제적 난국을 타개하는 데는 왕왕 이러한 불로(不慮)의 재난도 있는 것이나 결코 그 영원한 정상성을 파괴함을 허(許)치 않는다. (드티히) 조미(朝美) 각계에 고한다.

8. 1948년 6월 20일 ~ 22일

주한미군 소청위원회 구성

『동아일보』, 1948년 6월 20일, 2면

미군 조사위원회서 현지조사에 착수

독도폭격사건에 대처

공보부 발표*

동해의 고도 독도에서 발생된 조선 어선 피습사건에 관하여 미 극동항공대에서 미 군용기 'B29'의 소행임을 자인하고 방금 그 진상을 계속 추궁 중에 있거니와 이번 사건에 관하여 작(昨) 19일 공보부에서는 조선 주둔 미군 사령부에서도 조사 중이라고 다음과 같은 특별 발표를 하였다.

"조선 주둔 미군 사령관은 조사위원회를 조직하여 피해의 정도와 그 피해에 대한 적당한 배상액을 결정하고자 동 위원을 조선 동해안과 울릉도에 파견하였다. 동 위원회는 현장에서 최후적으로 판정할 권한이 있으며 또 동 조사가 끝난 후 배상을 하는 것이 정당하다고 판명되면 곧 청구액을 지불할 권한이 있다."

---

* 『공업신문』, 1948년 6월 20일, 2면, "관련 있으리란 추측 하, 배상액을 조사차 파견, 독도 어선 폭격 사건"; 『경향신문』, 1948년 6월 20일, 2면, "소청위원회조직, 현지조사 후 배상액 결정, 독도사건 그 후 공보부장 발표"; 『대구시보』, 1948년 6월 20일, 1면, "독도 소청위회 조직"; 『대중일보』, 1948년 6월 20일, 2면, "독도사건 소청위 조직"; 『부인신보』, 1948년 6월 20일, 1면, "소청위원회 파견, 배상액을 강구, 독도사건"; 『수산경제신문』, 1948년 6월 20일, 2면, "배상액 결정 지불코자 미군 당국 소청위원회 설치, 독도사건"; 『자유신문』, 1948년 6월 20일, 2면, "손해배상하게 미군 소청위원회 구성, 독도사건"; 『조선일보』, 1948년 6월 20일, 2면, "배상지불에 대처, 특별 소청위원회 설치, 독도사건에 공보부 발표"; 『조선중앙일보』, 1948년 6월 20일, 1면, "독도사건 손해배상에 미군 당국 소청위원회를 설치"; 『한성일보』, 1948년 6월 20일, 2면, "소청위원회 조직, 독도사건 피해에 배상"; 『현대일보』, 1948년 6월 20일, 2면, "배상액 결정차 미 측 소청위원 파견, 독도사건".

독도사건 손해배상

미군 당국 소청위원회 설치**

【서울 UP 특파원 제임스·로우퍼 발 조선】 미군 당국은 지난 6월 8일 조선 해안에서 일어난 폭격사건에 미국기가 진실로 관련이 있을 때에 조선인 피해자에 대하여 현지 지불을 하기 위하여 특별 소청위원회를 설치하였다.

미국 점령군 사령관 존 R. 하지 중장은 극동항공대 소속기가 사건에 관련이 있을지도 모르는 사정에 비추어 이 위원회를 설치하였다고 말하였다. 그리고 소청위원회 대표자가 피해와 이에 대한 적당한 배상을 판정하기 위하여 조선 동해안과 폭격사건이 있었던 일본해(동해) 내 울릉도에 파견되었다. 이 위원회는 조사를 마치고 배상 지불이 정당한 것으로 판정되는 때에는 현지에서 최후의 결정을 하고 소청에 대하여 지불을 할 권한을 가진 것이다.

** 『대동신문』, 1948년 6월 20일, 2면, "독도소청위원회 조직".

남조선과도정부
공보부
한국, 서울

1948년 6월 19일

특별 보도자료

오늘 주한미군사령부는 독도폭격사건에 대한 조사가 아직 진행 중이라고 밝혔다. 극동군 비행기의 관련 가능성을 고려하여 주한미군사령관은 소청위원회를 구성했고, 피해 규모를 파악하고 적절한 보상액을 결정하기 위해 6월 18일 한국 동해와 울릉도로 소청위원회를 파견했다. 소청위원회는 현장에서 최종 결정을 내릴 수 있으며 조사가 완료되고 배상이 타당하다고 증명되는 즉시 보상금을 지급할 수 있는 권한을 보유한다.

Special Press Release (June 19, 1948)*

SOUTH KOREAN INTERIM GOVERNMENT
Department of Public Information
Seoul, Korea

19 June 1948

SPECIAL PRESS RELEASE

With reference to the Tok Do bombing incident Headquarters USAFIK announce today that investigations in Korea and the Far East Command are still continuing. In view of the indications that airplanes of the Far East Forces may have been involved, the Commanding General USAFIK has established a Board of Claims and has sent the Board on June 18 to the east of Korea and to Ulleung Do to determine amount of damage done and reparations adequate to reimburse losses incurred. This Claims Board has authority to make final decisions on the spot and to pay claims just as soon as investigations are completed and payment is found to be justified.

---

* 미국 국립문서기록관리청 소장 자료(국립중앙도서관 해외 한국 관련 기록물 사이트: RG554 〉 USAFIK: XXIV Corps, G-2 Historical Section, 1945-1948 〉 USAMGIK: Press Releases April~August 1948 〉 53. Special Press Release: 기록 자료, 1948.06.17).

『조선중앙일보』, 1948년 6월 20일, 1면

일 재무장 반대

독도사건에 격분!

한독당 담*

한독당 선전부에서는 16일 현하 중대 사건에 대하여 다음과 같이 담화를 발표하였다.

1. 미국의 대일정책을 각 방면으로 보아 일본을 재무장시키려 함이 분명하다. 이는 제2차 대전의 위대한 업적를 말살하는 것이요. 또 침략주의를 조장 부활시키려는 것으로 아니 볼 수 없다. 그러므로 세계 □□국가를 □□하고 모두 이를 찬동할 국가는 없을 것이다. 만일 있다면 오직 일본만이 환영하고 있을 것이다. 40년간 왜(倭) 침략자와 결사 항전하여 오던 한국 민족으로서는 단연코 총궐기하여 분쇄하고야 말 것이다.
2. 독도사건은 참으로 해괴한 일이었다. 우방 미국 더구나 과학이 고도로 진보되고 숙련된 미 공군의 손으로서야 이런 일을 저지를 리가 만무할 것이요. 또는 하필 우리 영토 우리 인민을 시험 목표물로 선택할 리도 없으리라고 생각된다. 다만 미국이 일제를 재무장시키기 위하여 소위 특공대를 훈련시키고 있다 하므로 그 왜적들의 소위가 아닐까 감히 우려되고 격분되는 바이다.

(이하 생략)

---

* 『경향신문』, 1948년 6월 20일, 1면, "미, 일 대책 등 한독당 담화"; 『수산경제신문』, 1948년 6월 20일, 2면, "사건은 해괴(駭怪), 한독당 선전부 담(談)".

독도사건에
유련(儒聯) 한국 학생 성명

17일 전국유교연맹과 한국독립학생전선에서는 이번 독도사건에 대하여 민족적 분노를 발하는 성명서를 발표하였다.

한국에 소청위원회 구성

6월 19일, 서울 (INS)—6월 8일 울릉도에서 한국 어선이 폭격되며 발생한 피해에 대한 보상금을 결정하고 지급하기 위해 한국 동해안에 미국 소청위원회가 파견되었다.

수요일 도쿄의 미국 극동공군사령부는 폭격에 대한 책임을 인정하며 폭격에 투입된 B-29기에서는 어선을 전혀 탐지하지 못했다고 발표했다.

어제 서울에서는 존 R. 하지 중장이 소청위원회를 구성했음이 발표되었다. 소청위원회는 각 사건에 대한 조사가 완료되고 보상금이 타당하다고 입증되면 즉시 최종 결정을 내리고 지급할 권한을 보유한다.

한국 언론사에서는 이번 폭격으로 한국 어민 9명이 목숨을 잃었다고 전했다.

Board Of Claims Set Up In Korea**

SEOUL, Jun 19 (INS)—An American Board of Claims has been sent to the South Korean east coast to determine and pay reparations for losses incurred in the June 8 bombing of Korean fishing boats of Ulluang-Do.

The United States Far Eastern Air Force headquarters in Tokyo, Wednesday, assumed the responsibility for the bombing, announcing that the fishing boats were not observed by any of the B-29s engaged in target bombing.

It was announced in Seoul yesterday that the Claims Board was set up by Lt. Gen. John R. Hodge. The board has the authority to make final decisions on the spot and pay claims after investigation in each case is completed and payment found to be justified.

The Korean News Service stated that nine Korean fishermen had been killed in the bombing.

---

* 미국 국립문서기록관리청 소장 자료(국립중앙도서관 해외 한국 관련 기록물 사이트: RG554 〉 USAFIK: XXIV Corps, G-2 Historical Section, 1945-1948 〉 Historical Journal of Korea, June-August 1948 〉 21. Airplane bombs, sinks Korean fishing boats: 발췌문, 1948.06.13).

** *Nippon Times*, June 19, 1948, "To Fix Reparations, Claims Board to Probe Losses Caused by Bombing".

피 끓는 동지애 발휘
서해 어민들 수(遂) 궐기
관계 요로(要路)에 항의문 발송 결의

독도사건

지난 8일 일본해(동해) 안 독도에서 발생한 미 극동항공대에 우리 어선 폭격사건은 누차 보도된 바와 같이 약소민족의 비애와 아울러 민족적 격분이 절정에 달하고 있는데 드디어 수산계의 궐기를 보게 되었다.

경기도 황해 수산단체역원협의회에서는 개회 벽두 덕적(德積) 어업조합 이사 정범수(鄭範壽) 씨의 긴급동의로 독도사건에 대하여 관계 요로에 항의를 제출하자는 제의가 있어 각 어업조합 이사들은 울분이 한꺼번에 터진 것 같은 어조로 찬성 의견이 진술된 다음 의장 김승조(金承祚) 씨로부터 우리는 한민족에 피로 얽힌 동족애와 다 같은 어민으로서의 동지적 입장에서 이 울분을 관계 요로에 호소하는 동시 신속한 구제책을 관계 당국에 건의하자는 발언이 있어 만장일치로 가결하고 즉시 김승조 씨를 비롯하여 항의문 기초위원 5명을 선정하였는데 문안 작성이 끝나는 대로 관계 요로에 항의서나 진정서를 제출키로 되었다고 한다.

동해여 말하라!
독도사건 동포 애사(哀詞)

신영철(申瑛澈)

동해여 말하라! 나의 사랑하는 동포 14명은 어찌하여 뉘 손으로 그 생명을 빼앗겼는가? 나의 동포는 무슨 죄 있기에 수천 년 조종(祖宗)의 피로 지킨 내 나라의 바다 위에서 이방인의 총탄에 피를 토하고 쓰러졌는가?

시베리아의 매운바람, 눈과 얼음이 녹아 흐르는 한류와 태평양 검은 물결이 서로 만나 부딪혀 소용돌이치는 외로운 동해의 독도! 이 섬에서 배 띄워 사는 우리들에게 죄가 있을진대 한아비 태고의 아득한 옛날부터 자식은, 아비의 손자는, 할아비의 아내는, 남편의 아우는 형의 생애를 지켜 물결 사나운 이 바다 위에 나무 조각배 둥실 띄워 바닷물 떠서 주린 배 채우며 혹은 정어리 미역이랑 그물 걷고 혹은 모랫가 새우 조개랑 주워 어린 자식들 끼니를 이은 죄 밖에 무슨 죄 있는가!

동해여 말하라! 나의 사랑하는 동포 14명과 우리의 배 11척은 어찌하여 뉘 손으로 그 생명을 빼앗겼는가? 뉘 생각했으리 '해방'되었다는 이 국토의 영해(領海)에서 난데없는 푸른 하늘의 불벼락을 맞고 이 나라의 근면한 인민이 쓰러질 줄이야!

동해여 말하라! 나의 동포는 어이 죽었느뇨? 마지막 숨결이 하늘을 쳐다볼 때 왜 죽는 줄이나 알고 죽었는가? 누가 쏘는 것인가 알고나 죽었는가? 훨훨 나는 갈매기의 날개가 얼마나 부러웠겠느냐? 태극기를 휘둘렀으나 빗발치는 총알이 태극기를 알쏘냐! 물에 잠겨 사는 새우, 고등어만도 못한 인생을 얼마나 저주하였으리!

밥인들 넉넉히 먹었으며 옷인들 입을 것을 입었더뇨. 불상하다 동포여! 오막살이집에서 기다리던 부모, 형제, 처자의 놀람과 슬픔이 그 어떠하리 어떠하리……. 누가 말하느냐 조그만 사건이라고, 누가 비웃느냐 감상(感傷)이라고. 한 사람의 동포가 까닭 없이 맞아 죽음은 3천만이 맞아 죽음이요. 한 사람이 짓밟힘은 3천만이 짓밟힘이 아니냐!

동해여 말하라! 나의 사랑하는 동포를 죽인 비행기는 어느 나라의 것이며 총을 겨눈 자의 국적은 어느 곳이냐!

하늘을 나는 한 마리의 새, 땅 위에 기어가는 한 마리 개미도 그 생명을 존중할 줄 알며 한가지의 꽃, 한 떨기 풀에도 대자연의 숨결을 감오(感悟)함이 문명인의 자랑이거든 이 일이 어찌 자유의 용장(勇將) '워싱턴', 인도(人道)의 투사(鬪士) '링컨'의 자손이 저지른 과오라 믿을 수 있느냐? 이 일이 어찌 파시스트 일제(日帝)를 쳐부순 '정의!'의 군대가 한 짓이라 믿을 수 있느냐, 이런 일은 일제 36년간에도 없었던 것이다.

진실로 우리의 뜨거운 눈물은 원한(怨恨)의 바다 물결처럼 굽이치며 3천만의 온몸에 통분(痛憤)의 피는 역류하나니 우리가 동포를 통곡함은 한갓 동포임을 통곡함이 아니요. 오로지 인도와 정의를 위하여 통곡함이요. 세계 평화와 인류의 양심을 위하여 통곡함이다.

동해의 푸른 물결이여! 소리쳐 말하리. 말 있되 다하지 못하고 눈 있되 다 보지 못하는 이 나라 이 인민을 위하여 그 생명과 재산이 조종분묘(祖宗墳墓)의 땅에서 공공(公公)히 대낮에 위협당하는 가련한 이 민족을 대신하여 하늘에 솟아쳐 울부짖으라! 아아! 백두산 숲에 풀 베는 목동에서 제주도 바닷가에 조개 줍는 처녀에 이르기 뉘 이 나라의 자유를 위해 그 생명을 아낄 것이뇨. 그래 이렇게도 사람이 죽어야 한단 말이냐? 이렇게도 기막힌 일이 있어야 옳단 말이냐? 죽어도 눈 감지 못하는 동포들아 얼마나 억울할고 얼마나 원통할고. 살아있는 우리는 더욱 더 억울하고 더욱 원통하여라!

이제 결연히 눈물 씻어 닦고 고천분향(告天焚香)하노니 불귀(不歸)의 고혼(孤魂)들이여 길이 조국의 영광과 민족의 자유를 위하여 싸우는 우리를 보우하시라. 손 고쳐 다시 분향하노니 다시는 모욕받지 않는 백성으로 자유국에 태어나시라. 이마 조아리어 세 번째 분향하노니 온 누리의 눌린 자를 풀며 쓰러지는 자를 일으키기 위한 영원한 성광(星光)이 되시라!

내 이제, 조널이 이 일문(一文)으로써 안으로는 희생 동포의 영령을 달래며 밖으로는 세계의 여론에 호소하며 인류의 양심에 항론(抗論)하노라! (필자 중앙대학 교수)

9. 1948년 6월 23일 ~ 25일

독도폭격 연습 중단 하지 중장 일본 방문

『남선경제신문』, 1948년 6월 23일, 2면

독도의 동포 폭격한 미군 극형에 공개 처단하라

경북도 문련(文聯) 담화 발표

경북도 문련(文聯)에서는 앞서 독도 근해에서 발생한 미국 비행기의 동포 폭·총격 사건에 대하여 미국 당국의 무성의한 태도에 대하여 22일 다음과 같은 요지의 성명서를 발표하였다. 독도 부근에 출어한 동포의 선박에 대하여 미국 비행기 편대가 무도하게 폭·총격으로 동족 14명의 생명을 빼앗고 다수의 부상자와 막대한 피해를 입힌 참사에 대하여 최근 일방에서는 위자료로 간단히 해결하려는 등은 타산적이오. 금력 만능주의적 사실로서 인명을 사려는 태도이다. 우리는 동족의 생명을 '달러'로 환산할 수 없다. 미국이 만약 조선인의 생명을 추호(秋毫)라도 존중한다면 무조건 즉시 철거함과 동시에 독도 참변의 과실을 알거든 국가적 입장에서 진사하고 해당 군인을 극형에 공개 처단하라.

약소민족에 신의 지키라
근민당서 담화

근민당(勤民堂) 대구시위(大邱市委)에서는 일인(日人) 입국 문제와 독도사건에 대하여 이러한 전 민족적 분노는 약소민족일수록 새삼스러운 체험이 안 될 수 없는 바로 이 문제 해결은 오로지 과반(過般) 소군(蘇軍) 대량 철퇴로 우의적 태도를 표시한 바 같이 미군도 하루 빨리 퇴거함으로 약소민족에 대한 신의를 지킬 수 있다는 요지의 담화를 22일 발표하였다.

『동아일보』, 1948년 6월 23일, 1면

하지 중장 돌연 동경에* 맥 원수와 회담 예정 어선 폭격 사건도 협의

【동경 22일 발 UP 조선】 남조선 미국 주둔군 사령관 존 R. 하지 중장은 맥아더 원수 사령부를 방문하기 위하여 21일 오후 서울로부터 공로(空路)로 동경에 도착하였다. 맥아더 사령부 당국은 하지 중장의 돌연한 동경 내방의 이유 또는 그의 사명은 전연 알 수 없다고 말하였다. 그런데 조선에 있는 미군 사령부는 맥아더 원수 관할하에 있는 것이다. 하지 중장의 돌연한 내방은 그가 안전하고 더욱 큰 C54 수송기를 사용치 않고 C47 수송기로 비행한 사실에 비추어 더욱 기이한 감을 주고 있다. '서울' 내전(來電)에 의하면 하지 중장은 맥아더 원수와 협의하기 위하여 동경으로 향하였다고 공식 발표되었다 한다. 그러나 조선에 있는 군사령부는 그가 협의할 제목에 언급하지 않고 있다. 이 협의할 제목은 6월 8일의 일본해(동해)에서의 우발적 폭격 사건으로 사망한 14명의 조선인에 관한 배상 문제일 것으로 보인다. 재(在)동경 극동항공대는 이상 사망에 대한 책임을 수락하지 않고 있으나 추후로 조선 선박이 사진에 의하여 발견된 구역에 미국기가 폭탄을 투하한 것은 인정하고 있다. 이 문제는 정당들이 반미 선전부에 이용하게 되며 남조선에 있어서 미국 위신에 불리하게 되었다. 하지 중장은 피해 어부 가족의 소청을 조속히 해결하기를 희망하고 있다 한다.

---

* 『경향신문』, 1948년 6월 23일, 1면, "표연(飄然)·동경에 어선폭격사건 협의?"; 『경향신문』, 1948년 6월 23일, 1면, "첨성대"; 『대한일보』, 1948년 6월 23일, 1면, "하 중장 동경 돌현(突現), 맥 원수와 회담 예정, 어선 폭격 사건도 협의 호(乎)"; 『한성일보』, 1948년 6월 23일, 1면, "하 중장 돌연 동경행, 맥 사령과 회담코 귀환".

『동아일보』, 1948년 6월 23일, 2면

금후 독도 부근 중심한 폭격 행위 금지*

미 당국 발표

지난 6월 8일 동해 바다의 고도인 독도 부근 어선을 미국 비행기가 폭격하여 14명의 사자를 낸 사건은 아직도 우리의 기억에 새롭거니와 이에 대한 세밀한 조사를 하는 한편 강구 중에 있던 미군 당국에서는 22일 대략 다음과 같은 중간발표를 하였다.

"이번 독도 불상사에 비추어 앞으로 이 섬을 중심한 일체의 폭격 행위는 마땅히 금지될 것이다."

---

* 『대구시보』, 1948년 6월 23일, 1면, "독도 부근의 폭격 연습 중지"; 『수산경제신문』, 1948년 6월 23일, 2면, "폭격 연습 중지 조선 주둔 미군 당국 발표"; 『자유신문』, 1948년 6월 23일, 2면, "미 공군 독도 연습을 중지"; 『조선일보』, 1948년 6월 23일, 2면, "독도 부근 폭격 연습 중지"; 『조선중앙일보』, 1948년 6월 24일, 1면, "독도 부근 폭격 연습 중지 조선 주둔 미군 당국 발표"; 『한성일보』, 1948년 6월 23일, 2면, "미국 공군 독도 부근 연습 중지"; 『현대일보』, 1948년 6월 23일, 2면, "미군 독도 폭격 연습 중지".

남조선과도정부
공보부
한국, 서울

1948년 6월 22일

특별 보도자료

지난주 리앙쿠르암(독도)에서 발생한 안타까운 한국 어선 폭격사건과 관련하여 오늘 주한미 군정청은 해당 위치의 모든 폭격이 중단되었다고 발표했다. 끝.

Special Press Release (June 22, 1948)*

SOUTH KOREAN INTERIM GOVERNMENT
Department of Public Information
Seoul, Korea

22 June 1948

SPECIAL PRESS RELEASE

In view of the unfortunate incident involving accidental bombing of korean fishing craft at Liancourt Rocks (Dok Do) last week, all bombing there has been stopped, it was announced by American authorities here today. END.

---

* 미국 국립문서기록관리청 소장 자료(국립중앙도서관 해외 한국 관련 기록물 사이트: RG554 〉 USAFIK: XXIV Corps, G-2 Historical Section, 1945-1948 〉 USAMGIK: Press Releases April-August 1948 〉 51. Special Press Release; 기록 자료, 1948.06.22).

『조선중앙일보』, 1948년 6월 23일, 1면

독도사건에 각 단체 성명

독도사건에 대하여 조선과학동맹, 서울시문화단체연맹, 재일조선인연맹 서울위(委), 반일운동자구원회 서울시 지부, 전국유교연맹 중위(中委) 등 각 단체에서는 평화적 어선단에 대한 미국 비행기의 폭격사건은 근대 과학의 최고봉을 과시하는 B29의 6차에 의한 정찰에도 불구하고 가동 선박을 소도서 및 암석으로 오인했다 함은 부당(不當)적 구실에 불과한 것이어서 그 책임 규명을 강렬히 주장한다. 이 사건은 오로지 외군 주둔 하에 있어 통일된 주권을 갖지 못한 약소민족의 비애를 절실 반영하는 것이니 미군은 소련의 제안대로 동시 철퇴하여 모든 문제를 조선인에 일임할 것을 요구하는 성명서를 발표하였다.

하지, 맥아더와 논의

UP

주한미군사령관 존 R. 하지 중장은 맥아더 장군과의 회담을 위해 하루 동안 일본을 방문한 후 항공기를 통해 사령부로 복귀했다.

하지 중장은 오전 10시 27분 C-47기로 하네다 공항에서 출발했으며, 전반적인 정책 문제를 논의하고자 도쿄를 방문한 것으로 알려졌다.

예기치 못한 일본 방문의 목적에 대한 공식적인 발표는 없었다.

총사령부의 고위 관계자는 하지 중장이 도쿄를 방문하기로 결정한 이유는 알려진 바 없으며, 오후 2시 55분에 하네다 공항에 도착하기 전에 그의 방일 사실을 알고 있었던 사령부 관계자도 거의 없었다고 말했다.

UP가 서울에서 보도한 내용에 따르면 한국에서 하지 중장의 출국 사실은 발표되지 않았다. 서울의 공식 대변인은 하지 중장이 맥아더 장군과 회담을 가질 것이라고 했으나, 논의의 주제를 자세히 밝히는 것은 거부했다.

그러나 일본과 한국에서 들려오는 소식에 따르면 하지 중장이 주한미군사령부가 당면하고 있는 전체적인 군사적 및 외교적 상황을 자신의 상관과 논의하기 위한 자리를 요청했다고 한다.

한국의 민정 문제에 있어서 하지 중장이 맥아더 장군의 지휘를 받지는 않으나, 그의 군사적 지휘권은 맥아더가 이끄는 극동군사령부의 휘하에 있다.

(공군 촬영 사진: 어제 하네다 공항에 도착한 남한 점령군 사령관 존 R. 하지 중장을 P. J. 뮐러 소장과 이반 L. 파먼 준장이 맞이하고 있다.)*

---

* 기사 원문에는 사진이 있으나 번역문에서는 생략함.

Stars and Stripes, June 23, 1948*

Hodge Confers With MacArthur

By United Press

Lt. Gen. John R. Hodge, commander of U.S. Forces in Korea, returned to his headquarters by plane this morning after a one day visit to Japan for conferences with General MacArthur.

Hodge took off from Haneda Airport in a C-47 at 10:27 a.m. It was believed that he came to Tokyo to discuss general policy matters.

There was no official announcement of the purpose of his unexpected visit.

High GHQ officials said they had no indication of the reason for Hodge's decision to come to Tokyo. Few GHQ officials knew of the visit prior to the general's arrival at Haneda Airport at 2:55 p.m.

A United Press report from Seoul said Hodge's departure was not announced there. An official spokesman in Seoul said the general would confer with General MacArthur but refused to elaborate on the subjects for discussion.

Indications in Tokyo and Seoul, however, were that General Hodge had requested an opportunity to discuss with his military superior the entire military and diplomatic situation confronting the U.S. Command in South Korea.

General Hodge is not subordinate to General MacArthur on civil affairs matters in Korea, though his military command falls under MacArthur's Far East Command.

(Air Force Photo: Lt. Gen. John R. Hodge, commanding general of occupation forces in Southern Korea, was greeted by Maj. Gen. P.J. Mueller and Brig. Gen. Ivan L. Farman upon arrival at Haneda Airport yesterday)

---

* 미국 국립문서기록관리청 소장 자료(국립중앙도서관 해외 한국 관련 기록물 사이트: RG554 〉 USAFIK: XXIV Corps, G-2 Historical Section, 1945-1948 〉 Historical Journal of Korea, June-August 1948 〉 21. Airplane bombs, sinks Korean fishing boats: 발췌문, 1948.06.13).

『수산경제신문』, 1948년 6월 24일, 2면

독도 동방 10해리 한계 폭격 연습 금지를 진정

수산국서 하지 중장에 의뢰

독도폭격사건에 대한 원한은 우리 겨레로 하여금 영원히 망각할 수 없거니와 다만 독도를 위요한 근해 일대가 어장의 일대 근거지임에 비추어 □이의 완전 보전과 아울러 어민이 안심하고 조업할 수 있도록 관계 당국의 강경한 시책이 요청되던 바 때마침 농무부 수산국에서는 앞으로 독도로부터 일본해(동해) 중요로 동방 10해리의 영해를 한계로 하여 그 이내에 들어서는 극동항공사령부의 폭격 연습을 금지하여 달라는 진정을 딘 군장정관을 거쳐 금번 '맥' 사령부를 방문한 하지 중장 편에 의뢰하였다 한다.

주한미군정청

APO 235 UNIT 2

MGOCG 684 1948년 6월 24일

제목: 리앙쿠르암 폭격

경유: 주한미군사령관

APO 235

수신: 극동군사령관

APO 500

1. 죽도(독도)라고도 알려진, 북위 37° 15′ 동경 131° 50′에 위치한 리앙쿠르암에서 동쪽으로 0.10해리 지점으로부터 정북 및 정남 방향을 가로지르는 가상의 선 서쪽에 해당하는 남한 해안에서의 폭격을 중단할 것을 요청합니다.

2. 특정 계절에 리앙쿠르암은 물개가 이동 중에 쉬어가는 곳입니다.

3. 리앙쿠르암 주변 수역은 한국 어민들에게는 최고의 조업지 중 하나이고, 명실 공히 세계 최고의 오징어 어장입니다. 1947년 오징어 어획량이 11,000미터톤이었고, 기타 각종 어류의 어획량 또한 11,550미터톤에 달했습니다. 리앙쿠르암 주변은 정어리 어장으로도 잘 알려져 있고, 정어리 떼가 돌아오면 어민들이 조업할 수 있어야 할 것입니다.

4. 리앙쿠르암 주변은 울릉도와 인근 섬에 거주하는 어민과 가족들 16,000명이 어선 456척을 소유하거나 운행하며 생계를 이어가는 주요 터전이며, 한국 동해지역에서도 많은 어민들이 와서 조업하는 공간입니다.

5. 한국 경제에서는 해산물 대량 생산이 매우 중요합니다. 어류는 주요 단백질 공급원이며 현재 한국인의 어류 섭취량은 권장량의 50퍼센트 미만입니다.

(서명)

윌리엄 F. 딘

미군사령부 소장

Bombing off Liancourt Rocks (June 24, 1948)*

HEADQUARTERS
UNITED STATES ARMY MILITARY GOVERNMENT IN KOREA
APO 235 UNIT 2

MGOCG 684 24 June 1948

SUBJECT: Bombing off Liancourt Rocks

THRU : Commanding General
United States Army Forces in Korea
APO 235

TO : Commander-in-Chief, Far East
APO 500

1. Request is hereby made for the discontinuance of bombing off the coast of South Korea to the West of an imaginary line running due north and south from a point ten nautical miles east of Liancourt Rocks, otherwise known as Take Shima which is located approximately 37° 15′ N Latitude and 131° 50′ E Longitude.

2. Liancourt Rocks is a resting place for fur seals in migration during certain seasons of the year.

3. The waters in the vicinity of Liancourt Rocks are among the best fishing areas available to Korean fishermen. They are definitely stated to be the best cuttlefish

* 미국 국립문서기록관리청 소장 자료: RG 554 Entry A1 1378 Box 141[USAFIK Adjutant General, General Correspondence(Decimal Files) 1945~1949, 674 Heating to 686 Air Army Bases and Aviation Fields]

areas in the world. During 1947 they yielded 11,000 metric tons of cuttlefish. In addition, other varieties in the amount of 11,550 metric tons were caught in these waters during 1947. These waters have also been a famous fishing area for sardines and when and if the run of that variety returns, they should be available to the fishermen.

4. These waters are the principal source of livelihood for 16,000 fishermen and their families living on Ullung Do and nearby islands who own or operate 456 boats in this area. In addition, many fishermen from the east coast of Korea operate in these waters.

5. It is essential to the economy of Korea to produce seafoods in volume. Fish is one of the principal sources of protein food and present korean consumption of fish is less than 50% of the desirable amount.

(sign)

W. F. DEAN

Major General, United States Army

Commanding

엄중 처단하라

독도사건에 대청(大靑) 담화 발표

대동청년단 도단부(道團部)에서는 독도사건에 관하여 다음과 같은 담화를 발표하였다.

조선 민족의 원한을 극도로 고조시키고 있는 독도사건이 미 극동항공대사령부의 정식 성명을 보게 되었다. 미 극동항공대사령부에서는 고공 폭격 연습 부대의 폭탄이 조선 연안 원방에서 조선 어선을 손상하였을는지도 모른다고 인정하고 동 항공사령부의 공식 성명서는 14명의 조선인을 살해하고 기타를 부상지었다는 것을 불행한 유감스러운 사고라고 하였다. 연(然)이나 고공 폭격으로 인하여 어선을 암석으로 오인하여 여사(如斯)한 불상사를 초래하였음인지는 그 후 발표될 것이나 하여간 금반 사건에 미군이 직접 가해에 관련되어 우호국간 친선에 암영(暗影)을 주었다는 것은 이유 여하를 막론하고 유감천만이라고 사료(思料)하고 아국(我國)은 범행 동기와 그 책임을 새삼스럽게 추구하고자 하는 본의는 아니나 하지 중장이 언명한 바와 같이 미군이 폭격 및 피해 사실을 시인한다면 피해에 대한 전적 책임 부하(負荷)를 요구함은 물론이거니와 그 범행자에 대한 처리는 아국(我國) 법에 의존하지 않더라도 오(吾) 민족의 오해가 없도록 미군 당국은 처단하여야 할 것을 절요(絶要)하며 앞으로는 여사히 친선에 암영을 주지 않도록 약소민족의 입장에서 세계 열국(列國)에 호소하는 바이다.

『한성일보』, 1948년 6월 25일, 1면

하 중장 일본 왕래는 중대 독도사건의 해결 기대

하지 중장의 맥아더 원수 방문은 내외 주목을 끌었다. 20시간 체재에 내방한 목적을 명언치 아니하였다고 재일통신(在日通信)은 보도하고 있다. 맥 사령부는 미국 극동 점령구역의 행영(行營)이라 군정 각면의 기밀 중대 사항은 거기에서 협정 타결되는 것이니 하지 중장의 돌연한 방문으로 장기간 체재한 것은 남조선에 국회가 개회되고 국련(國聯) 위원단의 그에 대한 동향이 아직도 수수께끼 같이 풀기 어려운 바 있는 이때 반드시 독도 어선 폭격 사건 관계만이라고 해석하는 것은 타당(妥當)을 결(缺)했다고 하겠다. 그것은 신(新) 정권 수립 문제를 싸고 도는 국회의 동향 기타 이를 □심으로 삼는 내외의 제(諸) 문제가 당연 주요한 안건으로 의제에 올랐을 것이다. 그것은 한동안 비밀의 철문 속에 잠겨 있는 채 좀처럼 밝혀내기가 어려운 일이다. 그러나 독도문제도 당연 또 중요 안건의 하나로 아닐 수 없다. 독도는 '독섬'으로 '도러섬' 즉 석도(石島)를 의미하는 것으로 그 지리 현실에 즉(卽)한 명명(命名)부터 '조선 것'이고 그것이 현(現)에 맥아더 선의 서방(西方) 조선측 공해(公海)에 있어 조선 영역의 일부인 것이 명백한데 일즉 러취 군정장관 재임 당시 동 장관의 승인에 의하여 미국 극동항공대에서 폭격 연습지로 되었던 것이다. 금번에도 당연 사전에 남조선 미 주둔군 사령부 혹은 미 군정 수뇌자(首腦者)에게 그 조회(照會) 및 양해(諒解)가 있어야 할 일이 있는데 이러한 일은 없었던 것이오. 조홀(粗忽)한 정찰기의 보고를 전폭 신임하고 맹폭적(盲爆的) 폭격 연습을 하였다는 것은 여간한 □루(□漏)가 아니다. 또 만일 2,300지(呎)의 고도에서 폭격한 것이 사실이라면 그는 상당한 저공으로 암석과 어선의 구별쯤은 그리 어렵지 않은 일이었을 것이다. 우호 조선인으로서 우호 미국인에 대한 견해이다. 미국은 현재 전 아세아 제 민족에 향하여 거대한 정치적 사업을 전개하고 있으므로 조선 일각에서 생겨난 일에 공명홍원(公明弘遠)한 조치 여부가 전 10억 아주(亞洲) 인민의 심리상에 징묘(徵妙) 또 거대한 영향을 줄 것이다. 뉴욕타임스 지의 주장은 미국민의 진정한 의사의 발로라고 보겠고 그 취지에는 정진하지 않으면 단연 안 될 것으로 이에 대한 조속한 해결이 요청된다.

10. 1948년 6월 26일 ~ 30일

사건 피해자 위문
미군 소청위원회 조사 결과 발표

『공업신문』, 1948년 6월 26일, 2면

조사 완료는 6월 말경*

최종 보고 오면 일반에게 발표

독도사건

25일 과정(過政) 공보부 발표에 의하면 과반 미군 비행기의 폭격으로 인하여 발생한 독도사건에서 불여의 피해를 입은 인명 및 재산의 피해 정도를 조사하기 위하여 울릉도에 파견한 소청위원회로부터 아직 하등의 정식 보고에 접하지 못하였으나 6월 말경까지에는 동 조사가 완료될 것이라 한다.

동 위원회는 현지에서 동 피해 정도를 조정하여 즉시 배상을 건의할 권한이 있는데 동 회위원은 다음의 제씨이다. 에이 더블유 위니아크지크 대위(조선 주재 미군 관하 소청위원회 위원), 티 맥크류아 씨(농무부 수산국), 밀톤 라맨 대위(대구 군정청 법무장교), 기타 통역 약간 명. 동 위원회는 동 전 피해액을 결정하여 배상에 최선을 다할 것이며, 동 위원회의 조사 결과에 대하여는 동 위원회로부터 최종적 보고가 있는 대로 일반에게 발표하리라 한다.

---

* 『경향신문』, 1948년 6월 26일, 2면, "독도사건 그후, 금월 내 조사 완료, 소위(訴委) 보고대로 곧 배상"; 『대구시보』, 1948년 6월 26일, 1면, "독도사건 피해 상황을 월말경 발표"; 『대동신문』, 1948년 6월 26일, 2면, "독도 소청위원 현지행, 보고 있는 대로 일반에게 발표"; 『동아일보』, 1948년 6월 26일, 2면, "금월 말 진상 판명, 조사 끝나면 배상 건의"; 『수산경제신문』, 1948년 6월 26일, 2면, "독도사건 피해 진상 월말경 조사 완료?"; 『자유신문』, 1948년 6월 26일, 2면, "독도사건 조사, 월말이면 보고"; 『조선중앙일보』, 1948년 6월 26일, 2면, "금월 중에 완료"; 『한성일보』, 1948년 6월 26일, 2면, "독도사건 조사, 월말에는 완료"; 『현대일보』, 1948년 6월 26일, 2면, "독도사건 피해 월말까지엔 조사 완료".

독도 조난 동포 위문금 위문품 모집

주최 본사 경상북도 경북 어련(漁聯) 후원 하에 착수

25일부터 7월 10일까지 본사 취급*

지난 6월 8일 독도 근해에서 미역 채취상 18척의 우리 어선과 59명의 동포가 연습 중의 미 비행기에 무행(無幸) 폭격을 받고 20여 일이 지난 오늘날까지 기선 5척과 범선 8척은 아직 행방이 불명하고 선원 3명의 사체는 찾았으나 아직 11명은 시체조차 찾지 못하고 있는 참혹한 사실을 보고 우리는 밖으로 미 당국의 책임있는 사과와 조치를 요구하는 동시에 앞으로 바다의 보물을 캐는 용사들의 영(靈)을 받들고 그 유족을 위문하며 파괴당한 어구(漁具)를 신속히 복구키 위하여 본사는 경상북도와 경상남도 어업조합연합회의 후원 아래 만천하 독자와 동포의 불타오르는 애족심을 앙양키 위하여 좌(左)에 의하여 독도에 조난당한 동포의 위문품과 위문금을 모집하오니 다소(多少)를 불문하고 동족애를 발휘하여 주심을 바라 자(玆)에 사고(社告)하나이다.

위문품 모집 요령

1. 모집품: 현금 또는 어업자재, 기타(유족 위문에 적당한 물품)

1. 접수 기간: 6월 25일부터 7월 10일까지

1. 접수 장소: 본사 사장실, 지방에서는 본사지국에서 접수코 기간 내에 본사에 전달키로 함

1. 전달 방법: 추후 관계당국과 상의 결정 발표함

---

* 『남선경제신문』, 1948년 6월 27일, 1면, "사고(社告) 본사 주최 독도 조난 동포 위문금 위문품 모집"; 『남선경제신문』, 1948년 7월 2일, 1면, "사고(社告) 본사 주최 독도 조난 동포 위문금 위문품 모집, 모집기간 7월 10일까지, 후원 경상북도 경북 어련(漁聯)"; 『남선경제신문』, 1948년 7월 10일, 1면, "사고(社告) 본사 주최 독도 조난 동포 위문금 위문품 모집, 모집 기간 7월 15일까지 연기".

獨島遭難同胞 慰問金 慰問品 募集

主催 本社 後援 慶北道 慶北漁聯

廿五日부터 七月十日까지 本社取扱

『남선경제신문』, 1948년 6월 26일, 2면

동족애 분발하라!
독도사건 조난 동포 위해 위문금품 내자!
본사에서 25일부터 취급 개시

전 동포의 분격을 사게 한 독도사건 조난 동포들을 위한 위문금, 위문품의 모집은 본지 1면 사고(社告)와 같이 착수하였는데 넘치는 동포애의 발휘가 기대되고 있다. 회상컨대 지난 8일 우리 어선이 미국 비행기 편대의 총폭격을 받음으로 억울하게 해초로 귀(歸)하고만 어선 13척과 미귀환자 14명(중 사체 셋만 찾음)을 잃고 말았다.

우리에게 미친 많은 인명의 손실도 크거니와 파괴당한 12척과 어선을 복구하기에는 8백 9십여만 원의 거액이 필요하다. 여기에 우리들은 그 유가족의 막연한 생로(生路)를 부조(扶助)하는 동시에 그 손실의 어구(漁具) 복구를 위한 동정심과 동족애의 발분(發奮)이 있어야 할 것이다.

본사에서는 특히 사장실에 위문 본부를 설치하여 성력(誠力)을 기다리고 있다. 각 관공서, 사회단체, 개인 개인이 동족애를 도로 찾아 아름다운 동족 상조의 미풍을 그려내자! 분노를 동포애로서 보복(報復)하자!

본사 솔선 3만원

사원들의 총의로 갹출

독도사건 조난 동포 위문금품 모집에 제(際)하여 본사에서는 25일 사원 총의로 1만원, 본사로서 2만원을 위문금으로 갹출키로 하여 합계 3만원을 갹출하였다.

독도사건에 도농련(道農聯) 담화

도농민(道農民)연맹에서는 작(昨) 25일 독도사건에 대하여 미 당국의 무성의적 태도를 공박하는 담화를 발표한 바 있었다.

『남선경제신문』, 1948년 6월 27일, 2면

조난 동포에 동정심 비등

본사 주최 위문금품 모집 운동 각계 호응

부청(府聽)

본사 주최 경북 어련(漁聯) 후원 하(下) 독도 조난 동포 위로금과 위문품 모집을 25일부터 본사에서 취급 개시하였다 함은 작보(昨報)한 바 같거니와 이 민족적 동포애에 불 타는 성사(聖事)에 대하여 각계각층에서는 벌써부터 아름다운 동족 상조(相助)에 뜨거운 마음이 물 끓듯 하고 있다.

즉 대구부청(府廳)에서는 보도계(報道係)를 주동체(主動體)로 600청원(聽員)에 대하여 봉급의 백분지일을 거출(據出) 중에 있으며 남군(南軍) 대구 지점 역시 사원 일동의 열의 찬 위문금 모집에 여념이 없다. 이밖에 부(府) 내 상공단체와 금융기관에서도 뒤이어 각각 행동을 개시하였는데 동족애의 분발을 일층 고도화시켜 거금(據金)자의 가슴을 뜨겁게 하고 있다.

허(許) **도**(道) **공보과장 담**

귀사의 취지는 매우 좋은 것으로 생각합니다. 동족애를 발휘하여 조난당한 분과 그의 유가족을 구제하는 것은 전 사회 사람들도 찬동할 것으로 믿습니다. 아무쪼록 그 정화(精華) 있기를 바라는 바이올시다.

권 도(道) **내무국장 담**

대단히 감격될 거사입니다. 전 도민은 적극적으로 협력하여서 위문의 의향을 표시하여 주었으면 하고 생각합니다. 귀사의 좋은 시책인 만큼 이를 계기해서 동족의 애정은 더욱 발휘될 것을 믿고 있습니다.

조은(朝銀) 권(權) 지배인 담

참사 보도가 있은 후 상당한 시일이 흘렀으나 이에 대한 민족 분노를 전하고만 있으나 그 가족에 대하여 상금(尙今) 동족 간의 위문이 있었다는 말을 듣지 못하고 섭섭한 감(感)을 금할 수 없었던 바를 귀지(貴紙)의 제안과 동시에 솔선함에 대하여 민족적 감사를 느끼지 않을 수 없다. 여기에 있어서 당(當) 은행은 물론 일반의 많은 동정이 있을 것으로 믿는다.

위문금 속속(續續) 기탁

대구옥란*회사 1만원, 김동출 씨 3천원

본사 주최 독도 조난 동포의 위문금품 모집은 아연(俄然) 각계에 반영되어 이구동성의 찬동을 보게 되어 만천하 독자와 함께 새로운 감격의 금자탑을 세우게 되었는데 26일 오전에는 본사 사장 독도 조난 동포 위문본부에 대구옥란회사 대표 이 지배인이 내방(來訪), 폐사(弊社)의 취지에 찬동한다는 인사 끝에 금 만원을 내었고 또 부내(府內) □전동(□田洞) 6지□ 김동출(金東出) 씨도 금 3천원을 갹출하였다.

---

* 옥란(玉蘭)으로 추정된다.

『남선경제신문』, 1948년 6월 29일, 2면

독도 조난 동포 위문금 갹출자 방명*

(본란 게재로 영수증에 대함)

대구옥란(玉蘭) 주식회사 10,000.00

김동출 3,000.00

조숙성 (합성공사) 1,000.00

삼화주조 주식회사 1,000.00

본사 30,000.00

본사 직원 일동 10,000.00

합계 45,000.00

---

* 『남선경제신문』, 1948년 7월 2일, 2면, "독도 조난 동포 위문금 갹출(醵出)자 방명(芳名)"; 『남선경제신문』, 1948년 7월 3일, 2면, "독도 조난 동포 위문금 갹출자"; 『남선경제신문』, 1948년 7월 4일, 2면, "독도 조난 동포 위무금 갹출자 방명"; 『남선경제신문』, 1948년 7월 6일, 2면, "독도 조난 동포 위문금 갹출자 방명"; 『남선경제신문』, 1948년 7월 7일, 2면, "독도 조난 동포 위문금 갹출자 방명"; 『남선경제신문』, 1948년 7월 8일, 2면, "독도 조난 동포 위문금 갹출자 방명"; 『남선경제신문』, 1948년 7월 9일, 2면, "독도 조난 동포 위문금 갹출자 방명"; 『남선경제신문』, 1948년 7월 10일, 2면, "독도 조난 동포 위문금 갹출자 방명"; 『남선경제신문』, 1948년 7월 13일, 2면, "독도 조난 동포 위문금 갹출자 방명"; 『남선경제신문』, 1948년 7월 14일, 2면, "독도 조난 동포 위문금 갹출자 방명"; 『남선경제신문』, 1948년 7월 17일, 2면, "독도 조난 동포 위문금 갹출자 방명"; 『남선경제신문』, 1948년 7월 16일, 2면, "독도 조난 동포 위문금 갹출자 방명"; 『남선경제신문』, 1948년 7월 18일, 2면, "독도 조난 동포 위문금 갹출자 방명"; 『남선경제신문』, 1948년 7월 20일, 2면, "독도 조난 동포 위문금 갹출자 방명".

『대구시보』, 1948년 6월 29일, 2면

독도 참변의 위문대 파견

【울릉도】 독도폭격사건에 있어서는 이미 사회의 이목을 끌고 여론은 아직도 분분히 젖어 있다. 그 후 강원도 춘천에 주재하고 있는 미국 공보지원(公報支院)에서는 지난 19일 참극의 폭격을 당하고 그로 말미암아 통분하고 있는 도민(島民) 1만 5천을 위문하기 위하여 위안대(慰安隊)가 내도(來島)하여 영화와 강화(講話) 또는 피해자의 유가족을 친히 방문하며 실정을 조사하고 돌아갔다. 경북도로부터는 아직까지도 그러한 시책도 없는 터에 강원도로부터 위안대가 파견되어 왔다 함에 있어서는 도민 1만 5천은 크게 감격하고 있다.

조사 결과 주목! 제3조사대가 최종 독도사건

【포항에서 정용동(鄭龍東) 경북 특파원 발】 조선 인민의 분노를 극도로 격발시키고 있는 원한의 독도사건의 더욱 정확한 진상과 사건 귀결에 대한 관심은 비상한 바 있다. 이에 사건 발생 후의 조사 내지 구조 전말을 적어보려 한다.

제1구조대: 사건 발생의 다음 날인 9일 하오 7시경 울릉도 어업조합에서는 구조선 2척에 선원 16명으로 된 구조대를 구성하여 현지에 파견하였는데 동 구조대는 10일 상오 6시경 독도에 도착하여 격침된 어선 5척을 발견하였으나 구조치 못하고 발견한 2명의 시체만 싣고 10일 상오 11시경 돌아왔다.

제2구조대: 비행기 습격 당시 구사일생으로 생환한 어부들은 울릉도에 와서 함께 작업하던 일행이 너무도 많아 돌아오지 않았음을 알고 근심 중에 있던 중 제1구조대가 겨우 시체만 싣고 옴을 보고 동족을 사랑하는 마음으로 그대로 있을 수 없다 하여 다시 제2구조대를 내게 되어 구조선 1척에 4명의 선원이 타고 11일 하오 11시경 현지로 향하였던 것이다.

주간은 비행기의 습격이 또 있을까 우려해서 야간을 이용한 것인데 망망대해에 나뭇잎 같은 일엽편주라, 어두운 밤중에 설상가상으로 때아닌 안개 때문에 진로를 잊어버리고 이곳저곳 헤매다가 목적을 달성치 못하고 출항한 지 24시간 만에 무소득으로 돌아왔다.

제1조사대: 전기 구조대와는 별개로 포항에서는 13일 하오 12시 20분 미국인 2명, 통역 2명, 해안경비대원 6명, 국방경비대원 1명, 경북도 수산국원 1명, 선원 4명[선장 김동화(金東華), 기관장 김경만(金景萬), 수부장(水夫長) 이호출(李浩出), 화장(火長) 한상호(韓相浩)]이 명천환(明天丸)에 탑승하고 포항을 떠나 현지로 향하였는데 이들은 14, 15, 16, 3일에 걸쳐 답사한 결과, 격침선 3척은 발견하였으나 구하지 못하고 시체 1명을 발견하여 울릉도로 싣고 왔으며 기관총 소사한 기총 공편(空片) 1개를 선장 김동화(金東華) 씨가 발견해서 동 씨가 보유하고

있다. 동 조사대가 포항에 돌아온 것은 16일 하오 10시 반이었다.

제2조사대: 제1조사대와 별개로 14일 하오 8시 미인(美人) 3명과 통역 2명, 해안경비대원 30명으로 된 제2조사대가 해안경비선 대전정호(大田艇號)에 편승하고 포항으로부터 현지로 향하여 15, 16, 17, 3일에 걸쳐 격침선 1척과 폭탄 파편 등을 발견하고 18일 상오 7시에 귀항하였다.

제3조사대: 20일 하오 5시 하지 중장의 특사로 온 제24군(헌병대)의 모씨와 중앙청 수산국 미인 고문 맥클러 씨와 통역 1인, 해안경비대원 약간 명으로 된 조사대는 해안경비선 대전정(大田艇)에 편승하고 포항을 떠나 현지로 향하였는데 피해지에 대한 조사가 있을 것이며 이로써 미군 당국의 조사는 마감이 되리라 한다.

이에 해안경비대 포항기지 사령부 24일 발표에 의하면 피해 상황은 다음과 같다.

▲ 격침: 12척(발동선 5척, 범선 7척)

▲ 일부 파손: 1척

▲ 무피해 귀항선: 5척(발동선 2척, 범선 3척)

▲ 조난 총원 52명: 사망자 7명, 행방불명 10명, 중상자 2명, 경상자 8명, 생환자 28명

생환자 일동 좌담회 개최

【포항에서 □□동□북 특파원 발】 당지에서는 독도에서 사선을 돌파하고 살아온 선원 옥만룡(玉萬龍), 이열원(李列源), 박춘일(朴春一), 이갑선(李甲先), 김학기(金學基). 김칠성(金七星) 제씨의 좌담회를 19일 하오 8시부터 약 2시간에 걸쳐 동남여관에서 개최하였는데 당시의 처참한 광경을 회상하고 바위틈으로 불속으로 피해 다니던 몸서리나는 광경을 말하고 무참히 목숨을 끊은 동료 형제들의 억울한 죽음에 대한 분노를 피력하는 것이었다.

진상 밝혀라
교육자협회 회담*

교협에서는 25일 일인(日人) 내조설(來朝說) 독도사건에 관하여 담화를 발표하였는데 독도 문제에 관하여는 다음과 같이 말하였다.

□□□□□□ 없었거늘** 오늘날 이러한 대량 살해를 당하다니 도대체 이것이 웬 말이냐, 이것을 우발적인 과오로 믿으려는 우리의 노력에 의문을 던지는 몇 가지의 점이 철저히 알려져야 한다.

1. 2천 피트 상공에서 현대과학의 정신을 모은 B29가 배와 바위를 구별 못하였다는 과학적 근거는 무엇인가?
2. 30분 후에 정찰기의 렌즈에는 캐치된 어선이었을진대 폭격 시기에 조준을 맞추었을 때는 육안으로 하였던 것일까?
3. 체험자는 기관총 소사를 받았다고 확인하였는데 이것이 위증이라는 것을 증명하여 누구나 수긍할 수 있는 자료를 제시할 수 있는가? 아무튼 이와 같은 불상사를 그만 일으키고 외군을 조속 철퇴할 것을 강경히 주장한다.

전범 이상의 죄

기독교민주동맹 담

지난 25일 기독교민주동맹에서는 남조선 국회에서 발표한 '북조선 동포에게 고함'이라는 결의문 문제, 일인(日人) 내조(來朝) 문제, 전기 문제, 독도사건 등 당면한 여러 가지 긴박한 여러 문제에 관하여 담화를 발표하였는데 독도사건에 관하여는 다음과 같이 말하였다.

전시 하에도 비무장지구를 폭격하여 평화민을 살육하는 것은 국제법에 의하여 처단을 받아야 할 것인데 평화 시에 해방국에서 폭격을 하고 심지어 기관총 소사를 하여 다수의 인명을 살상한 것은 전범 이상의 죄상이 아닐 수 없다. 폭격 연습의 대상, 이는 민족 모욕적 분개사라 아니할 수 없다. 과연 이것은 누구의 책임인가? 이 민족 존망지□□□□□□□ 독립에 방해되는 모든 것을 배제하고 완전 자주독립 전취에 가일층 분투하지 않으면 안될 것이다.

---

* 『서울신문』, 1948년 6월 27일, 3면, "(물증) 높은 독도사건, 기총소사 위증 사실 제시하라, 교육자협회 성명".

** 기사 원문이 보이지 않으나, 『서울신문』에는 "일제에게도 비행기로 폭살당한 일은 없었더니"라는 내용으로 되어 있다. 『서울신문』, 1948년 6월 27일, 3면, "(물증) 높은 독도사건, 기총소사 위증 사실 제시하라, 교육자협회 성명".

『남선경제신문』, 1948년 6월 30일, 2면

독도 조난 동포 위문금품 모집 동정하라

참상당한 독도 조난 동포를!

본사가 주최하는 독도 조난 동포에 유가족 위문금품 모집 운동은 각계각층의 열렬한 지원 아래 착착 동족애가 집중되고 있는데 29일에는 동촌면 기저동의 최명수(崔鳴秀) 씨가 동정하는 마음만 표시한다고 본사 위문본부에 일금 5백 원을 기탁해왔다.

『조선일보』, 1948년 6월 30일, 2면

독도사건, 발표 없는 배상 현지 행에 민족적 의혹은 재연

진상 발표·배상에는 격의 없는 성의 요망

독도폭격사건의 진상 조사에 대한 미군 소청위원회의 발표는 일반의 관심을 집중한 가운데 고대되고 있던바 드디어 29일 중앙청 공보부를 통하여 별항과 같은 발표를 하여 동 사건 당초부터의 미군 발표에 대한 의아심을 더욱 크게 갖도록 하였다.

독도사건으로 말하자면 우리 겨레에 일대 충격을 준 것 만큼 또 자기 국토의 영해에서 자기 인권이 보호되지 못했다는 민족의 격분으로 보아 고의로 되었느냐? 실수로 되었느냐?를 명백히 밝혀야 하고, 또 목격자와 조난자가 증명하는 폭탄 투하와 아울러 저공에서 기관총 소사를 받았다는 피해자의 주장과 미군 당국의 기총소사 부인에 대한 진부도 밝혀서 우리 민족 전체의 의아심을 풀어주는 데서만 동 사건의 진상 조사에 본의가 있었음에도 불구하고 일방적으로 조사 완료가 되었으니 배상을 하러 간다는 식의 간단한 발표로써 이 문제를 결말지을 수 있을까? 좀 더 그 진상을 발표하여 민족 전체의 의구심을 풀어주는 동시에 배상 문제에 있어서도 조선 측과 격의 없는 상의와 이해가 있어야 하지 않느냐는 일반의 비난은 대단한 바 있다.

공보부 발표*

미기 독도폭격사건 발생으로 인한 배상을 조사 중이던 소청위원회는 판명된 피해 건수 36건 중 33건의 조사를 완료하였다고 서울 미 당국에 보고하였는데 동 위원회 위원 위나지크 대위는 33건에 대한 배상을 해결차 금일 독도로 출발하였다. 미결 중에 있는 나머지 3건도 피해자의 주소가 판명되는 대로 즉시 해결할 것이다.

* 『남선경제신문』, 1948년 6월 30일, 1면, "독도사건 조사 완료, 배상 해결 위원 현지 향발"; 『대한일보』, 1948년 6월 30일, 2면, "독도사건, 조사 완료"; 『동광신문』, 1948년 7월 1일, 2면, "독도사건 조사 완료, 배상 해결 차 위원 현지 향발"; 『동아일보』, 1948년 6월 30일, 2면, "독도폭격사건, 불일(不日) 진상 발표, '위' 위원 배상 해결차 출발"; 『자유신문』, 1948년 6월 30일, 2면, "독도 폭격 피해 36건, 배상 방법과 액수는 추후 결정, 공보부 발표; 『조선중앙일보』, 1948년 6월 30일, 2면, "독도사건, 조사 완료"; 『한성일보』, 1948년 6월 30일, 2면, "33건 조사 완료, 나머지도 조사 후에 직시 배상, 독도사건 속보"; 『현대일보』, 1948년 6월 30일, 2면, "독도사건 피해 36건으로 판명"; 『호남신문』, 1948년 7월 1일, 2면, "독도사건 조사 완료, 배상 해결코자 위원 현지 향발(向發)".

『조선중앙일보』, 1948년 6월 30일, 2면

[시(詩)]

독도

박산운(朴山雲)

본토는 바라도 보이지 않고
미역은 미역은 뜯어야 산다.
이런 때다 ―――
폭탄과 기관총은 일직선으로
어부들의 등과 살을 뚫었다.
여기는 반도의 해역 북위 37도
15분 동위 131도 45분
미군 폭격 연습장
보라 우리의 가슴 위에 둥둥 떠오는
눈을 뜬 시체 14 중경상 10
뜯어 모은 미역
젖은 태극기……

아아 얼마나 조그만 표적이기로
갈매기 떼 쭉지를 드리운 것이냐.
――― 작은 나라의 설움이여.

내 밥 내 집이 여기 있는데
바가지 채워
어디로 내모는 거냐.
약한 백성의 신음소리여.
둥그런 들에서 태양은 솟아도
출렁이는 바다에 자유가 없고
골짜기 마다에는 '토벌대' 간다.

한이어라 내가 한이어라.
백화요란(百花瞭亂) 속에 노래 못해도
더러운 세상에서 시를 익혀
좋은 형제를 개새끼처럼
아무 데서나 아무렇게나
맞아 죽는 마당에 앉아 있다.

――― 그리고 너희들은 또 보았다.
턱을 고이고 또 보았다.
나가기만 하면 그래 즉시로 나가기만 하면
핏대도 아무것도 없는 눈들을
나가라 즉시로 나가라!

(詩) 獨島

朴山雲

本土는 바라도 보이자 않고
미역은 미역은 뜯어야 산다
이런 때다 ―
爆彈과 機關銃은 一直線으로
漁夫들의, 등과 살을 뚫었다
여기는 半島의 海域 北緯三十七度
十五分 東經百三十一度 四十五分
美軍爆擊 演習場
보라 우리의 가슴우에 둥둥 떠오는
눈은 뜬 屍體 十四 重輕傷 十
뜯어 모은 미역
저즌 太極旗……
아아 얼마나 조그만 標的이기로
갈매기 때 죽지 뜰 두터운 것이냐
――작은 나라의 서름이어

내밥 내집에 여기 있는데
바기지 채워
어디로 내모는거냐
弱한 백성의 呻吟소리여
뚱그만 드은에서 太陽은 솟아도
출렁이는 바다에서 自由가 없고
골짜기 마다에는 「討伐隊」 간다
恨이어라 내가 恨이어라
百花燎亂 속에 노래 못해도
머더운 세상에서 詩를 익혀
좋은 兄弟들 개새끼처럼
아모데서나 아모렇게나
마자 죽는 마당에 앉아 있다.
――그리고 너이들은 또 보았다
먹은 고이고 또 보았다
나가기만 하면 그대로 즉시로 나가기
만하면
몇대도 아모것도 없는 눈들을
나가라 즉시도 나가라!

11. 1948년 7월 1일 ~ 8일

국내 각 정당 및 사회단체의 반응

『남선경제신문』, 1948년 7월 1일, 1면

독도사건 조사 결과 발표하라

이(李) 법조(法曹) 회장 담화

【서울발 조통】 조선법조회 회장 이홍□(李弘□) 씨는 독도사건 조사 문제에 언급하여 29일 다음과 같이 담화를 발표하였다.

미국이 소청위원회를 조직하고 독도사건의 원인 조사와 손해배상을 하겠다고 언명하고 상당한 시일이 경과되었음에도 불구하고 하등의 발표가 없음은 유감이다. 더욱이 36건 중 미 33건의 조사를 완료하고 그의 손해배상을 하러 현지로 향하였다 하는데 조선인에 대하여 하등의 상의도 없이 미군의 일방적 조치에는 의아를 금할 수 없다. 조사 결과를 공표하여 우리들로 하여금 판단을 짓게 한 연후 사건을 고려해야 할 것이다.

독도 조난 동포에 위문금품 보내자![*]

본사 주최 후원 경상북도 경북 어련(漁聯) 방금 본사에서 취급 중

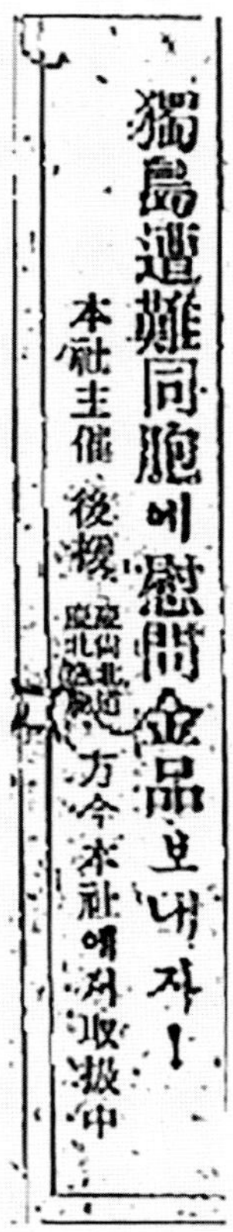
獨島遭難同胞에慰問金品보내자!
本社主催 後援 慶尙北道 慶北漁聯 方今本社에서取扱中

---

* 『남선경제신문』, 1948년 7월 3일, 2면, "독도 조난 동포에 위문금품 보내자! 본사 주최 후원 경상북도 경북 어련(漁聯) 방금 본사에서 취급 중"; 『남선경제신문』, 1948년 7월 6일, 2면, "독도 조난 동포에 위문금품 보내자! 본사 주최 후원 경상북도 경북 어련(漁聯) 방금 본사에서 취급 중"; 『남선경제신문』, 1948년 7월 7일, 1면, "독도 조난 동포에 위문금품 보내자! 본사 주최 후원 경상북도 경북 어련(漁聯) 7월 10일 마감 절박"; 『남선경제신문』, 1948년 7월 11일, 2면, "독도 조난 동포에 위문금품 보내자! 본사 주최 후원 경상북도 경북 어련(漁聯) 모집 기간 7월 15일로 연기"; 『남선경제신문』, 1948년 7월 15일, 2면, "독도 조난 동포에 위문금품 보내자! 본사 주최 후원 경상북도 경북 어련(漁聯) 오늘 15일 마감".

『서울신문』, 1948년 7월 1일, 2면

민족 시청(視聽) 모은 독도사건 먼저 진상 발표하라

배상 운운은 그 다음 문제

지난 6월 8일 전 민족의 격분을 자아낸 독도의 미기 폭사사건이 발생하자 조선 미군 주둔군 사령관은 이 사건에 대한 소청위원회를 조직하여 피해의 정도의 적당한 배상액을 결정하고자 동 위원을 사건 현장에 파견한다는 공보부를 통한 담화가 발표되자 □반으로 조사 귀추에 관하여 지대한 관심을 가지고 그 진상 조사를 고대하고 있었던 것이다.

그런데 지난 29일 역시 공보부를 통하여 "미기 독도폭격사건 발생으로 인한 배상을 조사 중이던 소청위원회에서는 판명된 피해 건수 36건 중 33건의 조사를 완료하였으며 이에 대한 배상 해결차 현장으로 출발하였다."는 미군 발표를 보자 또 다시 동 사건에 대한 일반의 의혹이 움트고 있다. 도대체 사건의 진상이라는 것은 어떠한 것인가. 그리고 배상이라는 것은 어찌하는 것인가? 돌이켜 보건대 독도사건은 우리가 일제 시에도 당해본 일이 없었던 억울한 사건이며 더욱 처음 당하는 일임에 온 겨레의 분격은 노도(怒濤)와 같았던 것이다. 이 민족적 격분을 풀며 앞으로 조미 양국 간에 감정 문제로 보아서도 그 숨김없는 진상을 밝혀 천하에 독도사건의 전모를 공포한 다음에 배상 운운을 하는 것이 일의 순서가 아닌가 한다.

『조선중앙일보』, 1948년 7월 1일, 2면

조선 민족에 대한 보상은 철병(撤兵)으로 하라!

일방적인 발표만으로 끝이려는가

독도사건

독도사건의 진상 발표는 전 조선 인민의 관심이 집중되고 있는데 29일 공보부를 통하여 발표된 동 소청위원회의 발표는 사건 당초에 느낀 분격에 다시 의아를 가하는 성질의 것이었다. 이 사건에 대하여 조선 인민들이 요청하는 것은 사건의 진상을 철저히 급명하여 그 책임 소재를 밝히는 동시 이에 대한 정당한 보상을 요구하는 것일 것이다. 그러나 금번 발표에 의하면 피해 건수 36건 중 33건의 조사를 완료하였다고 미군 당국에 부고하고 동 위원 위나지크 대위는 벌써 배상 해결차 현지로 출발하였다고 하였다. 이로써 보건대, 혹 후일 그 진상을 발표하여 그 책임 소재를 분명히 할 예정인지는 모르나 지금 일반이 알고자 하는 이 점을 명확히 하지도 않고 배상 해결을 하러 갔다는 것은 너무 일방적이라는 비난을 받지 않을 수 없을 것이다. 왜냐하면 배상이란 사건 □인 측과 피해 측이 결정하는 것이 옳은 일이라고 생각되기 때문이다. 따라서 이와 같은 간단한 발표로서는 조선 인민이 □고 있는 의혹을 풀 수는 없을 것이며 이의 정당한 보상이란 수난자에 대한 물리적 보상도 물론 중요한 일이겠지만 전 조선 인민의 최종의 절실한 요청은 외군 철퇴인 것이다. 이는 여사한 사건의 발본적 해결책이라는 것을 조선 사람들은 잘 알고 있기 때문이다.

『강원일보』, 1948년 7월 2일, 2면

정정(訂正)*

지난 6월 28일부 본보 2면 독도의 피해 상황에 관한 기사 중 표제 '미국 공보원 조사'는 '울릉도사 보고 내용'으로 본문 '독도사건의 진상을 조사코자' 운운 이하는 '울릉도사(鬱陵島司)로부터의 보고 서류에 의하면 다음과 같다'로 정정함.

강원일보사

* 『호남신문』, 1948년 7월 6일, 2면, "기사 취소" 참고. "춘천 2일발 통신 독도사건에 관한 기사는 춘천 공보원 발표 기사가 아니고 울릉도 도사(島司)로부터의 보고서에 한 것의 착오이었으므로 자(玆)에 기(其) 전문을 취소함(합동통신)".

『대한일보』, 1948년 7월 2일, 2면

공산(共産) 여론은 관심 없다 독도사건은 미국의 책임이다

딘 장관 기자단과 회견*

어제 1일 오전 10시 15분 딘 군정장관은 출입 기자단과 회견하고 다음의 문답이 있었다.

(중략)

[문] 독도사건 발생 후 군정 당국에선 수차 조사단을 파견하였는데 동서양의 예의가 달라서 그런지는 모른다. 미군 측에서 사과의 인사 한마디 없다는 것은?

[답] 이 사건엔 군정 당국이 직접 관계가 없고 조선 주둔군에만 관한 일이다. 하지 중장은 이에 대하여 유감의 뜻을 표시하였을 것이다.

[문] 그것은 잘 아나, 하지 중장이 성명한 것은 미군기가 판명되기 전 일인데?

[답] 소청위원단이 귀환 후 정식보고가 있었는데 아마 또 사과할 것이다. 이번 사건은 (오키나와) 부대가 과범한 것인데 조선 사람이 이 문제를 자주 추궁함은 미국인에 대한 증오감을 조장할 뿐이다. 당시의 어선단은 무장을 하고 있었다는 것도 여러분은 잘 알아야 할 것이다.

(이하 생략)

---

* 『대구시보』, 1948년 7월 3일, 1면, "최종보고 있는 대로 독도사건 발표할 터, 지방청산림기구 개혁 고려 중, 딘 장관 담(談)"; 『남선경제신문』, 1948년 7월 3일, 1면, "최종보고 있는 대로 독도사건 발표할 터, '딘' 장관 기자단 회견 담(談)"; 『조선일보』, 1948년 7월 2일, 2면, "완전 통제냐 해제냐, 식량난의 해결책은 양도(兩途), 독도사건은 조사 끝난 후 사과, 딘 장관 담(談)"; 『조선중앙일보』, 1948년 7월 2일, 2면, "독도사건 조사 끝나면 미군 당국으로서 사과 말 있을 것".

『동아일보』, 1948년 7월 2일, 2면

식량 증배 불능 독도 진상 불원 발표*

딘 장관

딘 군정장관과 중앙청 출입 기자단은 1일 정례 회견 석상에서 다음과 같은 질문 응답을 하였다.

[문] 독도사건에 대한 미군 당국의 태도는 너무도 냉정하다. 공분을 느끼고 있는 조선 민족의 앞에 적절한 사과와 피해자에 대한 배상 조치가 있어야 할 것으로 아는데 귀관의 견해는 어떠한가.

[답] 이 문제는 군정 당국에서 조치할 성질의 것이 아니고 조선 주둔 미군사령관의 권한과 처리에 속하는 사건이다. 이미 하지 중장도 이에 대한 사과를 하였다고 믿는다. 소청위원회에서 사건 책임과 피해 상태의 조사를 완료하고 돌아오면 다시 상세한 발표가 있을 것이다.

* 『경향신문』, 1948년 7월 2일, 2면, "소위 '보고 들어 진상 발표'"; 『대동신문』, 1948년 7월 2일, 2면, "독도 보고 불원 발표"; 『평화일보』, 1948년 7월 2일, 1면, "식량 핍박은 완화난(難), 딘 군정장관 당면 문제에 언급"; 『한성일보』, 1948년 7월 2일, 2면, "독도의 불상사는 유감 소청위원 귀환 후 배상 진사 등 발표".

『수산경제신문』, 1948년 7월 2일, 2면

"피해 배상할 텐데 너무 떠들지 마오"

딘 장관, 독도사건에 언급

군정장관 딘 소장은 작(昨) 1일 중앙청 기자단과 회견 석상에서 독도사건에 관하여 대략 다음과 같이 말하였다.

사건 발생 이래 미군정으로서는 일언반구의 사과와 진상 발표가 없음은 유감이라 하였으나 군정 당국은 직접 관련이 없고 미주둔 관계인 만큼 하지 사령부에서 발표할 것인데 하지 장군 역시 이번 사건에 대하여는 사과의 뜻을 표하고 있다. 그리고 깊은 내용은 본관도 자세히 모르나 그간 어느 정도 진상이 발표되었으리라고 본다. 소송위원단이 귀임하는 대로 정식 발표가 있을 것이다. 동 사건은 오키나와에 기지를 둔 미 항공사령부의 일인데 이에 대하여는 전 미군이 유감의 뜻을 표하고 있는 바이다. 방금 소송위원단으로부터 조사 중에 있고 피해 정도로 배상할 터인데 조선 신문 지상에는 미군에 대한 증오감을 조장하는 왜곡 선전을 하는 경향이 있다.

『조선중앙일보』, 1948년 7월 2일, 2면

통분사 재발 않도록 외군 즉시 철퇴하라

독도사건에 민중동맹 담

작 1일 민중동맹(民衆同盟)에서는 독도사건에 대하여 다음과 같은 요지의 담화를 발표하였다.

사건 발생 후 2순이 넘은 이제야 다만 배상 운운만 하는 것은 사람을 동물시하여 얼마를 죽이든지, 금전으로 대가를 지불만 하면 좋다는 태도로 우리 민족을 멸시하는 것이다. 뿐만 아니라 배상 문제에 대하여도 의당 피해 당사자인 우리 민족의 손으로 배상위원회를 구성하여 자주적 입장에서 정확한 진상을 조사하며 책임 소재를 구명하여 응당한 배상을 청구하게 함이 국제 도의 일임에도 불구하고 가해국이 일방적인 위원회를 구성하여 행동한다는 것은 매사에 민족자결권과 자주권을 무시 유린하는 행동이라 아니할 수 없다. 우리 국토 내에서 이러한 민족적 통분사가 재발치 않게 함에는 오직 양군이 조속 철퇴하고 자주 통일 독립하는 길 이외는 없는 만큼 양군 즉시 철퇴를 다시 강조하여 마지않는다.

[시]

수장(水葬)

독도의 악보(惡報)를 받고

이병철(李秉哲)

갈매기마저 날아 이르지 못한다는 해속(海瀆) 1,400마일의 한바다 지음할 수 없는 파도 소리 속.

푸른 바다의 천길 수심에 숨이 모자라서 허리가 가늘어진 물개들만이 하늘을 짖으며 산다는 섬.

독도여! 너 슬픈 나라의 이름으로 불리는 우리들의 해역에 외로이 자리한 섬이여.

일천 구백 사십팔년 유월 팔일 오후 두시의 해도(海圖) 위에 XX자(者)의 핏발선 눈이 희번덕이던 날.

바다 먼 바다의 물결을 헤치며 미역 따던 우리 동포의 어진 열넷 목숨을 비말 속에 묻던 날.

아무리 태극기를 흔들어도 흔들어도 비 오듯 퍼붓는 탄자(彈子)는 하냥 멈추지 않더란다.

천심(天心)에 사무치도록 '조선사람'인 것을 소리 소리 외치면서 아! 정녕코 살고 싶었으나 어느 동서남북으로도 목숨 숨길 곳은 없더란다.

청천백일 하에 하늘이 도와 살아온 두 사람 분명히 보았다는 검은 날개에 '흰 별표'의 비행기여! 너 XX주의의 상징이여!

물개마저 숨이 모자란다는 1,200미터의 검푸른 해심(海心)에 억울히 묻힌 스물여덟 개의 검은 눈망울 속 눈망울마다 감고 간 원수의 모습이여!

오늘도 바다 먼 언덕에 서서 바다를 물어보는 눈먼 사람들 가슴 속 돌아오지 않는 아비요! 남편이오!

(詩) 水葬

……獨島의悲報를받고……

李秉哲

갈메기 마저 날려 이르지 못한다는 海濱
一四〇〇마일의 한바다 지음할수없는 파
도소리속

••

푸른 바다의 천길 水深에 숨이 모자라서
허리가 가느러진 물개들만이 하늘을 짖
으며 산다는 섬。
獨島여! 서글픈 나라의 이름으로 불
리우는 우리들의 海域에 외로히 자리한
섬이여。
일천 구백 사십팔년 유월 팔일 오후
두시의 海鷗우에 ××者의 피발선 눈이
히번떡이던날。
『바다 면 바다의 물결을 헤치면 [illegible]
따든 우리同胞의 어진 열빗목숨을 飛말
속에 묻던날
아호리 太極旗를 흔들어도 흔들어도 비
오듯 퍼붓는 彈子는 하냥 멈추지 않더란다。
天心에 사모치도록 「조선사람」인것을
소리소리 웨치면서 아! 청영코 살고싶
었으나 어느 東西南北으로도 목숨 숨길
곳은 없드란다。
靑天白日下에 다눈이 도아 살아온 두
자람 분명히 보았다는 젊은 날개에 「한
별표」의 飛行機여 너××主義의 象徵이
여!。

••

물개 마지 숨이 모자란다는 一二〇〇메
타의 전푸른 海心에 역울히 묻힌 수
물여덟개의 검은 눈망울속 눈망울마다 감
고간 원수의 모습이여!。
오늘도 바다 면 선더에 시처 바다를
물어보는 눈먼자탐을 가슴속 도라오지 않
는 아빠요! 남편이요!。

『자유신문』, 1948년 7월 3일, 2면

조난자를 구휼

명동 1가 3통 미거(美擧)

본사 기탁

독도사건이 발표되자 세상의 물의는 나날이 높아지고 동족의 비애와 유가족의 참경을 생각할 때 눈물을 금할 수 없는 사실로 이 소식을 들은 명동 1가 3통에서 사는 전주환 씨와 수명의 동민들은 푼푼이 모은 돈 2,800원을 가지고 작(昨) 2일 본사 사업부에 찾아와 작으나마 구휼금으로 전해주기를 기탁한 바 있었는데 이 같은 갸륵한 동포애에 일반은 감격하여 마지않는다고 한다.

비기 13대가 계속 폭격

독도사건에 춘천 공보원서 발표*

지난 6월 8일 미 연습기의 폭격으로 다수의 어선과 인명의 희생을 낸 독도사건의 진상을 조사코자 현지에 출장하였던 춘천 미국 공보원에서는 이번 그 피해 상황을 다음과 같이 발표하였다.

지난 6월 8일 독도에 출어하였던 18척의 어선은 독도에서 멱[海布]을 따다가 난데없는 비행기의 습격을 받았다 한다. 귀환한 윤영도 씨의 말에 의하면 한 쌍의 비행기가 12, 3차례나 섬을 돌면서 습격을 하였다 한다 하며 자기는 양익의 표시까지도 알 수 있었다 한다.

한편 최원식 씨 외 2인의 말에 의하면 2, 3대씩 분산하여 계속적으로 역시 30분간에 걸쳐 폭격을 하였다는데 자기네들은 비행기의 표식도 분별할 여유도 없었다 한다. 그런데 동일 출어하였던 총인원은 56명이라고 하며 배는 18척이 었었다 하는 바 동일 피해를 입은 인명과 선박은 다음과 같다.**

▲ 미귀환자: 김중선(金仲善)(20), 최덕식(崔德植)(34), 김태현(金泰鉉)(34), 고원석(高元錫)(18), 김해도(金海道)(27), 김해술(金海述)(27), 채일주(蔡一株)(27), 권천이(權天伊)(43), 김동술(金東述)(42), 김경북(金慶北)(26), 이두식(李斗植)(27) 외 3명(씨명 미상)

▲ 부상자: 장학표(張鶴票)(중상), 이상주(李相周)(중상), 김태용(金泰龍)(중상), 박춘일(朴春一)(경상), 권진문(權進文)(중상) 외 1명

▲ 미귀환 선박: 도화환(稻荷丸)[기선(機船)], 학성환(學成丸)(기선), 범선(帆船) 5척, 경양환(慶洋丸)(기선), 제5행정환(第五幸正丸)(기선), 해행환(海幸丸)(기선)

(춘천발 합동)

---

* 『대한일보』, 1948년 7월 3일, 2면, "비기 13대 30분 폭격, 살아온 박 씨 표식 확인, 춘천 공보원에서 조사 발표, 울분한 독도사건"; 『호남신문』, 1948년 7월 4일, 1면, "비기 13대가 30분간을 폭격, 춘천 공보원 독도사건 발표".

** 아래의 이름에 오자가 많으나, 기사 원문 그대로 표기하였다.

『조선중앙일보』, 1948년 7월 6일, 1면

적산 문제 등에

청우당서 성명

7월 2일 청우당(靑友黨)에서는 국의에서 논의 중인 적산(敵産) 문제, 독도사건 및 양곡감배(糧穀減配) 문제에 관하여 다음과 같은 요지의 성명서를 발표하였다.

(중략)

2. 독도사건에 대하여

민족적 격분을 불금(不禁)하는 해(該) 사건에 대하여 미군 당국은 사건 발생 후 20일이 경과한 오늘 완전한 진상 발표와 책임 소재를 분명히 하지 않는 것은 너무도 일방적인 처사로서 우리 민족을 멸시하는 태도라 아니할 수 없으나 미 당국은 피해자인 우리와 상의하여 배상액을 결정할 것이며 다시 여사한 사건이 재발하지 않도록 미군은 우리 영토에서 철퇴(撤退)하라.

(이하 생략)

자주적 조사 주장

독도사건에 민독당 담*

【서울 7일 발 합동】 민독당(民獨黨)에서는 7일 독도사건에 대하여 민족적 입장에서 조사대 편성을 주장하는 다음과 같은 담화를 발표하였다.

독도사건 발생 이후 수순이 경과하였음에도 불구하고 아직까지 정확한 진상 발표와 철저한 책임 구명이 없음은 사건 자체를 경솔 내지 묵과하려는 것으로 우리는 미군 당국의 맹성(猛省)을 촉(促)하는 바이다. 더욱이 미군 당국의 단독적 조사 진행은 일방적이며 공정을 기할 수 없는 바로 우리는 민족적 입장에서 정당 사회단체와 언론 법조 등 각계각층을 망라한 조사대 편성을 주장하는 동시에 여사한 사건 재발을 근본적으로 방지하기 위하여 외국군의 즉시 철퇴를 강력히 요구한다.

---

* 『강원일보』, 1948년 7월 8일, 2면, "자주적 조사 주장, 독도사건에 민독당 담(談)"; 군산신문, 1948년 7월 8일, 1면, "민족적·조사대 편성 독도사건에 민독당(民獨黨) 담화"; 『수산경제신문』, 1948년 7월 8일, 2면, "조사대 편성하자! 민독당서, 미군의 맹성(猛省) 촉구"; 『자유신문』, 1948년 7월 8일, 1면, "독도 조사대 편성, 민독당에서 주장"; 『조선일보』, 1948년 7월 8일, 2면, "우리의 조사대 편성과 외군 즉시 철퇴를 요구 독도사건에 민독당 담화"; 『한성일보』, 1948년 7월 8일, 2면, "독도사건에 조사단 파견하자, 민독당에서 담화 발표"; 『호남신문』, 1948년 7월 9일, 1면, "독도사건 조사대 편성하자, 민독당서 일방적 조사 논란".

『남선경제신문』, 1948년 7월 8일, 2면

넘치는 동족애*

지방 각 군서 위문금 속속

한스러운 독도 조난 유가족에 대한 위문금품 모집은 도(道)와 도(道) 어련(漁聯)의 후원을 얻어 지난 6월 25일부터 본사에서 취급하고 있거니와 과연 각계각층에서 거출되는 위문금은 날이 갈수록 비등(沸騰)되고 있으며 마감날 10일을 앞두고 작 7일에는 경북 과물(果物)동업조합 및 동 회사로부터 1만 4천 5백원을 위시하여 철도경찰서원 일동 5천 6백원이며 각 회사 단체 외에 멀리 영주(榮州) 곡물검사소장 이하 직원 총 6명이 137원 60전이란 빈자의 일등(一燈)에 끼어 있었다. 그것은 해방 이후 하도 많은 기부금 말에 귀딱지가 앉았고 가난한 살림에 지쳐서 남을 돌보기는커녕 자기 생활의 유지에도 급급하다 하면서도 민족의 비분사인 독도 조난에 대하여서는 솟구쳐 오르는 정연한 동족애의 발로이라 아니할 수 없다.

---

* 『경향신문』, 1948년 7월 10일, 2면, "독도사건의 이재민, 구제금 본사에 기탁"; 『조선일보』, 1948년 6월 26일, 2면, "독도사건 유가족에 순정어린 의원금, 성도 중학생 본사에 기탁".

『수산경제신문』, 1948년 7월 8일, 2면

전 민족은 감시
진상 밝혀라!

독도사건

사상 초유의 일대 불상사 … 50만 어민과 더불어 전 조선 3천만 인민의 노도와 같은 격분을 자아낸 민족적 비참사 … 이러한 비참한 불상사가 해방된 이 땅에서 우리를 해방시켜준 맹방의 비행기 B29의 폭격으로 생기된 비극이었다는 것은 참으로 의아한 일이며 그들이 우리 민족의 참다운 벗으로 세워주었던 사람들인가를 의심하게 됨은 매우 불행한 유감사라 아니 할 수 없다.

평화적으로 어업에 종사하고 있는 양같이 순한 어민들을 몰살하려 하였음은 무슨 까닭이었으며 이러한 야만적 행동을 한 군인은 그대로 내버려두는가? 이것은 마땅히 가져야 할 민족적인 수수께끼가 아닐 수 없다. 그러나 사건 발생 후 날이 가고 달이 가도 아직 이것에 대한 수수께끼를 풀어주는 정확한 진상 발표와 책임의 구명이 없음은 또 한번 가지게 되는 커다란 수수께끼가 아닐 수 없다. 이에 있어 미군 당국은 금번 사건이 조선 민족에 준 충격이 얼마나 컸다는 것과 동 사건 처리에 대한 관심이 얼마나 크다는 것을 잘 알아야 할 것이며 이러한 커다란 수수께끼를 풀어주는 데 있어 미군의 책임이 얼마나 중대하다는 것을 깊이 알아야 할 것이다. 50만 어민과 더불어 3천만 전 민족은 하루 속히 사건의 정확한 진상과 책임 구명을 고대하고 있는 것이다.

『조선일보』, 1948년 7월 8일, 2면

독도사건 배상책 강구

책임 비행사, 군법회의 회부*

지난 6월 8일 독도 근해에서 해초를 채집하고 있던 동포들의 어선을 무참하게 폭격하여 사상자 14명, 중경상 9명, 어선 10척을 침몰케 한 세칭 '독도사건'의 일대 불상사에 관하여는 그 후 미군기의 실수였다는 것이 거의 판명되었는데 제27차 국회 본회의에서 보고된 바에 의하면 맥아더 사령부에서는 이 사건에 관한 신중한 조사와 아울러 인명 기타의 손해배상을 원만한 방법으로 후히 할 수 있는 대책을 강구 중에 있어 근일 중으로 명확한 진상도 발표할 예정이라 한다. 그런데 특히 주목할 바는 동 사건의 '책임 비행사'들은 이미 군법회의에 회부되었다는 바 그 귀추는 주목되고 있다.

---

* 『동광신문』, 1948년 7월 9일, 2면, "독도폭격 책임 비행사, 군법회의에 회부"; 『남선경제신문』, 1948년 7월 8일, 1면, "독도폭격 책임자 군법회의에 회부"; 『수산경제신문』, 1948년 7월 8일, 2면, "근일 발표, 폭격한 비행사들, 군법회의 회부?"; 『조선일보』, 1948년 7월 8일, 2면, "독도사건 배상책 강구, 책임 비행사, 군법회의 회부"; 『한성일보』, 1948년 7월 8일, 2면, "독도 폭격한 비행사들, 군법회의에 회부, 귀추 주목"; 『호남신문』, 1948년 7월 9일, 1면, "독도폭격 책임자들 군법회의에 회부".

단기4281년 7월 7일(수) 상오 10시 5분 국회 제27차 회의

1. 보고사항**

(중략)

○ **윤치영 의원:** 외무국방위원회로부터 보고하겠읍니다. 원체 이것이 외무국방위원회와 관련되어 있는 성질로 생각하지 않읍니다. 그러나 공문이 왔기 때문에 보고해 드리겠읍니다. 울릉도 습격사건에 대해서 상세히 조사한 보고이고요. 거기에 대해서 손해배상이라든지 여러 가지 적절하게 해결하여 주겠다는 이것은 비공식입니다. 신문기자 여러분은 발표하여 주시기 않기를 바랍니다. 왜냐하면 이게 내용적으로 해결된 문제니까, 공식으로 해결된 문제가 아니니까 이것을 발표하지 않기를 바랍니다. 이것은 국회의원에게만 발표하는 것입니다.

독도 습격사건에 있어서 전체로 개인에 대한 손해, 인명에 대한 손해, 선박이라든지 그 살해 당한 개인의 가족 수효에 평균하도록 조사해 가지고 전체적 배상을 갖다가 가장 원만하게, 더욱 풍부한 금액으로 지출해 주었다 합니다. 거기 대해서 공식으로 말씀하지 않고 비공식으로 사적으로 본 의원한테 말했읍니다.

유감의 의도를 표하는 동시에 어저께 잠간 말씀있었읍니다. 직접 손해를 오인하고 연습한 당사자는 군정재판에 부쳤다고 했읍니다. 이것도 내적으로 해결이 되고 공식은 아닙

---

* 국회회의록: "제1대 국회 제1회 제27차 국회 본회의(1948년 07월 07일) 1. 보고사항" 참조.

** 이하 국회 속기록 내용은 지금의 맞춤법대로 교정하지 않고 '국회회의록'에 있는 내용 그대로 옮겼다(국회회의록 사이트: http://likms.assembly.go.kr/record/index.jsp).

니다. 비공식으로 모 외국인을 통해서 본 의원에게 회답하는 것은 비공식으로 받어달라는 말씀이니까 여러분 이렇게 아시고 양해해 주시기 바랍니다.

그러고 살해사건과 인원피해, 경과에 대해서 조사한 것을 군정청 남조선과도정부 경무부장 조병옥씨로부터 공함이 있어서 참고 삼아 말씀드립니다.

경수정 제201호

1948년 7월 6일

남조선과도정부경무부장 조병옥

국회외무국방위원회 위원장 윤치영 귀하

울릉도근해어선피습사건에관한건

(대외위 제1호)

귀하께서 조회하신 표기지건에 관하여 당부에서 조사, 판명된 사건내용 좌기와 여하옵기 자이 회보함.

기

1. 사건발생 일시급장소

1948년 6월8일 오전 11시경

경북 울릉도 근해 독도 부근에서

2. 피해인원급선박

(가) 사망 14명

(나) 중상 2명

(다) 경상 8명

(라) 운반선 2척 격침

(마) 목형발동선 3척 격침

(바) 선 6척 격침

3. 사건개요

전기 일시장소에 국적불명의 4발 비행기 9대가 비래하여 동 도를 일주한 후 동 도 부근에 화포 채취차 출어한 어선 15척(승조 총인원 45명)을 목표로 돌연 종류 불명의 고성능의 폭탄을 투하하는 일방 기총소사를 약 20분간 감행하였으므로 출동 선박급 인원중 전기와 여한 피해를 몽케한 후 하처인지 비거하였음.

4. 경찰 조치

급보에 접한 제5관구청급 소전울릉도서에서는 즉시 포항 묵호 양기지해안경비사령관급 관계당국과 긴급한 연락협조하에 해상조난구조원을 동원하여 현지에 파견구명작업의 결과 사체 2를 발견수용하는 동시 계속 구조작업중임.

5. 참고사항

전기 소행을 감행한 비행기에는 미군용 마크가 있음을 목격하였다 함.

이상에 대한 보고입니다.

아까 먼저 말씀과 같이 이것은 어떤 호의를 가진 그 방면의 말씀이니까 여러분은 그쯤 아시고 이 보고를 일단락을 질랴고 하며 다시 비공식으로 회답이 있으면 회답있는 대로 보고하여드리겠습니다.

또 한 가지는 이 보고를 신문지상에 게재하지 않기를 요청합니다.

○ **나용균 의원:** 이 사건에 대해서 비공식으로 사적으로 보고를 하시고 방청석에 계신 이도 있고 신문기자도 있는데 신문에 게재하지 말라고 하시면 내지 말라는 말까지 낼 것 같읍니다.

○ **윤치영 의원:** 대단히 감사합니다. 이것은 신문에도 발표가 되었고 이미 세상에 공공연하게 아는 사실이올시다.

(이하 생략)

「한성일보」, 1948년 7월 8일, 2면

독도사건 진상 밝히라

야만적 '스릴'에서 느끼는 쾌감을 탐하려는 고의적인 행동이었거나 혹은 선의로 해석해서 착오 내지 과실이 빚어낸 비극이었거나 평화를 사랑하고 병화를 피하여 온 우리 겨레로서는 지난 6월 8일 망망한 동해의 고도 독도에서 발생한 불쌍한 우리 동포 어부에 대한 참변, 지나간 반세기의 굴욕과 □□의 회상 속에서도 찾아볼 수 없는 생각만 하여도 끔찍스러운 피눈물의 민족적인 커다란 비분이었다.

민족적인 커다란 비분!
성의 있는 당국 석명(釋明) 요망

오랫동안 외적의 압박과 □마가 기어이 일으키고만 파괴 전쟁으로 인해서 갖은 고난을 다 겪고 자유 해방이 된 봄이 내 나라 내 땅에서 남이 부러워할 평화로운 생업에 자자하다가 하늘이 무심하기로니 난데없는 비행기 폭격을 받다니? 한때는 그 비행기를 원망도 하였으나 이 통분을 호소할 바를 모르는 우리는 독립을 못 이루고 초조한 마음을 억누르지 못하는 마음에 나라 없고 배경 없는 겨레의 설움을 더욱 쓰리게 느꼈을 뿐 무슨 소용이 있을까? 다만 차디찬 형태조차 분간하기 어려운 몸을 싸고 몸부림친 아내와 가련한 어린 자식들만이 불쌍할 따름이다.

사건이 발생한 지 익히 한 달을 경과하여도 우리의 원혼과 통분을 조금이라도 풀어줄 만한 책임 당국의 사과 내지 조사 내용은 슬프나마 아직도 알아볼 기회조차 없다. 다만 미군 당국으로부터 배상 운운으로 단지 피해 사건 자체에 만족한다. 몇 가지의 변명 비슷한 약간의 발표가 지난번에 있을 뿐이었으나 보답해서 배상 운운 정도의 석명이란 우리의 호의와 기대에 너무나 거리가 먼 느낌이 있다. 독립을 먼저 이루려는 거룩한 과업 아래서 국제 우의를 존중하는 정신을 다만 당국의 성실하고 우호적인 예의적 조처를 고대하고 이로 인해서 모든 것을 잊어버리려는 이 나라 겨레의 진심을 책임 당국에서는 깊이 인식해야 할 것이다.

12. 1948년 7월 9일 ~ 11일

군정장관 딘 소장의 답변

『공업신문』, 1948년 7월 9일, 2면

독도사건은 급속 배상

액수 알 수 없으나 유가족이 감사

딘 군정장관 담*

8일 딘 군정장관은 중앙청 출입 기자단 회견 석상에서 대요(大要) 다음과 같은 문답을 하였다.

(중략)

[문] 독도폭격사건 소청위원회가 7월 5일 귀환하였다는데 그 진상과 조사 내용을 발표할 수 없겠는가?

[답] 7월 5일 귀환한 것은 사실이다. 동 사건에 희생된 유가족 28명과 경상자 7명에 대하여 배상금을 지불하였는데 가족 1명은 주소를 몰라서 탐문 중에 있다. 그리고 문제에 대하여 하지 중장이 급속히 처결한 데 관하여 유가족들은 감격하고 있다. 귀환한 소청위원회 보고에 의하면 중경상을 입고 파선이 되어 돌아온 사람들은 적개심도 없고 매우 고마운 듯이 말하고 있다. 수산국 미인(美人) 고문도 위원의 한 사람인데 그 말에 의하면 유가족과 피해자가 동 사건 배상의 급속한 처결에 감사한다는 말을 듣고 퍽 기뻐하였다 한다. 그리고 생환자 전원은 폭격은 있었으나 기총소사는 없었다고 말하였으며 그 이유는 중

---

* 『강원일보』, 1948년 7월 9일, 2면, "유가족에겐 배상해줬다, 독도 소위 보고 근근 공표"; 『경향신문』, 1948년 7월 9일, 2면, "독도사건 배상 지불, 7백만원 사건 폭로 원치 않는다, 딘 군정장관 기자회견 담"; 남조선민보, 1948년 7월 9일, 1면, "울도 참변 유가족에 충분한 배상 공여, 딘 장관 기자단에 언급"; 『대동신문』, 1948년 7월 9일, 2면, "독도사건 배상을 지불, 석탄 시내 반입 제한은 폐지, 딘 장관 회견 담"; 『동광신문』, 1948년 7월 10일, 2면, "독도사건 배상한다, 딘 장관 기자회견 담"; 『부인신보』, 1948년 7월 9일, 2면, "독도사건 배상하겠다. 칠백만원 사건 정부 수립 후 발표? 딘 장관 기자단 회견 석상서 언급"; 『서울신문』, 1948년 7월 9일, 4면, "이미 배상했다고 문제의 독도사건에 딘 장관 담"; 『한성일보』, 1948년 7월 9일, 2면, "신탄의 반입 통제는 해제! 독도사건 소청위원들 5일 귀선, 딘 군정장관 기자단 회견"; 『현대일보』, 1948년 7월 9일, 2면, "28 유가족에 배상금 독도사건 소위 보고 추후 발표 대일무역 상의차 헬믹 소장 도일, 딘 장관 언명"; 『호남신문』, 1948년 7월 10일, 1면, "28명의 유가족에 배상, 독도 '소위' 보고 근일 중 공포, 딘 장관 기자단에 언명".

폭기(重爆機)에는 기관총 장치가 없기 때문이다.

[문] 그 배상액과 폭격한 사람은 누구인가?

[답] 그 관계자는 항공군(航空軍) 소속이므로 나로서는 모른다. 또한 그 배상액도 하지 중장이 소청위원회와 상의해서 결정한 것이기 때문에 나로서는 모르겠다.

(이하 생략)

『수산경제신문』, 1948년 7월 9일, 2면

기총소사는 한 일 없고 피해 배상은 지불했다

세목(細目)은 추후 하지 중장이 발표*

독도사건

독도사건에 대한 진상 조사와 피해 정도를 배상코자 미 24군단으로부터 파견된 소청위원단 일행의 거추 동향은 온 겨레의 이목을 이끌고 있는 바 군정장관 딘 소장은 작 8일 중앙청 기자단과의 회견 석상에서 동 진상과 피해 정도에 대하여 다음과 같이 말하였다.

위원단 일행이 지난 5일 귀임한 것은 사실이다. 희생이 가장 큰 28명의 유가족과 경상당한 유가족 7명에 각기 배상을 지불하였는데 그 중 1명은 주소 불명으로 아직 지불 못하고 있다. 그리고 하지 중장은 동 사건의 급속한 처결을 요망하고 있었던바 동 위원단과 또 수산국 미인 고문인 맥크로드 씨의 보고에 의하면 이번 사건에 관련된 생환자 중 이와 같은 급속한 처리에 좋은 태도와 사의를 표하고 있다 한다. 그런데 동 사건의 생존자들도 폭격은 인정하나 기관총 소사는 인정치 않고 있을 뿐 아니라 태평양 방면 보고에 의해도 중폭격기라는 것은 기관총 소사가 불가능하다고 한다. 비행기 승무원들은 항공군 소속이기 때문에 본관도 모르는 일이다. 또한 상세한 정도는 하지 장관이 취급하는 것 역시 모른다. 상세한 것은 하지 장관으로부터 발표하게 되었다.

---

* 『자유신문』, 1948년 7월 9일, 2면, "배상 지불했다, 기총소사만 없는 일, 독도사건에 딘 군정장관 담".

[사설]

독도사건 처리에 대하여

1

독도폭격사건은 6월 말 내로 진상 발표가 있을 듯이 전하더니 아직 하등의 책임 있는 곡절(曲折)을 전하는 바 없이 8일에는 딘 군정장관으로부터 하지 사령관이 임명하였던 소청위원이 현지에 가서 피해 가족에게 배상을 하여 그들은 만족하고 있다는 것을 발표했다. 사건 처리의 신속을 위하여 피해자의 소청(訴請)을 받기 위하여 관원(官員)을 현지에 파견하고 피해 조사 결과로써 배상을 하였다는 친절은 잘 알 수 있다. 그러나 본 사건이 한번 전해지자 조선 사람이 저마다 민족 감정에서 분노를 느꼈던 것이 무엇 때문이었던가를 생각할 때 본 사건의 해결은 후하고 친절한 물질에 의한 배상 그것만으로 고칠 것은 못 된다. 즉 조선 사람의 흉중(胸中)에서 아직 풀리지 않고 있는 것은 사건의 솔직한 전말(顚末)과 책임의 소재를 밝히지 않고 있고 그 책임을 어떤 절차와 어떤 방법에서 처리하느냐를 모르고 있다는 것이다. 이는 혹(或) 소심자류(小心者類)의 논법으로 하면 반미 감정의 도발을 위한 것이라고 할는지도 모르나 우리는 그러함으로써 대미국(大美國)의 공명정대를 더 이해할 수 있고 따라서 민족 감정을 더 친미적으로 우호 정신을 돈독히 할 수 있을 것을 생각할 수 있기 때문이다.

2

미군 극동항공사령부나 또는 미 점령군사령부, 또는 미국 당국은 모름지기 독도폭격사건의 전말을 솔직히 밝힐 것이다. 사건이 조선에서 전해지자, 미군 태도는 어떤 것이었던가. 그 태도는 불철저하고 애매했다. 최초는 그런 사실의 인증(認證)조차 하지 않고 모른다는 것이었다. 다음이 조사케 한다고 하고, 만일 미군의 소위(所爲)였다면 우발적이었으리라 했고, 그 다음이 고공(高空)에서 어선군(漁船群)을 암석으로 오인했었다 하고 단 기총소사의 사실은 없었다고 부인하면서 더 조사할 것이라 한 다음 그 이상 사건의 진상은 발표되지 않고 있다.

B29라는 최성능(最性能)의 폭격기가 오인했다면 어떻게 되어서 오인했을까 기총소사(機銃掃射)의 사실이 없다면 피해자들은 무엇을 가지고 기총소사라고 했을까 좀 더 기술적인 구체적 해명이 있어야 할 것이다. 지금까지 우리는 책임 당국 혹은 그 대변자로부터 책임 있는 설명을 듣지 못하고 있는 것을 유감으로 여긴다. 우리가 정부가 있다면 의례히 우리 정부가 여론에 앞서서 우리 편에서 진상을 조사하고 그 결과를 가지고 미국 측과 교섭하여 모든 문제의 우호적 해결을 기할 것이었으나 지금 국민의 정부가 없고 보니 군정의 기관인 과도정부도 이 사건에 그만하고 있고 국회에서도 대단히 흥분하여 비분(悲憤)한 공기만 보이고 그 이상 아무런 조처도 없었다. 마침내 하지 사령관이 임명한 소청위원이 현재에 이르러 배상함으로써 일방적 해결을 지은 듯 전하고 있을 뿐이다.

3

물론 원만 해결을 바라는 바이다. 그러나 조선 사람은 지금 물질 배상과는 별개로 사건의 진상과 책임의 귀속이 명확해지지 않는 이상 돈이나 받았으면 그만이지 하고 물러서려고 하지 않는 것이 진정한 심정이요. 이런 것이 민족 심리적으로 흘러 내려오는 일종의 전통(傳統)인 것임을 알아야 한다. 우리가 해방에 이르기까지 또 이후 미국에 대한 감사도 잘 알고 있다. 그러나 언어 풍속이 판이한 이민족(異民族)과의 많은 접촉 가운데는 감사한다는 그것만으로 서로 감정의 융화가 있기 힘든 것은 누구나 짐작할 수 있는 바로 뜻하지 않은 오해도 있기 쉬운 바이다. 개인 간에도 그러기 쉽거든 문제가 독도사건에 이르러서는 최초의 보도가 '모국 비행기(某國飛行機)'로 전했고 또 미국 측이 인증(認證)치 않았던 데서 모국은 누구냐의 민족 감정도 컸었다. 그뿐 아니고 사건이 이런 범위의 것은 본래가 국제성을 가지는 것이어서 비록 점령지역 내의 점령군에 의하여 발생된 사건이라 하지만 국민적, 국가적인 감정과 이해에서 자기 국토와 동포에 대한 안전보장의 당연한 권리를 주장키에 이르렀을 때 가해 측은 응당 배상, 진사(陳謝) 등등 정중한 절차를 갖추어야 하는 것이다.

일방적 조사와 배상은 민족 감정의 무시

내용 모를 당국 처리에 의혹 점대(漸大)

독도사건

사건 발생 후 이미 만 1개월을 경과한 미군 항공대의 독도폭격사건은 그간 전 국민의 중대한 관심사로 되어 있으면서도 사건 진상은 알아볼 도리도 없이 다만 우리에게 의당 내용을 알려주리라는 미군 당국에 대한 기대도 헛되이 미군 당국에서는 일방적으로 조사를 하고 또 일방적으로 배상을 하고 돌아온 지도 수일이 지나도록 일언반구 우리의 의혹을 풀어주는 사건 내용이나 배상 내용을 발표함이 없이 시치미를 떼고 있던 것이 8일 딘 장관 회견 시에 비로소 알려졌다.

도대체 배상을 하는데도 우리의 의견 하나 물어봄이 없이 갔거든 배상이 끝난 뒤에면 결과 발표만이라도 있어야 할 것이거늘 시종일관 민중의 감정을 전연 무시하고 미안하다는 정식 사과 하나 없는 당국 태도에 일반의 민족 감정은 진정시킬 바를 모르게 되었을 뿐 아니라 딘 장관이 전하는 소청위원회의 단편적인 보고 내용은 우리의 상식으로는 판단키 곤란한 문제가 있어 의혹은 점점 확대되어가고 있는데 8일 딘 장관의 동 사건에 대한 답변 내용은 다음과 같다.

독도사건 소청위원회는 7월 5일에 귀환한 것은 사실이다. 그리고 비교적 피해가 많은 28명의 유가족과 피해 정도가 심하지 않은 7명의 유가족에게는 배상금을 지불하였는데 한 사람만은 유가족의 소재가 판명되지 않았다 한다. 현지의 유가족들은 하지 중장의 조속한 처결에 감격하고 있으며 돌아온 소청위원회 보고에 의하면 중상이나 경상을 당하거나 배만 부서지고 살아온 사람들도 감사히 여길 뿐이지 미군에 대하여 하등 적개심을 갖고 있지는 아니하고 또 동 사건이 전연 우발적 사건이었음을 누구보다도 피해자 자신이 더 잘 인정하고 있다 한다. 그리고 누구나 다 폭격은 인정하지만 기관총 사격은 인정치 않는다 하며 동 폭격 사건에는 중폭격기가 관계된 것이므로 기관총 소사 설비가 없는 중폭격기 행동에 기관총 소사 사실이 없는 것은 당연할 일이다. 이번 사건에 관계자는 항공군 소속이라 나는 알 수 없으며 배상 금액은 하지 중장이 임명한 소청위원회가 처결한 것이므로 그 역시 나로선 알 수 없다.

[사고(社告)]

본사 주최 독도 조난 동포 위문금 위문품 모집

모집 기간 7월 15일까지 연기

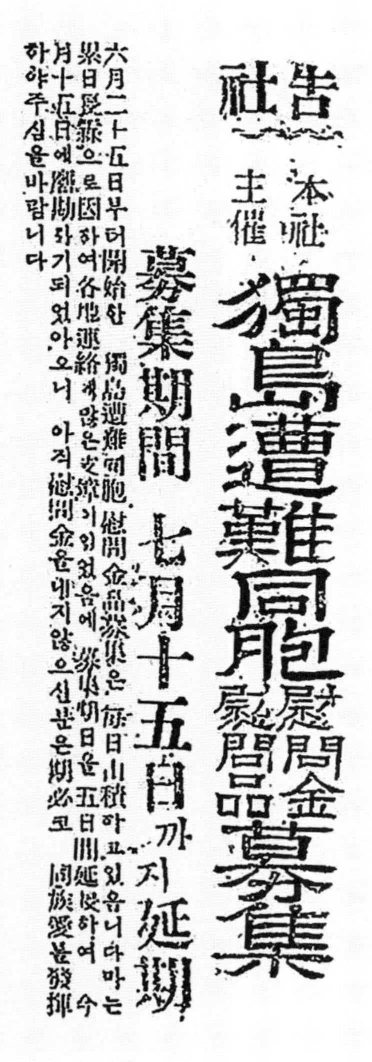
社告

本社主催 獨島遭難同胞慰問金慰問品募集

募集期間 七月十五日까지延期

六月二十五日부터開始한 獨島遭難同胞慰問金品募集은 每日山積하고 있읍니다마는 累日長霖으로因하여各地連絡에 많은 支障이 있었음에 募集期日을 五日間延長하여今月十五日에 締切하기되었아오니 아직 慰問金을 내지않으신 분은 期必코 同族愛를 發揮하야주심을 바람니다

6월 25일부터 개시한 독도 조난 동포 위문금품 모집은 매일 산적하고 있습니다마는 누일(累日) 장림(長霖)으로 인하여 각지 연락에 많은 지장이 있었음에 모집 기일을 5일간 연장하여 이번 달 15일에 마감하기로 되었사오니 아직 위문금을 내지 않으신 분은 기필코 동족애를 발휘하여 주심을 바랍니다.

『동아일보』, 1948년 7월 10일, 2면

민족의 여론 참작 적절한 배상을 요망

독도사건

미군 폭격기의 폭탄에 수많은 피해를 받은 독도사건의 진상을 조사하고자 그동안 현지에서 활동 중이던 미군 특별 소청위원회에서는 35건의 피해에 대하여 엄밀한 조사를 마치고 지난 5일 귀임하는 동시 피해자들에게 각각 소정의 배상을 완료하고 다만 한 건만은 피해자의 유가족 주소를 알지 못하여 배상을 지불하지 못하였다고 한다.

그러나 독도폭격사건은 우리 민족에게 커다란 충격을 주었던 사건이므로 한국 민족의 공정한 여론과 의견을 청취하여 적절한 배상을 지불하지 않고 미국의 독단적 견해와 피해 조사로서 배상을 지불하고 그 진상을 밝히지 않는 데 대한 민족의 흥분은 아직도 가라앉지 않은 것으로 금후 하지 중장이 이 문제에 대하여 어떤 정도의 사과와 진상 발표가 있을는지 자못 커다란 주목을 받고 있다.

『평화일보』, 1948년 7월 10일, 1면

피해에 대한 배상 내용과 조사 결과가 묘연!

미 당국의 일방적 처사에 물의 비등

독도사건

민족의 '피의 기록'인 독도사건은 월여(月餘)를 두고 미군 당국의 적극적인 성의를 표명하여 하지 중장이 직접 임명한 소청위원들은 독도 현지에서 피해 상황 기타 인명 손상 및 어선 파괴 등 지난 5일 세밀한 조사를 완료하고 귀환하였다고 한다. 민족적 주시하에 진행된 동(同) 조사단 일행의 보고와 피해자에 관한 배상 진상 여하가 주목되는 동시 미 당국의 최대의 성의를 기대하였다. 연(然)이나 소청위원 일행이 귀환한 지도 오랜 이때 아직도 그 진상 전모가 발표되지 않고 있는 것은 민주주의의 선진국가 미 당국의 태만에서 오는 것이라고 여론이 비등하고 있다. 오늘 초초히 기다리는 피해자 유가족들은 무참히 돌아간 부형(父兄)과 남편들의 사체를 안고 울고 있을 뿐이니 급속 조사 결과를 전 민족에게 발표하는 것이 최대의 성의를 표하는 것이라고 본다. 딘 군정장관은 8일 기자단 정례회견 석상에서 "하지 중장이 희생자 28명의 유가족과 경상자 7명에게 배상을 지불하고 나머지 1명은 아직 찾지 못하였다. 일반과 희생자들은 하지 중장이 사건을 급속히 선처해준 것에 대하여 감사히 생각하고 있다. 소청위원회 멤버들은 미군이 폭격을 가한 것은 시인하나 기총소사는 없었다고 일반(一般)이 말하였다. 배상액에 대해서는 하지 중장이 관계하는 것으로 세밀한 것은 모르나 추후 발표될 것이다."라고 언명한 바도 있어 처리를 완료한 것은 사실인데 어째서 처리 발표를 □□하는가? 비록 사건은 우연적 발생이라고 하지만 결과는 수십 명의 인명 손상까지 이른 것은 크나큰 불상사이므로 미 당국은 급속히 그 전모를 발표하여 최대의 성의를 표하기를 기대하여 마지않는다.

『대공일보』, 1948년 7월 11일, 1면

일반의 의아 초래

독도사건 해결 지연으로

동해의 고도(孤島) 독도에서 미공군이 폭격을 연습하다가 조선 어선군을 폭격하여 다수한 인명의 살상을 한 사건은 그동안 미군 측에서도 유감의 뜻을 표하고 손해 등을 배상하기로 하였으나 사건 발생한 지 월여(月餘)가 지났고 조선 주둔군 사령관 하지 중장이 소청위원을 선정 파송(派送)하여 현지에서 피해 상황을 세밀히 조사시켰는데 동 조사원이 지난 5일 귀환한 후 벌써 45일이 경과하도록 자세한 진상의 발표와 배상의 정도 등 구체적 표시가 없어 일반의 의아가 적지 않다.

『조선중앙일보』, 1948년 7월 11일, 2면

처리는 너무 고답적

조선 인민의 의아는 짙어갈 뿐

독도사건

지난 8일 딘 군정장관은 독도사건 피해자에 대한 배상을 완료하였다고 언명하였다. 지난번 소청위원이 현지로 향하였다는 보도가 전하여졌을 때 조선 민족은 안개 속에 쌓여 있는 듯 어렴풋한 사건의 진상이 밝혀질 것을 기대하였으며 또한 반드시 이를 밝혀 우리들 앞에 똑똑히 제시하기를 강경히 요청하였던 것이다. 그러나 오늘날까지 사건의 진상에 대한 상세한 발표가 없이 배상을 완료하였다고 한다. 그도 어떤 사람한테 어떻게 배상하였다는 설명도 없이 다만 배상하였다고만 하였으니 이는 너무도 고답적인 처사라 하지 않을 수 없으며 조선 민족을 멸시하는 태도라는 비난을 면할 수 없을 것이다.

만일 미국 비행기에 의한 참변이 아니라면 미군 당국에서 배상 운운할 필요도 없는 것이거늘 미군의 소행이라는 것을 공식적으로 시인도 하지 않고 한편으로는 배상을 하였다는 발표가 전하여지니 조선 사람들은 어리둥절할 수밖에 없으며 이에 대한 의아는 더욱 짙어갈 뿐이요. 민족적인 분노는 새로워질 수밖에 없는 것이다. 조선 사람들이 아무리 단순하고 착하다 할지라도 이 사건의 경위를 짐작조차 못하리만큼 착하고 단순하지 않을 것이다. 다만 이 사건은 짐작이나 추측으로 해결 지을 수 없다는 것이다. 따라서 사건의 진상을 명명백백하게 밝히자는 것이다. 이러함으로써 이후로는 이러한 불쾌한 사건의 발생을 근본적으로 없애자는 데 그 본의가 있는데 그러자면 이에 대한 책임 측 정식 진사와 및 정당한 보상을 정당한 방법으로 해야 한다는 것이다.

진상 발표 요망
인공당 담

독도사건에 대하여 인공당(人共黨)에서는 9일 다음과 같은 요지의 담화를 발표하였다.

전 민족의 분노를 격발시킨 독도사건에 대하여 미군이 일방적으로 조사를 한 다음 아직까지 사건 내용의 진상 공표도 없이 갑자기 배상 조치가 일방적으로 한 것은 무슨 까닭인가. 이 사건은 중대한 만큼 배상도 피해를 입은 조선인 자신이 요구하여야 할 것이며 마땅히 조선인 자신이 사건 내용을 조사하여 그의 진상을 자유로 공표할 것이며 사건 최고책임자들로부터 조선 인민에 대한 정식 사과가 있어야 할 것이다. 그리고 가해자에 대한 재판에는 피해인으로서 조선인의 참석과 발연이 있어야 하며 가해자에 대한 엄중한 처단이 있어야 할 것을 우리는 요구한다. 우리는 장차 이러한 사건의 재발을 없게 하기 위하여서도 외군의 철퇴를 강력히 요구한다.

민족을 무시, 대국 아량 보이라
사회민주당 담

독도 어선 폭격사건 발생 이후 1개월이나 경과했음에도 불구하고 그에 대한 정확한 진상 발표와 철저한 책임 규명도 없이 조선 민족의 격분을 산 이 중대 사건을 슬쩍슬쩍 묵살하려는 것은 조선 민족을 무시한 것으로 밖에 보이지 아니한다. 대국의 아량을 가졌다면 정정당당히 진상을 발표하는 것이 오히려 조선 민족의 오해도 풀 수 있을 것이다. 미군 당국이 단독적으로 조사를 진행하고 일방적으로 '배상' 운운함은 사건을 은폐하려는 것이 아닌가 의아하다. 자유의 평화를 사랑하는 국가의 엄연한 태도를 보여주기를 갈망한다.

13. 1948년 7월 14일 ~ 15일 독도폭격사건 피해자 위문

『남선경제신문』, 1948년 7월 14일, 2면

천막촌 자녀들이

독도 조난 동포에 위문금

독도 조난 동포에게 보내달라고 위문금 315원을 가져온 동인동 □구공민학교 생도를 대표하여 송안자, 리순란 두 소녀가 동교(同校) 최은진 교원 인솔하에 13일 본사를 내방한 미거(美擧)가 있다. 비록 적은 금액이나 동인동 일대의 천막촌에 사는 자녀들로서 그 생활은 실로 처참한 지경에 있으면서도 넘치는 동족애는 눈물겨운 갹금(醵金)이라 아니할 수 없다.

『조선중앙일보』, 1948년 7월 14일, 2면

독도사건에

조련(朝聯) 서울위(委) 담화

전 인민의 격분을 사고 있는 독도사건에 대하여 재일본 조선인연맹 서울위원회에서는 12일 사건이 발생한 지 이미 월여가 경과한 오늘에도 그 진상을 발표 안 하는데 인민의 의아는 날로 깊어가니 즉시 그 진상을 천하에 공표하라는 요지의 담화를 발표하였다.

『한성일보』, 1948년 7월 14일, 2면

독도사건 등 토의

일본 재무장 대책 확대 주비회서*

일본 재무장 대책 주비위원회에서는 12일 하오 3시부터 민독당(民獨黨) 회의실에서 제3차 확대 준비회의를 개최하여 일본 재무장 반대 투쟁 강화책과 제주도 사태 및 독도사건에 관하여 신중한 토의를 하였다. 그러고 당일 참가 단체 명의로 요지가 다음과 같은 성명을 발표하였다. 해방을 축복받은 우리 민족이 또 다시 숙적 왜노의 폭루한 재침을 받게 됨은 아직 자주적 통일 정부를 수립하지 못한 데 근원하는 것이다. 따라서 우리는 외군을 즉시 철퇴시키고 우리 손으로 통일적 민족 정부를 수립하여야 할 것이다. 군벌 일제는 재무장화하고 우리 조국에 대하여 재침입의 기회를 노리고 있는 이때 제주도를 위시하여 남조선 각처에서 유혈 참극이 벌어지고 있음은 더욱 조국 위기의 긴박감을 주는 것이다. 우리는 동족 간의 무력행사를 즉시 중지하고 민족적으로 견결히 단결하여 외세 침략 기도를 분쇄하고 분별 예속화의 위기에서 조국을 구출하여야 한다. 이에 본회는 다음의 조건을 제시하는 동시에 전 애국 동포에게 그 관철을 위한 투쟁에 적극 참가할 것을 호소하는 바이다.

1. 신호(神戶)지구 군사위원회 공판의 부당성을 지적하는 동시에 판결을 받은 우리 민족투사의 무조건 즉시 석방을 강력히 요구하며 일본 정부의 문책론죄(問責論罪)를 주장한다.
2. 독도사건의 진상 발표와 책임 규명을 준열히 추궁하는 바이며 소청위원회의 일방적 조사와 일방적 배상금 지불에 대하여 엄중 항의한다.

---

* 『대한일보』, 1948년 7월 14일, 2면, "왜 재무장 반대 투쟁 강화, 제주 독도사건 토의, 제3차 확대 주비회 개최"; 『부산신문』, 1948년 7월 14일, 1면, "조국 운명은 풍전등화, 동족상잔 벌이고, 민족 역량을 반일투쟁에, 日 재무장 대책준위에서 성명"; 『호남신문』, 1948년 7월 15일, 2면, "신호(神戶) 사건 동포 무조건 석방하라, 일본 재무장대책협의회서 성명서 발표".

3. 제주도 사건은 그 원인을 철저히 구명 검토하여 이를 시정하는 동시에 무력토벌 행동을 즉시 중지하고 평화적으로 해결할 것을 요청한다.

『동아일보』, 1948년 7월 15일, 2면

독도에 보내는 뜨거운 동족애

수산업회에서 위문품 증정*

수산업회에서는 독도사건 희생자를 위문코자 지난 7일 유(楡) 사업부장을 경북 지구로 파견하고 오는 15일에는 김(金) 총무부장을 강원도 지구에 파견하기로 되었는데 이번 위문 행은 독도사건 발생 이후 우리 겨레가 보내는 처음의 미거(美擧)로 다량의 위문품도 배포할 것이라 한다.

---

* 『경향신문』, 1948년 7월 15일, 2면, "독도 희생자에 위문 사절 파견"; 『대한일보』, 1948년 7월 15일, 2면, "독도 위문사절 파견, 수산업회 독도 위문품도 배포"; 『독립신보』, 1948년 7월 15일, 2면, "독도에 위문, 사절을 파견, 수산업회서"; 『자유신문』, 1948년 7월 15일, 2면, "독도 위문사절, 수산업회서 위문"; 『조선중앙일보』, 1948년 7월 15일, 2면, "독도에 위문사절을 파견, 수산업회서"; 『평화일보』, 1948년 7월 15일, 2면, "독도에 위문사절 파견".

원혼이여! 눈을 감으라

21일 현지서 위령제 거행

독도 희생자

【포항 발】 독도 개발의 선각자들로 하여금 원한을 품은 채 죽어가게 한 폭격 사건은 민족의 통사이며 어민의 애사이다. 조선수산 개발사상에 일대 춘사(椿事)로서 영원히 기록되어야 할 것이다. 이 귀중한 희생자의 영혼 14주의 명복을 빌기 위하여 경북 해련(海聯) 주최로 래 21일 독도 폭격 희생자 위령제를 불식으로 현장에서 거행하기로 되었는데 일행은 수시(水試) 계림환(鷄林丸)으로 18일경 출발 예정이라고 한다. 그리고 경북 수산 단체에서는 총 20만원의 위문금도 같이 증여하기로 되었다.

수산업회 위문사절

14일 현지 향(向) 출발

조선 수산업사상에 일대 불상사이오. 또한 민족적 통한사의 하나인 독도사건 희생자를 위문코자 수산업회에서는 위문사절을 파견코자 그동안 준비 중에 있던바 동(同) 업회 비서실장 최종호(崔鍾護) 씨 이하 위문사절 일행은 드디어 작(昨) 14일 아침 급행열차로 서울역을 떠나 현지로 향하였다. 이번 위문사절은 희생자 유가족에 대한 위문과 더불어 사건의 전후 진상도 조사할 것이며 또한 약간의 위문품도 배부하리라 한다.

『조선중앙일보』, 1948년 7월 15일, 1면

독도사건에

민전(民戰)·남로(南勞)에서 성명

13일 민전과 남로당에서는 독도사건에 대하여 다음과 같은 요지의 성명서를 발표하여 주목을 끌고 있다.

지난 6월 8일 독도 어선 폭격사건은 실로 참을 수 없는 만행으로서 3천만 민족 전체의 격분을 폭발시킨 민족 최대의 모욕이며 천추에 사무칠 통분한 일이다. 더욱이 7월 3일부 평화일보 소재의 춘천 미국 공보원 발표에 의하면 13대의 폭격기가 12, 3차례 섬을 돌면서 30분간 계속적으로 조선 선박을 폭격하였다고 한다. 당시 미 극동항공대의 애매한 발표로서 겨우 미 폭격기의 소행임이 확인되었으나 미군 당국은 소위 소청위원회를 조직하여 독도에 파견 운운하며 진상 발표를 그리고 오늘까지 천연시켜 온 것이다. 그러나 일반 우리는 미군 당국이 그렇게 해온 의도가 우리 민족을 무시하고 인도를 짓밟은 자기들의 만행을 끝까지 숨기고 3천만의 분노가 식기를 기다림에 있었던 것을 알게 되어 우리 민족을 우롱까지 하려는 그들의 태도에 더욱 거족적 분노가 타오름을 금할 수 없는 바이다.

우리 3천만은 처음부터 미군만의 소위 소청위원회의 단독 조사를 반대하던 바로서 만약 이번 이 민족 참살이 그들의 발표대로 '착각'에 의한 '우발사'라면 미군 당국은 자기들의 결백을 증명코자 또한 국제적 예의에서 모름지기 우리 조선인 대표를 참가시켜 공명정대하게 진상을 규명하도록 노력하여야 하겠거늘 그들은 무슨 생각을 품었으며 얼마나 잔인한 죄악이 폭로될까 두려워하여 우리 조선인 대표 참가를 거부하였는가. 이것은 마치 UN총회에서 국제관례를 무시하고 조선인 대표 참가를 반대한 동일한 목적과 수법에서 나온 것이니 이는 끝까지 자기들의 범죄를 음폐하여 우리 민족의 의사를 짓밟고 우리의 자주권을 거부하려는 태도인 것이다. 우리 3천만 민족은 □□ 자중하고 소위 소청위원회의 행동을 주시하였으며 또한 7월 1일 기자단에게 말한 딘 군정장관의 "하지 중장의 발표가 있을 것이다."라는 언명을 주목하고 그 진상 발표를 고대하던 중 의외에도 7월 8일 기자단 회견 석상에서 딘 군정장관은 자기의 언명을 묵살하고 말하되 '소청위원회'는 지난 5일 귀환하여 '유가족에 대해서는 충분한 배상을 지출하였는데 이에 대해 유가족들은 만족하고 있었다. 우발적 폭격을 한 사실은 있으나 기총소사를 한 일은 조난자들도 없다고 말하며' 그리고 당시의 탑승원과 배상액수에 관한 것은 "하지 사령부에 관한 것이기 때문에 본관은 모르겠다."고 하였다. 이것은 완전히 우리 민족을 기만하는 것이요. 또 한번 모욕하는 것이다.

그들은 약속한 그리고 당연히 해야 할 진상 발표를 끝까지 아니할 의도인가? 또한 이미 일방적으로 배상을 하였다니 배상이란 진상이 알려진 뒤에 유가족의 요구에 의하여 결정될 것이며 또한 '우발사' 운운은 진상을 숨기는 이상 도저히 믿을 수 없는 바요. 그러니 우리는 다만 목격자와 피해자의 증언에만 준하는 수밖에 없다.

그리고 딘 군정장관은 하지 중장에게 하지 중장은 맥아더 사령부에게 서로 밀고 시일만 천연시켜 민족의 분노가 식은 뒤에 사건을 미봉코자 하는 의도가 확실하니 이는 더 참을 수 없는 일이며 만약 미군 당국이 이렇게 한다면 3천만의 격노는 드디어 폭발되고야 말 것을 확언하는 바이다. 그리고 7월 8일부 『조선일보』에 의하면 '착각'으로 실수하였다는 미군인이 군법회의에 회부되었다는 것이다.

물론 회부되어야 하겠지만 어찌하여 '착각'범의 정체를 끝까지 숨기고 또한 당연히 증인이 되어야 할 조선인 생환자의 입회와 조선 인민의 면전에서 그 공개를 거부하고 어물어물하는 것인가!

우리는 민족의 생존과 명예를 위하여 한사코 싸워야 할 중대한 모멘트에 서게 되는 것이다.

이에 우리 당은 조선 인민을 대변하여 미군 당국에게 아래와 같이 강경히 항의하는 바이다.

미군 당국은 솔직히 그 진상을 발표하고 우리 민족에게 애심(哀心)으로 진사할 것이며 직접 하수인과 책임자를 우리 인민의 면전에서의 엄중처단과 앞날을 보장하여야 할 것, 그리고 미군 주둔 이유가 이미 사라졌으며 또한 세계 민주 세력이 한결같이 요구하며 3천만이 거족적으로 요청하는 단정(單政) 조작을 즉시 중지하고 북조선 소련군과 같이 즉시 철퇴하여 우리 민족에게 자주 자결권을 주기를 거족적으로 거듭 요구하는 바이다.

진사 요구

독도 건에 기민(基民) 담(談)*

독도사건에 대하여 기독교민주동맹에서는 "독도에서 미국 비행기가 어선을 폭격 기총소사를 하여 다수 인명이 살상당하여 3천만 인민의 분격을 일으키고 있는데 이러한 만행을 감행하고도 하등의 진상 발표도 없고 진사도 없다. 피해자에 대하여 약간의 위자료 정도로 흐지부지하려 하니 분노하지 않을 수 없다. 우리는 미군 당국이 즉시 진사하는 동시 가해자를 조선인 입회하에 처형할 것을 요구한다."는 요지의 담화를 발표하였다.

---

* 1948년 7월 19일, 『국제신문』, 2면, "독도사건 기민(基民) 성명".

14. 1948년 7월 16일 ~ 22일

울진 관내 피해 배상 현황
국내 각 정당 및 사회단체의 반응

『동아일보』, 1948년 7월 16일, 4면

독도사건 배상 지불

죽변 관내에 248만원*

울진군 죽변 어업조합으로부터 강원도 수산과에 들어온 보고에 의하면 미군 당국에서는 독도사건에 관하여 7월 1일부로 피해자에 대한 배상이 지불되었는데 죽변 어조 관내 피해 어민에 대한 배상액은 유가족 부조료 및 어선 침몰 파손 등 2,481,200원이었다고 하는데 그 내용은 다음과 같다.

▲ 죽변리 오종석(吳鐘碩) (선주) 684,200원(기범선 1척, 범선 3척, 로프 2환, 백미 삼입, 중유 반 드럼)

▲ 유가족 부조료 (사망)

죽변리 권천이(權千伊) 40만원

동 김기화(金基化) 22만원

동 이천식(李千植) 16만원

▲ 온양리 박춘식(朴春植) 34만원

동 오재옥(吳載玉) 34만원

동 조성용(趙聖龍) 34만원

한편 동 보고에 의하면 선주 오종석(吳鐘碩) 씨의 피해는 기범선 경양환 50마력 19톤 86 파손에 대한 수선료 200만원, 범선 묵호환(墨湖丸) 침몰 150만원, 동 행정환(幸正丸) 침몰 100만원, 동 해양환(海洋丸) 파손 70만원, 합계 520만원으로 계산되고 있다 한다.

---

* 『경향신문』, 1948년 7월 16일, 2면, "독도사건 배상, 죽변 어업 조합 관내 248만원"; 『수산경제신문』, 1948년 7월 16일, 2면, "독도사건 배상 지불 죽변 관내만 248만원"; 『민주일보』, 1948년 7월 16일, 2면, "독도사건 배상 죽변 관내 248만원"; 『자유신문』, 1948년 7월 16일, 2면, "독도 희생자 배상은 얼마? 7명분에 2백여만원 울진군 죽변 관내에 지불한 총액"; 『조선일보』, 1948년 7월 16일, 2면, "5백만원 피해에 68만원 배상, 죽변 어조(漁組) 관내에 248만원 야(也)"; 『조선중앙일보』, 1948년 7월 16일, 2면, "독도사건 배상 죽변 관내 248만원"; 『평화일보』, 1948년 7월 16일, 2면, "독도사건에 배상금 지불, 죽변 어조 관내엔 248만원".

『남선경제신문』, 1948년 7월 17일, 2면

비분! 독도 조난 동포

위령제 27일 울릉도서 거행

본사서 위문사를 파견

작월 8일 동해 바다 독도에서 희생된 동포의 영(靈)을 받들기 위하여 금번 경북도 어업조합연합회에서는 강원도 어련의 후원을 얻어 래(來) 27일 울릉도에서 조난자의 위령제를 엄숙히 집행하게 되어 도(道) 당국에서도 이날 대표자가 식장에 참석 예정인데 본사에서는 지난달 25일부터 이 조난 동포 유가족을 위하여 끌어오르는 동포애에 호소하여 모집한 위문금은 예기 이상의 성과를 내었음으로 본사는 그 식에 본사 위문사를 파견하여 유족에게 넘친 동포심을 전하게 되었다.

『조선중앙일보』, 1948년 7월 17일, 2면

독도사건 배상에 의혹 크다!

실 피해액의 14%

이것이 충분한 배상인가

지난 8일 딘 군정장관은 기자단 회견 석상에서 독도사건에 관하여 '유가족에 대하여는 충분한 배상을 지불하였으며 이에 대하여 유가족은 만족하고 있다'고 언명하였을 뿐 배상액에 관하여는 언급치 않았는데 15일 통신에 의하여 그 만족한 배상의 일부가 어제 보도되었다. 이는 강원도 죽변 관내 피해 어민에 대한 배상 상황으로 배상 전액은 248만원이라 하는 바 그 중 죽변리 선주 오종석(吳鍾碩) 씨 같은 이의 피해는 기범선 파손에 대한 수선료 범선 1척의 침몰, 1척의 파손 등 합계 520만원의 거액에 달하는데, 배상액은 겨우 68만 4천원에 불과하다 한다. 이 일례로 보면 배상액은 피해액의 1할 4분에도 달하지 못한다. 아니 동 어조 관내 전 배상액이 오종석(吳鍾碩) 씨의 피해액의 반도 못되는 것이다. 이로 미루어 볼 때 피해자 유가족들이 이러한 액수의 배상으로 과연 만족하였을는지 그것은 불문에 붙이기로 하자. 그러나 피해액의 1할 4분도 안되는 배상액이 충분한 보상이라고는 누가 보든지 생각할 수 없는 산출□□이다. 따라서 이것은 조선 인민이 치열히 요청하여 온 그리고 지금 요청하면서 있는 정당한 수속을 밟은 정당한 보상이라고는 아무리 호의로 해석하려고 애를 써도 알 수 없다는 결론에 도달할 수밖에 없는 것이다. 더구나 인민들의 요청은 이 보상 문제보다도 문제의 근본적 해명에 있는 것이니 지난번 언명한 '배상 완료'의 고답적 발표에서 느낀 의혹은 의연 풀리지 않고 있을 뿐 오히려 짙어만 가고 있는 것이다. 인민들의 문제 해명에 대한 요청은 여전히 치열하다. 다음 각계의 견해를 들어보기로 하자.

민족의 통분사, 정당히 배상하라

사민당(社民黨) **담**

이 사건은 실로 참을 수 없는 만행으로서 민족 최대의 모욕이며 천추에 사무칠 통분한 일이다. 폭격 당시 미 극동항공대의 애매한 폭격기로서 겨우 미국 폭격기의 소행이란 것이 확인되었으나 미군 당국은 소위 소청위원회를 조직하여 일방적 조사를 행하고 그 진상을 정정당당히 발표치를 아니하는 것은 격분사가 아닐 수 없다. 그런데 15일 조선통신 보도에 의하면 죽변리 선주 오종석(吳鍾碩) 씨의 피해만 하더라도 520만원에 불과한 배상액이 지불되었다 하니 다른 손해액 지불도 불문가지일 것이다. 당국은 폭격 진상을 밝히는 동시에 충분한 배상을 지불하여 대국의 엄연한 태도를 우리에게 보여주고 전 민족에게 □직으로 사과를 하지 아니하면 더욱 조선 민족에게 신의를 잃을 것이다.

묵과키 곤란

전국 유련(儒聯) **담**

이 사건에 분격한 조선 인민들은 진상을 조사 발표할 것과 사건의 범행자 책임자가 조선 인민 앞에 진사하며 피해자에 대한 정당한 배상을 지불할 것을 강력히 요구하였다. 그러나 아무런 정식 발표가 없을 뿐 8일에는 배상이 끝나고 유가족들은 감사하고 있다 하였으니 이는 조선 민족을 더욱 멸시하는 태도라 아니할 수 없다. 이것은 실로 묵과하기 어려운 일이다.

민족 앞에 진사하라

여맹(女盟) **담**

어디까지나 일방적인 처리를 우리들은 용납할 수 없다. 일순의 주저는 그만큼 격분은 클 뿐이다. 즉 사건 진상을 발표하고 책임을 지고 우리 민족 앞에 진사하고 군대를 전부 철퇴시킴으로써 그 책임을 이행하기 바란다.

진상 발표하라

과학동맹(科學同盟) 담

□□을 유지하는 길은 자기의 죄과를 감추는 데 있는 것이 아니다. 따라서 본 동맹□ 재차 □사건에 항의하며 진상 발표를 요구하고 양군 철퇴만이 전 조선 문제의 근본적 해결 방법이라는 것을 주장한다.

민족의 의아 격증시킬 뿐

교협(敎協) 담

14 고혼의 원한이 골수에 사무친 3천만 민족의 분격이 몇 푼 배상금으로써 □□질 수 있는 것이냐 이러한 호도는 오히려 민족의 의아를 격증시킬 뿐이다. 본 협회는 3천만 민족의 호소와 소리를 같이하여 일방적 조사를 반대하고 더욱 그네의 애매한 배상금 지불에 반대하여 엄중 항의하며 매국노 집단을 제외하고 조선의 기존 정당 및 사회단체의 공동 조사와 공동 처리를 주장한다. 그리고 외군이 철퇴하지 않고 통일 정부의 급속한 수립이 없이는 '결국 이러한 참화를' 반복할 것뿐일 것이다.

놀라운 일!

농림기술연맹 담

조선 사람은 아무도 모르는 새 배상 완료이 되었다는 데는 놀라지 않을 수 없었다. 이는 민족적 모욕이며 동시에 조국이 독립되지 못한 데 그 근본 원인이 있다. 따라서 외군의 즉시 철퇴를 요청하여 사건의 진상 발표와 책임 측의 진사를 요구하고 또 직접 하수인과 책임자를 인민의 면전에서 처단할 것을 요구한다.

『조선중앙일보』, 1948년 7월 18일, 2면

터무니없는 배상액 누가 만족하겠는가

독도사건에 불교청년 담

독도사건에 대하여 17일 불교청년당(佛教青年黨)에서는 다음과 같은 요지의 담화를 발표하였다. 이 사건에 대한 조사 배상 등 처리에 있어 미 당국의 태도는 대국적 금도에서 하였다고 보기 어렵다. 그와 같은 터무니없는 배상액으로 누가 만족하겠는가. 멸시도 너무 심하다. 책임 측은 조선 민족 앞에 사과하여야 할 것이며 그 사과도 말만으로가 아니라 행동으로써 보여주어야 된다. 행동이란 미군의 철퇴만이 이에 상당할 것임을 다시 한번 강조한다.

사건을 공개적으로 조선 인민과 조난 유가족의 참가하에 해결할 것. 이것은 민족적 국제적 문제이니 미 당국은 3천만 앞에 솔직히 진사하고 즉시 충분한 배상으로써 조선 인민에게 신뢰감을 주라.

『국제신문』, 1948년 7월 19일, 2면

독도사건

기민(基民) 성명

기독교민주동맹에서는 전일 딘 군정장관이 독도사건에 언급하여 피해자에게 배상금을 주었다고 발표한 데 대하여 다음과 같은 요지의 담화를 발표하였다.

사건 진상 발표도 없을뿐더러 아직 미 당국의 정식 진사도 없는 터에 피해자에 대하여 약간의 배상금을 주었다고 모호한 정도로 흐지부지하려는 것은 어디까지나 조선 민족을 모욕하는 태도다. 그러므로 이와 같이 야만적 살인행위를 감행한 가해자를 전 민족 앞에 폭로하는 동시에 미 당국의 정식 진사와 아울러 극형으로 처단할 것을 요구한다.

『호남신문』, 1948년 7월 20일, 2면

단결로 야망 분쇄

광주 민독당서 담화

민독당 광주지부에서는 일본 재무장 대책 등에 관하여 16일 다음과 같은 요지의 담화를 발표하였다.

1. 일제 공업 재건과 재무장은 포츠담 선언의 위반일뿐더러 세계평화의 위협을 조장할 것이므로 우리 민족은 거족적으로 그들 음모를 분쇄하자.
2. 일본의 불법 강압에서 나온 신호(神戶)사건 관계 동포를 무조건 석방하라.
3. 독도사건의 소청위원회에서 한 일방적 조사와 일방적 배상 지불은 우리 민족을 무시한 것이므로 엄중 항의하는 동시에 진상을 밝혀야 한다.
4. 이러한 조국의 위기에 있어 제주도의 유혈 참극은 즉시 중지하고 구국 투쟁에 일치 단결하라.

『국제신문』, 1948년 7월 21일, 2면

독도사건에

미술동맹서 성명

조선미술동맹(朝鮮美術同盟)에서는 19일 독도사건에 관하여 다음 같은 성명을 발표하였다. 독도사건은 그 진상 발표도 없이 이미 배상은 지불되고 유가족들은 시혜(施惠)적 배상액에 만족하고 조난자들도 기관 총사 같은 것은 없었다고 말하니 억울하게 죽은 수많은 동포 시체들이 입이 있어 그런 말을 하더란 말인가? 이 같은 상투 수단으로 일본의 재무장을 본다든가 또는 왜는 왜지(倭地)에서 우리 문화를 수호하여 결사 항쟁하다가 신호(神戶) 군사위원회에서 15년 징역의 중형을 언도받은 사실 등 어디까지나 우리 민족의 자주권을 무시하는 것이다.

이것이 미 당국의 책임 있는 조치인가?

독도사건의 배상 내용

울도(鬱島) 관계 212여만원을 지불

백지 날인도 의아 불소(不少)

민족적 비분사인 독도사건의 총 피해액은 600여만원에 달하고 그 배상에 있어서도 미 당국의 책임 있는 조치가 요구되고 있는 차제(此際)에 지난 6월 말경에 주둔 미군 제24군단 손해배상처에서 울릉도 관계 피해자에 대한 지불이 각각 있었는데 그 내용은 발동선 2척, 범선 2척, 사망자 4명, 부상자 3명에 대한 총액이 212만 5,520원이었다.

울릉도 관계 피해 총액만이라도 400여만원에 달하는데 지불 내역에 있어서는 발동선과 범선의 구별이 혼합되어 있고 같은 사망자라도 지불액이 구구(區區)하고 중상 경상의 분별조차 □워되지 않고 있기 때문에 적지 않은 의아심과 말썽을 자아내고 있다.

유족에게 지불된 배상금 내용을 보면 범선에 있어서

▲ 안찬수(安贊壽) 씨 소유 발동선 1척에 대한 배상금은 73만 30원이고 권원암(權元岩) 씨 소유 범선 1척과 발동선 1척 합 2척의 손해 배상이 아연하게도 35만원에 불과하고 안말술(安末述) 씨 소유 범선 1척은 15만원이며

▲ 사망자 최덕식(崔德植) 34만원, 고원호(高元鎬) 6만원, 김해도(金海道) 28만원, 김해술(金海述) 11만 6천원

같은 사망자에 대해서도 분별없는 차이가 있을 뿐 아니라

▲ 부상자에 있어서 경상자인 이상(李相)*에게는 12만 8천원, 중상자인 장학상(張學祥) 씨에

게는 7만 1,500원을 주었고 중상을 입은 윤응도(尹應道) 씨는 1만 4천원이 배정된 것을 받지 않았다고 한다. 이 외에 사망자 김태현(金泰鉉), 채일수(蔡一洙) 씨는 유족 불명으로 지불되지 않았다고 한다. 이상과 같이 배상의 불공평한 배정을 한 내용을 공표하지도 않고 그 수액 방식에 있어서도 백지에 날인만을 해 갔다는 등 일반과 관계자들에게 적지 않은 의아심을 가지게 하고 있다.

* 중상자 '이상주'로 추정된다.

『대구시보』, 1948년 7월 22일, 2면

본도 관계 보상금 불과 210만원

독도사건

평화 속에 잠들어 있는 동해의 고도(孤島) 울릉도의 독도에서 미 공군기의 무모한 폭격으로 말미암아 애처롭게도 사라져 간 우리 15겨레의 생명에 대하여는 민족적인 격분과 애도를 고조시키고 있거니와 이하 유의 불상사를 수습하는 데에 있어 미군 당국은 과연 어떠한 조치를 취할 것인가고 주목되어오고 있는바, 이번 본도 울릉도 관내의 피해자에 대한 보상조치로서 지난 6월 하순 총액 212만 5,520원을 지불해오고 있는데 그 개별적인 것을 보면 중상보다 경상이 받은 위로금이 더 많은가 하면 다 같은 사망자에게 지불한 피해액이 약 5배 이상으로 차이가 있는 경우도 있으며 또한 시가 120여만원의 발동선을 단지 70여만원만 지불한 사실도 있어 그 타당치 못한 위로금 지불에 물의를 일으키고 있는데 그 자세한 지불액은 다음과 같다.

동명	피해자	피해 구별	보상액 (원)
저동	안찬수(安贊壽)	발동선 1척 침몰	790,020
동	권원암(權元岩)	기범선 1, 범선 1척 침파(沈破)	350,000
동	안말식(安末植)	범선 1, 동(同)	50,000
동	고원석(高元錫) 사망		60,000
동	최덕식(崔德植) 사망		340,000
동	장학상(張學祥) 중상		71,000
동	이상조(李相祚) 경상		128,000
도동	김해술(金海述) 사망		226,000
동	김해도(金海道) 동(同)		280,000

그리고 이외에 윤영도(尹永道)(부상자)에는 14,000원의 위로금을 지불한다고 하였으나 본인이 거절하였다고 한다.

15. 1948년 7월 23일 ~ 31일

울릉도 관내 피해 배상 현황
국내 각 사회단체의 반응

『남선경제신문』, 1948년 7월 23일, 2면

넘치는 동족애 가지고
독도 조난 동포 유족 위문사 25일 울도(鬱島) 향발

바다의 보물 캐는 우리의 용사들이 무참하게도 연습 중의 미 비행기의 총알에 쓰러진 민족적인 비분사에 대한 뜨겁고 넘치는 동포애는 본사가 주최한 독도 조난 동포 위문금품 모집 운동에 집결되어 단기간임에도 불구하고 그 총액은 60여만원의 다액(多額)에 달하였는데 본사는 따듯한 동포애에 결창(結唱)인 위문금을 조난 동포의 유족에게 전하기 위하여 오는 25일부터 1주일간 울릉도에 본사 위문사(慰問使)를 파견하여 친히 그 유족을 위문하고 참변 당한 영(靈)들을 위안하게 되어 본사 위문사는 다음과 같이 결정하였다.

위문사　본사 유근수(柳根秀) 편집국장

위문 기간 24일 대구 출발, 26일 울릉 도착, 30일 포항 귀착

『남선경제신문』, 1948년 7월 24일, 2면

본사 독도 조난 동족 유족 위문사 증원

김병대 총무국장도 파견

작보(昨報)! 본사 독도 조난 동포 위문사 유근수(柳根秀) 편집국장과 함께 본사 김병대(金炳大) 총무국장도 위문사로 결정, 증원 파견케 되어 24일 하오에 울릉도를 향하여 출발하기로 되었다고 한다.

『대구시보』, 1948년 7월 24일, 2면

본사 위문사절 울릉도 도착

독도 조난 동포의 의문사절로서 본사 유일지(柳一之) 편집국장 및 문효정(文孝正), 정규민(丁奎敏) 삼씨(三氏)를 울릉도에 파견한다 함은 본지 기보한 바이거니와 일행은 21일 밤 8시 포항 출발, 22일 아츰 6시 무사히 울릉도에 도착하여 23일부터 조난 가족의 위문 방문을 시작했다는 전보가 본지에 돌아왔다.

『조선중앙일보』, 1948년 7월 24일, 2면

독도사건 울릉도 관내 배상

경상에 12만원, 중상에 7만원

사망엔 6만원도 지불

독도사건 배상 문제로 여론이 비등하고 있는데 현지 울릉도에서 경북도청에 보내온 보고에 의하면 울릉도 관내의 피해자에 대한 배상 금액은 총계 212만 5,520원이며 개별적 배상액은 다음과 같다고 한다.

▲ 안찬수(安贊壽) 씨 8마력 발동선 1척(시가 130만원) 침몰 배상액 73만원

▲ 권원암(權元岩) 씨 6마력 발동선 범선 각 1척(시가 125만원) 침몰 배상액 35만원

▲ 안말술(安末述) 씨 범선 1척(시가 25만원) 침몰 배상액 5만원

▲ 최생식(崔生植) 씨 사망 34만원

▲ 고원호(高元鎬) 씨 사망 6만원

▲ 김해도(金海道) 씨 사망 28만원

▲ 김해술(金海述) 씨 사망 11만 6천원

▲ 장학상(張學祥) 씨 중상 7만 1,500원

▲ 이상조(李相祚) 씨 경상 12만 8천원

▲ 윤영도(尹永道) 씨 범선 1척 파손 배상액 1만 4천원(단 수취 거부)

한편 울릉도 어업조합 이사 김병규 씨와 경북도 신(申) 수산과장은 미군 측에서 배상금을 지불하는 데 있어 한 사람씩 선상에 불러올려 백지에 날인시킨 다음 돈을 지불하고 거부하는 자에게는 선상에서 내려가지 못하게 위협까지 하였다고 말하였다. [경북 지사(支社) 발]

『남선경제신문』, 1948년 7월 25일, 2면

각계 대표들도 참석 본사 위문사 작일 출발

독도 조난 동포 27일 위령제

민족적인 비분에 사무친 6월 8일의 독도사건 희생자에 대한 위령제는 기보와 같이 오는 27일 동해의 고도 울릉도에서 경북 어련 주최 아래 엄숙하게 집행하게 되어 경북에서는 지사의 대리 신 수산과장과 도내 어업 관계 대표자가 참석하게 되어 24일 출발하였는데 기보한 바와 같이 본사 김, 유 양(兩) 위문사도 도민이 정성 모은 60여만원의 위문금과 물품을 가지고 24일 출발하였다. 그리고 본사 위문사는 조난자 유족을 일일이 방문하고 오는 31일 귀구(歸邱) 예정

경북 과물동업조합서 위문품 능금 3상을 기탁

본사 위문 출발에 제하여 경북 과물동업조합에서 24일 아침 독도 조난 동포 유족에게 전해달라고 능금 '축(祝)' 3상(箱)을 기탁하여 왔다.

『남선경제신문』, 1948년 7월 27일, 2면

독도사건 희생 동포 위령제

오늘 울릉도서 집행

지난 6월 8일 일본해(동해)의 외로운 섬 독도에서 미 군용기의 맹폭을 받고 거친 파도□에 쓰러진 우리 바다의 용사 15주(柱)에 대한 경북 어련 주최 위령제는 오늘 28일 울릉도에서 도내 각계 인사 임석하 성대히 집행하기로 되었다.

‘어촌 위안의 밤’

28일 오후 7:30 방송

수산업계에는 6·8 독도 조난사건에 연달아 7·6 폭풍참화(慘禍) 등으로 □가 놓여 있는 어민에게는 악마적인 불행이 접종되어 일반사회의 동민(同憫)을 금치 못하는 터인데 ‘서울중앙방송국’에서는 이 불우한 어민을 위로하여 건설 의욕을 앙양함으로써 혁신 어촌 건설에 기여하고자 28일 하오 7시 45분부터 약 45분간에 걸쳐 ‘어촌 위안의 밤’을 특별방송하리라 한다.

『남선경제신문』, 1948년 7월 29일, 2면

독도 희생 동포 위령제

27일 울릉도서 엄숙 집행
본사의 위문금품도 전달

【울릉도서 유(柳) 특파원 발】 세인의 주목과 여론이 비등되고 있는 독도사건 희생 동포자에 대한 경북 어련(漁聯) 주최 위령제는 27일 오전 11시 울릉도 어조(漁組) 앞 광장서 유가족과 경북도 대표 장(張) 지사 대리 신(申) 수산과장을 비롯하여 각계 인사 다수 참석 아래 엄숙하게 집행한 후 본사 대표 김병대(金炳大) 총무국장으로부터 그간 각 방면에서 모인 유가족 하에 위문금품 전달식을 거행하여 각 방면에 커다란 감격을 □□□다.

『수산경제신문』, 1948년 7월 31일, 2면

‘기범선(機帆船)’ 수리비 불과 만여원

울릉도 어조 관내에 212만원

독도사건 배상 지불

우리 3천만 겨레의 가슴을 아프게 하고 있는 6·8 독도사건은 많은 인명과 물재를 상실한 지 벌써 2개월이 가깝도록 철두철미한 진상 발표가 없어서 이에 대한 일반사회의 비난이 높은 터인데 지난 7월 1일부터 강원도 죽변 어조 관하 내에 약 248만 4,200원의 배상금을 피해자에게 지불되었다 함은 기보된 바이거니와 또한 경북 울릉도 어조 관하에도 미군 측의 직접 조사 처리로서 212만 5,520원의 배상금이 지불되었다는바 그 내용은 다음과 같다.

울릉도 저동

▲ 안찬수(安贊壽) 73만 20원(기범선 1척 침몰)

▲ 권원암(權元岩) 35만원(기선 및 범선 1척 침몰)

▲ 안미술(安末述)* 5만원(범선 1척 침몰)

▲ 최덕식(崔德植) 34만원(유가족 위자료 4인분)

▲ 고원호(高元鎬) 6만원(유가족 위자료 6인분)

▲ 김해도(金海道) 28만원(유가족 위자료 6인분)

▲ 장학상(張鶴祥) 7만 1,500원(중상자 치료비)

▲ 이상주(李相周) 12만 8,000원(중상자 치료비)

---

* 안말술(安末述)로 되어 있는 기사도 있다. 『조선중앙일보』, 1948년 7월 24일, 2면, “독도사건 울릉도 관내 배상, 경상에 12만원, 중상에 7만원, 사망엔 6만원도 지불”.

울릉도 도동

김해술(金海述) 12만 6,000원(미성년자 유가족 6인)

도합 212만 5,520원인데 이 밖에 울릉도 도동 윤응도(尹應道)는 기범선 파손 수리비로서 1만 4,000원의 배상금 수령을 거절하였고 사망자 채일수(蔡一洙), 김태현(金泰鉉)은 유가족이 울릉도에 거주하지 않음으로 배상금을 영수치 못하였다 한다.

16. 1948년 8월 3일 ~ 7일

위문단의 울릉도 현지 방문 독도사건 현지 좌담회

『남선경제신문』, 1948년 8월 3일, 2면

독도 조난 동포 유족 위문사 보고

지난 24일 출발한 본사 독도 조난 동포 유족 위문사(慰問使) 김병대(金炳大) 총무국장, 유근수(柳根洙) 편집국장 양(兩) 명은 그 사명을 마치고 8월 1일 귀임하였다. 여기 그 경과를 보고하여 전 동포가 함께 느끼고 뉘우친 독도 사건이 비분과 그 유족의 참혹한 처지에 보내는 따뜻한 동포애에 보답하고자 한다.

울릉도 '모시개' 석경(夕景)

▲ 출발 24일 하오 대구를 출발: 일로(一路) 포항 25일 예정을 바꾸어 26일 미명 6시 경북도 수산시험장 시험선에 경남북(慶南北)을 위시하여 전국 각지에서 모인 위령제 참례자도 10여 명이 편선(便船) 출항, 강구(江口)에 기항하여 강원도의 유족 수 명(數名)을 더 싣고 창파를 헤치고 우리들을 실은 계림환(鷄林丸)은 울릉도를 향하여 달렸다.

▲ 울릉도 착(着): 12시간 예정인 항해가 도중 수차의 기관 고장과 격랑으로 18시간이나 되어 겨우 울도(鬱島)에 도착하니 12시가 넘은 깊은 밤중임에도 불구하고 관계자들 다수의 환영을 받고 일행은 10여 리나 되는 산을 넘어 이름도 없는 여관에 장거리의 항해의 피로를 풀려고 잠자리에 드니 오전 3시 반

▲ 위령제: 독도에 가서 초혼(招魂) 후에 제사를 할 예정이 천후(天候) 관계로 울도(鬱島)에서 거행하기로 결정하고 27일 오후 5시 어조(漁組) 2층에서 유족 생환자들 및 도내(島內) 지도자 50여 명과 일행 참례 하에 불식(佛式)으로 엄숙하게 독경 후 어련(漁聯) 박(朴) 이사의 제문에 이어 각계에서 보낸 21통의 조사(弔辭)와 4통의 상전(電)을 영위(靈位) 앞에 전하고 다시 독경(讀經) 훈향(燻香) 유족 부인들의 배례(拜禮)는 참례자들로 하여금 눈물을

솟아나게 하여 눈물 어린 한 시간이었다.

▲ 위문금품 전달: 위령제 후에 본사 유(柳) 위문사로부터 경북도 내 동포들의 우러나는 동포애의 결창(結昌)인 위문금 모집 총액 64만 7,219원에서 모집 비용 외 일부 지출 3만 2,000원을 제한 61만 5,219원과 과품(果品) 2상(箱)과 능금 3상(箱)을 편의상 울릉도 어업조합에 배분, 일체(一切)를 위임하는 인사 후에 울릉도 어조(漁組) 김(金) 이사에게 전달하고 □□ 어련(漁聯) 측의 간독(懇篤)한 감사의 인사를 받는 동시에 즉시 유족 피해자들에게 적절하게 배분할 것을 약속받았다.

▲ 생환자 좌담회: 독도사건 날 구사(九死)의 일생(一生)을 얻어 생환한 바다의 용사들을 모아서 29일 오전 11시부터 오후 3시까지에 걸쳐 생생한 그날을 회고하고 구조에 나선 그 후 배상 문제에 걸쳐 좌담회를 열었다. [별도 상보(詳報) 예정]

▲ 유족 위문 행각(行脚): 자전차 하나 탈 수 없는 섬의 불편한 원시적인 '길'을 위문품 능금을 들고 험한 산을 넘고 가면서 우중(雨中)에 10여 리 어조 이송은(李松隱) 서기의 안내로 울릉도의 6유족을 방문하고 강원도 울진에서 온 유족들을 일일이 심방하여 상세하게 그 생활 환경을 살피고 금후의 생계에 대하여 □의 격동의 말을 주며 위문금의 따뜻하고 넘치는 동포애를 전하였으나 이외에 묵호 죽변의 5유족을 위문할 수 없음은 유감이었으나 다음 기회를 기다리기로 했다. (유족 상황은 별도 상보키로 함)

▲ 귀로(歸路): 30일 폭풍으로 예정을 바꾸어 31일 오후 9시 정기선 여주호(麗州號)로 출항 1일 오전 8시 무사히 대륙 포항에 귀항하였다.

『대구시보』, 1948년 8월 3일, 2면

길이 명목(瞑目)하라

독도사건 위령제 성대

지난번 절해고도 독섬[獨島]에서 돌발한 미군의 폭격 사실은 실로 3천만의 민족적 분격을 금할 수 없는 일이거니와 이제 이 참변에서 애석하게도 쓰러진 열네 혼령을 위로하는 위령제는 경북도의 어련 주최로 지난 27일 하오 5시 울릉도 어업조합 회의실에서 백여 관민이 참집하여 비분강개한 속에서 엄숙 성대히 열렸다. 제단에는 열네 영위가 안치되어 있었고 정면에는 그 유족들이 열좌하였는데 그 중에는 갓 낳은 어린이를 가진 청춘 미망인들도 있어 분통에 복받쳐 터질 듯한 가슴을 부둥켜 안고 목메어 울부짖는 광경은 실로 눈물 없이 볼 수 없는 장면이었다. 개식사를 거쳐 조문 낭독에 들어가자 중앙청 수산국장, 장 도지사, 허(許) 도사, 여(呂) 경찰서장, 유(柳) 본사 위문사 외 수십여 명의 창자를 끊는 듯한 조문 낭독이 있었고 유가족들을 비롯하여 각계각층 대표의 분향이 있은 다음, 독경으로 끝마쳤다.

『남선경제신문』, 1948년 8월 4일, 2면

독도사건의 유족들

살아갈 앞길은 아득하고
격랑 같은 원한 무엇으로 풀리!

그날 6월 8일에 미역 따러 나간 어부들은 울릉도, 강원도 죽변, 후포, 묵호 각지의 60여 명으로 격랑 수천 리를 조그마한 발동선 또는 범선으로 동해의 무인고도 독도에 모여 풍부한 미역 채취에 여념이 없었다. 격랑 노도와 싸우며 평화 생업에 종사하는 사자(獅子) 같이 억세고도 양(羊) 같이 순한 그들에게 청천의 벽력! 미 비행기의 무분별한 집단 폭격 기총소사로 대자연의 직장에 쓰러진 "바다의 사나이"들은 울릉도에 여섯, 강원도 묵호에 하나, 죽변에 여섯, 후포에 한 사람으로 모두 열넷의 아까운 생명은 창파에 원한을 남기고 쓰러지고 말았던 이 사건으로 주권 없는 약소국가의 비애는 필경 민족적인 비분사였다. 이 동포들의 참사에 대하여 애석과 통분을 금치 못하는 동시에 그 유족에 따뜻한 민족애를 발휘하여야 할 것이다. 여기 본사가 파견한 위문사는 울릉도 현지에서 그 유족을 일일이 심방 위문하여 알게 된 유족 사정은 대개 다음과 같다.

▲ 희생자 최덕식(崔德植)(남면 소(小)저동): 35세, 유족은 미망인 21세, 장녀 13세, 장남 9세, 2녀 4세, 2남 1세로 재산은 우막 같은 집 한 채뿐이고 의지할 곳 없다는 다섯 식구의 금후의 생도(生途)가 막연한데 미 24군단에서의 배상은 34만원이었고

▲ 희생자 김태현(金泰賢)(남면 소저동): 32세, 유족은 미망인 27세, 장남 7세, 차남 3세로 세 식구 소유물은 2간(間) 초가집 한 채뿐이고 배상금으로 받은 돈은 22만원

▲ 희생자 김해도(金海道)(남면 소저동): 27세, 유족은 미망인 24세, 장남 6세, 장녀 2세, 누이동생 11세로 네 식구인데 소유물은 입은 옷 정도로 셋방살이의 비참한 형편인데 배상금 28만원

▲ 희생자 김해술(金海述)(남면 도동): 19세로 미혼자이므로 유족은 부(父) 만조(萬祚) 씨 62세,

백형(伯兄), 중형(仲兄), 제매, 형수, 질녀로 일곱 식구인데 11만 6천원

▲ 희생자 고원호(高元鎬)(남면 소저동): 미혼이었으나 4형제 6남매의 생활의 중심이 되어 있었다는데 배상은 6만원

▲ 희생자 김동술(金東述)(강원도 울진군 평해면 후포항): 40세, 그 유족은 71세의 부친과 62세의 모친을 거느린 미망인 33세, 위 아들 효근(孝根) 12세가 있을 뿐으로 배상금은 28만원을 받았다. 이외에 채일수 씨의 유족은 벌써 육지로 생로(生路)를 구하여 '섬'을 떠나갔다고 한다. 울릉도의 생활 실정은 억센 사나이가 아니면 할 수 없는 바다의 고기잡이 해초 채취 이외 자기 농토가 없는 이상 생로는 전연 없다.

여기 독도 희생자들은 가난했기 때문에 1백 6, 7십여 마일이나 되는 원양에 나가 미역을 따고 그 유족들은 모두 최대의 소유 재산이라는 것은 오막살이 한 채 정도요. 농토는커녕 준비식량조차 없는 그들이 살아나갈 길은 과연 막막하고 답답하다. 이와 같이 비참한 유족들의 생활 실상을 보고 (물론 통역을 통한 불완전한 점도 불무(不無)하지만) 나타낸 금면(金面) 배상은 일방적인 애매한 것이요.

그 지불된 액(額)에 있어서도 모순투성이로서 해결할 것처럼 그 내용조차 공표하지 않고 있기 때문에 의심과 그 조치에 대한 의아심조차 자아내게 하고 있다.

독도사건을 미 당국은 우발적이라고 간단하게 결론지었다. 그러나 그날의 실상은 고의에 틀림없다고 관계자들은 말한다. 우리는 다시 한번 미 책임당국을 향하여 민주주의 원칙의 정의에 입각하여 엄정 공명한 진사(陳謝)와 충분한 물적 배상이 있기를 바라며 성의 있는 응답이 없는 한 민족적인 분격은 영원히 사라지지 않을 것이다.

『수산경제신문』, 1948년 8월 4일, 2면

독도사건 피해자에

강원 어련(漁聯)서 위문금

불의의 독도사건으로 제일 많은 피해를 입은 강원 어련에서는 지난 7월 22일 한창현(韓彰鉉) 이사장과 신임한 조□기(趙□基) 수산과장을 대표로 묵호, 죽변, 후포 등 관내 각지 피해자를 방문하고 위문금을 전달하였다 한다.

『남선경제신문』, 1948년 8월 5일, 2면

무서웠던 그날
생환자들의 생생한 회상
독도사건 현지 좌담회(1)

비분의 6월 8일 동해의 고도 독도에서 구사의 일생을 얻어 생환한 45명의 생생한 그날을 회상하고 몸서리 소습치는 미기(美機) 폭격 진상을 알고 아울러 그 후 생존자들의 구조에 사력을 다한 눈물겨운 분투를 알려고 울릉도에 파견한 본사 위문사는 지난 29일 오전 11시 반부터 오후 3시까지 □□처 울릉도 어업조합에서 생환자와 구조단과 관계방면의 대표자들을 모아 독도사건의 좌담회를 열었다.

▲ 유근수: 분주하신데 감사합니다. 지금부터 독도사건 날 생환하신 여러분의 생생한 사실과 그 구조에 힘쓰신 노력과 □□서 배상에 이르기까지 사실 그대로 생생한 기억을 말씀해주시기를 바랍니다.

▲ 김병대: 적은 것은 적은대로 큰 것은 큰대로 솔직하게 정확하게 말씀해주시면 감사하겠습니다.

▲ 유근수: 그날의 출어 상황을 생환하신 본 중에서 말씀해주시면?

▲ 윤응도: 6월 7일 오후 1시에 발동선 3척과 (보트) 7척으로 출발하여 8일 새벽에 독도에 도착하니 벌써 강원도서 십수 척이 와 있습디다. 그래 거기서 아침을 지어먹고 미역 따기를 시작했지요. 그런데 11시쯤 되어 비행기 소리가 났는데 찾아보아도 보이지 않길래 여사로 여기고 있었는데 한 시간쯤 지난 후에 또 비행기 소리가 나더니 연(連)에 나타나서 바로 내 곁에서 약 50미(米)쯤 되는데 폭탄이 떨어지자 산더미 같은 물이 솟아오르는 것을 보고 급히 '구멍바위'로 뛰어 들어가자 '구멍바위'에 먼저 가 있던 다섯 사람이 한꺼번에 폭풍에 밀려 물가에 툭 튀어나와 버렸습니다. 그러자 또 두 개가 떨어졌지요. 그리고 또 두개가 폭격했는데 그때는 배가 많이 있는 데 떨어졌습니다.

▲ 김병대: 그 혈암의 깊이가 얼마나 됩니까?

▲ 이성일: 안으로 15미(米) 높이가 5미쯤입니다.

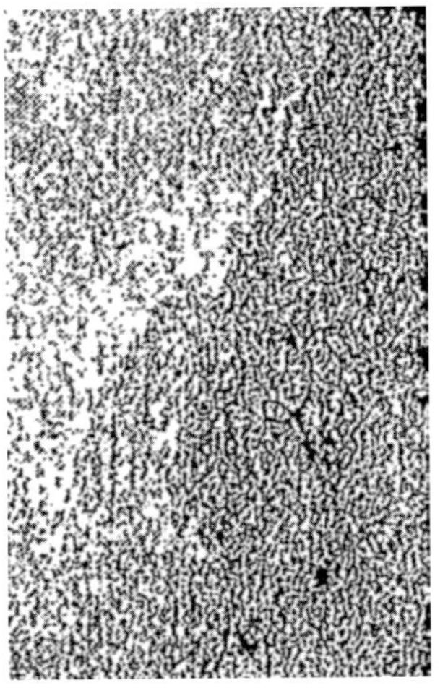

▲ 윤응도: 그리고 이편으로 나와 보니 굉장한 아우성이 들리고 폭탄의 파편과 바위가 깨어지는 문지돌□ 각 돌이 비산(飛散)하고 연기가 가득한 속에서 우리 배가 보였습니다. 윤(尹) 기관장에게 우리 있는 곳으로 오라고 부르는 □□□에는 기총소사였습니다. 탄환비 오는 속에 우리 일곱은 배를 타고 울도(鬱島)를 향해 달아났는데 두 번이나 따라오면서 기관총을 쏘았으므로 우리 배 옆구리 3군데나 구멍이 뚫어져 물이 새는 것을 응급조치를 해가면서 가다가 도로 돌아와서 두 사람을 더 실고 □시경에 독도를 떠나는데 기관총 타격을 받아 보통보다 5시간이나 더 걸려 9일 오전 2시에 울도 소저동에 도착하여 즉시 어업조합과 구조단에 연락하였습니다.

▲ 유근수: 비행기에서 폭격할 때에 태극기를 흔들었다지요.

▲ 이성일: 비행기가 처음 폭탄을 던졌을 때 태극기를 흔들었고 몇이나 몇 번이나 흔들었지만 본체만체 자□ 폭탄과 기관총알의 비가 쏟아졌습니다.

▲ 유근수: 실제로 습격해온 비행기 수와 폭격 상황을 말씀해주시면?

▲ 한덕용: 생환자들의 이야기가 구구한데 이것을 종합해서 판단하면 3기 편대 셋으로 9기가 먼저 섬 주위에 들어서 4회의 급강하 폭격을 한 것은 틀림없습니다.

▲ 유근수: 미 당국 발표는 상당한 고공이어서 어선과 사람을 발견 못했다는데.

▲ 이성일: 비행기 높이는 독섬의 높은 바위보다 낫게 보였으니 150미(米) 이내일 것입니다.

▲ 김칠선: 나는 보기에 한 백 미(米) 이내 밖에 안 되어 보입디다.

▲ 김정학: 당혹한 우리 눈에도 확실히 미국 비행기의 별표를 보았고 쓰인 글자까지 보았으니 높이는 100미터 이내입니다.

▲ 윤영출: 배에서 죽을 힘을 다해서 태극기를 흔들었습니다. 우리 힘으로 안 되겠다 하고 태극기를 흔들었습니다. 그래도 … (계속)

(사진은 바다에서 울릉도 기암(奇巖))

〈출석자〉

▲ 울릉도 생환자 김태선(金泰先), 김정학(金貞學), 윤영출(尹永出), 윤응도(尹應道), 김장수(金長壽)

▲ 강원도 울진 생환자 김칠선(金七善), 이성일(李成日) ▲ 울릉도측 구조단장 최해상, 동상(同上) 도동 분단장 김삼환(金三煥), 동단(同團) 역원(役員) 최해익(崔海益), 소방대장(消防隊長) 양재석, 어업조합 이사 김병규(金秉圭), 동(同) 부이사 신일생(申一生), 경찰서 사찰계(查察係) 한덕용(韓德龍) ▲ 중앙청 수산국 부국장 박종만(朴鍾萬), 경북도 수산과장 신성호(申聖浩), 도(道) 수산과 안진수(安進洙), 경북 수산시험장장(試驗場長) 박재동(朴裁東), 경북 어련(漁聯) 이사 박상준, 영일군 수산계 최병제, 축산(丑山) 어조(漁組) 홍재석, 영일(迎日) 어조 조출용(趙出容) ▲ 본사 총무국장 김병대(金炳大), 편집국장 유근수(柳根秀) (이상 무순)

『남선경제신문』, 1948년 8월 6일, 2면

독도사건 현지 좌담회(2)

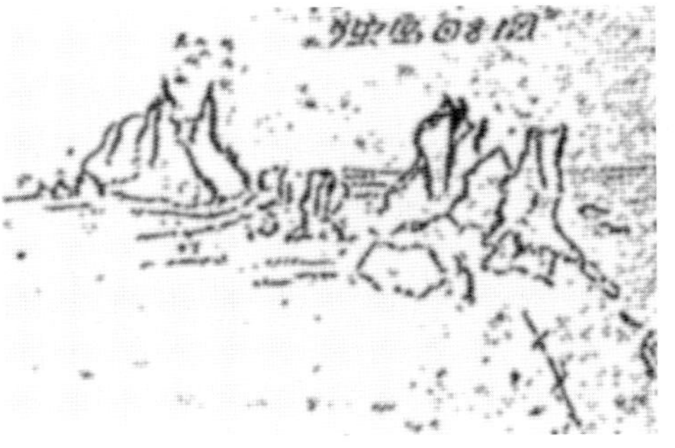

▲ 유근수: 사건 전후의 독도 사정을 서(署)의 한 선생(이) 설명해주시면?

▲ 한덕용: 금년 1월, 3월, 4월에 각각 한 번씩 세 번이니 미국 비행기가 우리 어선을 사격한 일이 있어 그 실정을 조사하러 갔고 이번 사건 직전에도 가서 증거품을 많이 모았습니다. 독도의 위치는 북위 37도 14분, 동경 131도 52분으로 울릉도에서 동방 49리로 좌우 양(兩) 서(嶼)로 된 소(小)무인도로 좌도(左島)의 주위는 1리, 우도(右島)의 주위는 반(半)리가량에 불과합니다. 좌도의 높이는 160미(米)이며 우도의 높이는 120리 됨인데 이번 사건으로 많은 희생을 낸 자리는 우도 전면(全面)인데 폭격한 비행기는 섬의 중허리까지 왔다고 하니 백미(百米) 이내가 틀림없습니다. 그리고 사건 전에 섬은 상당한 돌각이 있어 삐죽삐죽했는데 사건 후에 가보니 우도는 폭탄과 기총으로 몽글몽글해졌습니다.

▲ 유근수: 사격 증거품은 어떤 게 있습니까?

▲ 한덕용: 사건 직후 현장에서 폭탄 파편과 기총소사 탄환 등 많이 수집했습니다.

▲ 윤응도: 내가 타고 온 발동선에 세 군데나 기총알이 뚫고 나갔고 그 파편이 선내에 있었던 것을 도청(島廳)에 갖다 드렸습니다.

▲ 한덕용: 그 증거품은 모두 미 24군단과 미군 정보기관이 각각 가지고 갔습니다.

▲ 김병대: 미군 당국에서는 우발적이요. 또 기관총을 쏜 일이 없다는데,

▲ 윤응도: 거짓말입니다.

▲ 김태선: 우리가 당했으니 확실히 압니다. 기관총 구멍이 있고 파편이 있고 또 태극기를 흔들고 달아나는 배를 따라오며 총을 발사 …

▲ 김칠선: 죽변 김완식(金完植) 씨 사체 몸에 기관총알이 박혀 있는 것을 떼 내었잖습니까?

▲ 한덕용: 독도의 현장을 보면 압니다. 좌도 주변에는 어선이 한 척도 없었고 거기는 총알이 하나도 쏜 형적이 없고 우도 중앙에만 집중 사격과 폭격을 감행한 것을 보나 100미터 이내의 저공(低空)에서 태극기를 흔든 것을 보고도 그대로 사건을 저지른 것은 확실히 고의적입니다.

▲ 유근수: 그러면 말씀을 돌이켜 생존자의 구조와 사체를 찾을 때의 상황을 말씀해주시면?

▲ 김병규: 9일 새벽 2시 넘어서 생환한 9명을 통해서 조난을 알고 야밤에 급히 서(署)와 구조단에 연락해서 급속히 구조에 출동할 주선을 했습니다.

▲ 김삼환: 내가 도동 분단장이 되어 있으므로 어조(漁組)에서 9일 새벽에 연락을 해주셔서 조난 사건을 알고 즉시 구조에 출동한다고 애썼으나 때마침 파동(波動)이 심하고 위험하므로 파도가 잠잠하기를 기다려 9일 아침 일찍이 떠나 독도에 가서 사체 하나만 찾고 돌아왔습니다. 2차로 10일날 나갔는데 비가 오고 해서 섬을 못 찾고 돌아왔습니다.

▲ 최해익: 3차 구조에는 13일에 내가 나갔습니다. 그때의 독도 각 섬에는 해구(海狗)가 기총과 폭탄에 죽은 것이 여기저기 '바위'에 얹혀 있고 방어 고기도 죽은 게 연상 사람의 사체 같아서 놀랐습니다. 애를 써서 겨우 사체 하나를 찾았습니다.

▲ 신일생: 이 사건 구조에는 구호조(救護助) 단장 최해상 씨가 솔선 진두에 서서 자기 배를 낸 용감한 활동이 있었습니다. (계속)

(사진은 울릉도의 생환자 7명, 커트는 독도 약도)

〈출석자〉

▲ 울릉도 생환자 김태선(金泰先), 김정학(金貞學), 윤영출(尹永出), 윤응도(尹應道), 김장수(金長壽) ▲ 강원도 울진 생환자 김칠선(金七善), 이성일(李成日) ▲ 울릉도측 구조단장 최해상, 동상(同上) 도동 분단장 김삼환(金三煥), 동단(同團) 역원(役員) 최해익(崔海益), 소방대장(消防隊長) 양재석, 어업조합 이사 김병규(金秉圭), 동(同) 부이사 신일생(申一生), 경찰서 사찰계(查察係) 한덕용(韓德龍) ▲ 중앙청 수산국 부국장 박종만(朴鍾萬), 경북도 수산과장 신성호(申聖浩), 도(道) 수산과 안진수(安進洙), 경북 수산시험장장(試驗場長) 박재동(朴裁東), 경북 어련(漁聯) 이사 박상준, 영일군 수산계 최병제, 축산(丑山) 어조(漁組) 홍재석, 영일(迎日) 어조 조출용(趙出容) ▲ 본사 총무국장 김병대(金炳大), 편집국장 유근수(柳根秀) (이상 무순)

『남선경제신문』, 1948년 8월 7일, 2면

독도사건 현지 좌담회(3)

▲ 유근수: 미국 사람들이 언제 몇 번이나 조사하러 왔습니까?

▲ 김승규: 6월 12일에 미인 정보기관의 사람들이 울릉도에 왔고 13일에는 법무관과 도(道) 후생부 고문관이 왔습니다. 그 후로 미 24군단에서 실정을 조사하러 왔고 다시 지난번 배상금을 지불하고 갔는 것까지 합해서 4번입니다.

▲ 최해익: 독도에 우리들이 세 번째 구조하러 나갈 때 미군인들이 함께 갔습니다. 거기서 분통한 일이 하나가 있습니다. 우리들이 노력해서 사체를 하나 찾았습니다. 그래서 그 사체를 미군이 타고 간 '배'에 싣자고 했더니 통역을 통해서 하는 말이 그것은 더러워서 실을 수 없다. 그러니 우리 배의 로프를 50미(米) 가량 줄테니 보트에 실어 댕겨주겠다고 합디다. 우리들은 사체를 더럽다고 안 싣는다니 어이 되었소, 하고 성을 내어 원방(遠方) 있는 배 뒤에 로프를 달아 가지고는 중간에 잃어버리면 안 된다고 했더니 그러거든 그 사체를 당신들 보트에 실어라. 그러면 그 보트를 우리 배에 실어주겠다고 하길래 결국 그리해서 사체를 보트 위에 안치하여 무사히 가지고 오기는 했습니다.

▲ 유근수: 미국 사람들은 희생자들의 유족과 생환하신 여러분에게 어떻게 조사합디까?

▲ 윤응도: 여러 각도로 여러 방법으로 자세히 조사를 받았습니다.

▲ 김병규: 조선 사람은 거기 종사하는 사람 외에는 일체 간섭 못했습니다.

▲ 유근수: 미인(美人)들이 배상 기본 조사할 때에 경찰은 입회했습니까?

▲ 한덕용: 경찰이 입회하겠다고 했으나 거부하므로 극히 일방적인 조사를 했을 뿐입니다.

▲ 유근수: 그 조사받던 모양을 말씀하여 주시면?

▲ 신일생: 먼저 희생자들의 유족을, 그리고 피해자, 생환자의 차례로 도동항 앞[沖]에 정박한 자기들 배에 불러 올렸습니다. 그때그때 엄중한 경계를 하여 조사받는 사람 이외에는 승선을 시키지 않았습니다. 꼭 죄인을 개인 심문하듯이 했기 때문에 원만한 조사가 되었다고는 보기 어렵습니다.

▲ 김장수: 내 동생이 죽었고 내가 생환했습니다. 그래서 62세의 내 아버지가 불려가서 가위(可謂) 위협을 받으시는 말을 듣고 돌아왔습니다. 그래도 조사할 때에는 상당히 많은 액면(額面)을 줄듯이 말합디다.

▲ 김칠선: 6월 29일 강원도에 배상 조사차 미국인이 왔길래 거기서 나는 내 형님의 생활비 연(年) 4만원으로 60년분과 위자료로 1천만원을 합해서 1천 □백 60만원을 요구했습니다. 그 다음에 배상금을 가지고 왔다 하면서 20만원을 내놓았습니다. 그거면 형님 대신으로는 못 받겠다고 하니 3만원을 더 주겠다 하는 것을 또 거절하니 □□□□ 아이 교육비 5만원을 합하여 28만원을 받으라고 하였습니다. 그래도 못 받겠다고 했습니다. 그러니 이것은 임시조요. 요 다음엔 하지 중장이 또 줄지 모른다고 합디다. 그래서 영수는 했지만 그 영수증에는 금액도 기입되어 있지 않았길래 왜 아무것도 쓰지 않았는가고 하니 눈을 불시면서 거기 도장만 찍으라고 합디다.

▲ 윤응도: 세 군데나 기총 탄환의 구멍이 뚫어진 것 등을 상세히 조사하고 나더니 50만원이나 배상금을 받으면 어떻겠느냐고 하였지만 나는 20만원쯤 하면 수선하겠으니 배를 파몰(破沒)한 이들과 희생당한 유족에게 많이 배상해달라고 했는데 금액 지불할 때에 1만 4,000원을 주려길래 어이가 막혀서 안 받으려고 하니 그러면 4천원을 더 주겠다고 합디다. 기어코 안 받으려고 하니 배에 입초선 병정을 시켜서 하선 못한다고 위협을 합디다. 그래도 끝내 받지 않았습니다.

▲ 박상준: 미인(美人)이 어련(漁聯)에 찾아와서 피해 상태를 묻길래 아직 상세한 보고가 없어 답할 수 없다고 하니 독도에서 따는 미역의 가치가 얼마나 되느냐 하는데 대개로 1각(角)에 800원 정도라고 솔직하게 답했는데 그러면 800원에 좀 많이 매수하겠느냐 반문하는 등 조사 대상자의 의사를 무시하고 억압하는 문답의 조사를 하여 간 일이 있습니다.

▲ 최해상: 3차나 독도에 구조로 나간 데 쓴 비용이 40여만원이나 됩니다. 이 비용은 처음엔 미 당국에서 갚아주겠다더니 나중엔 모르겠다고 하여 주지 않습니다. 우리 구조단의 경비는 연(年) 4만원 밖에 안되는데 이것을 주지 않으면 큰일입니다.

▲ 유근수: 배상 관계는 그만큼 하고 그 후 독도에 출어하고 있습니까?

▲ 김병규: 사건 이후에는 한 사람도 못나갔습니다.

▲ 유근수: 수산국 입장에서 박 선생이 한마디 말씀해주시면?

▲ 박종만: 수산국에 처음 보고가 들어왔을 때 미인(美人) 최고 고문관들이 말하기를 '모국

(某國) 비행기가 아닌가' 라고까지 했습니다. 거리가 멀고 통신이 불여의(不如意)하고 했기 때문에 옳은 내용은 알지 못하고 있다가 이번에 귀한 재료를 많이 얻게 된 것은 불행(不幸) 중 행(幸)이라 하겠습니다. 금후 독도 근해의 어업의 자유를 보증하기 위하여 노력할 것을 여러분에게 약속합니다.

▲ 신성호: 수산국 부국장께서 말씀하신 것처럼 불안 없이 자유로 이 바다에서 조업할 수 있도록 적극적으로 노력하겠습니다.

▲ 유근수: 역사를 통해서나 지리적으로나 독도는 우리의 영토입니다. 여기에 어업의 자유를 갖지 못하고 있다는 것은 실로 통탄할 일입니다. 여러분과 우리와 함께 힘을 모아 바다가 가지고 있는 조국의 경제 재건의 중책을 다하기에 힘씁시다.

▲ 김병대: 이것으로 본 좌담회를 마치겠습니다. 장시간 대단히 감사합니다. (完)

〈출석자〉

▲ 울릉도 생환자 김태선(金泰先), 김정학(金貞學), 윤영출(尹永出), 윤응도(尹應道), 김장수(金長壽) ▲ 강원도 울진 생환자 김칠선(金七善), 이성일(李成日) ▲ 울릉도측 구조단장 최해상, 동상(同上) 도동 분단장 김삼환(金三煥), 동단(同團) 역원(役員) 최해익(崔海益), 소방대장(消防隊長) 양재석, 어업조합 이사 김병규(金秉圭), 동(同) 부이사 신일생(申一生), 경찰서 사찰계(查察係) 한덕용(韓德龍) ▲ 중앙청 수산국 부국장 박종만(朴鍾萬), 경북도 수산과장 신성호(申聖浩), 도(道) 수산과 안진수(安進洙), 경북 수산시험장장(試驗場長) 박재동(朴裁東), 경북 어련(漁聯) 이사 박상준, 영일군 수산계 최병제, 축산(丑山) 어조(漁組) 홍재석, 영일(迎日) 어조 조출용(趙出容) ▲ 본사 총무국장 김병대(金炳大), 편집국장 유근수(柳根秀) (이상 무순)

17. 1948년 8월 31일 ~ 12월 17일
선박 피해 배상 현황

『강원일보』, 1948년 8월 31일, 2면.

독도사건 후문

배상액은 피해액의 약 반*

지난 6월 8일 울릉도 동방 49마일 지점에 출어 중 돌연 연습기의 폭격으로 말미암아 많은 희생을 내었다 함은 기보한 바와 같거니와 그간 특별조사단의 조사가 완료되어 각기 피해자에게 배상이 있었다는데 묵호 어조로부터 수산과에 들어온 보고에 의하면 그 배상액은 393만원에 달하고 있다고 한다. 또 탐문한 바에 의하면 금번 배상액을 위요코 피해자들이 중앙에 재교섭 중에 있다고 하며 개인별 배상액은 다음과 같다.

▲ 경양환(慶洋丸)[소유주 윤영묵(尹永默)] 배상액 208만 8,250원(이하 금액은 배상액)

▲ 김학기(金學基)(묵호) 기범선(機帆船) 9만 9,746원

▲ 오종석(吳鍾석)(죽변) 기범선 18만 4,280원

▲ 이성월(李成月)(죽변) 기범선 93만 4,300원

▲ 이갑성(李甲成)(묵호) 기범선 6만 5,400원

▲ 이원술(李元述)(영덕) 범선 4만원

▲ 김정택(金正澤)(울진) 범선 2만 8,000원

계 393만 9,890원

---

* 『대한일보』, 1948년 9월 3일, 2면, "독도사건 미군 배상금, 묵호어조에 325만원".

독도사건 배상

묵호 어민이 추가 요구*

무고한 우리 동포 어민을 연습 폭격으로 살상한 독도사건은 아직도 우리들의 기억에 새롭거니와 최근 그 배상액이라 하여 미군 당국으로부터 유가족들에게 전달된 금액은 너무나 근소한 형식적인 것이라 하여 유가족들 자신이 추가액을 청구하는 등의 사태를 빚어내고 있어 또 다시 뜻있는 국민들의 의분을 자아내게 하고 있다.

최근 묵호 어업조합으로부터 강원도 당국에 전달된 보고에 의하면 동 어업조합 관계 어민들에게 배상된 금액은 다음과 같다고 한다.

묵호 윤영묵(尹永黙) 2,088,250원(기범선), 동(同) 김학기(金學基) 99,740원(범선), 동 김갑성(金甲成) 65,400원(범선), 영덕 이광술(李光述) 40,000원(범선), 울진 이성월(李成月) 934,300원(기범선), 평해 김정택(金正澤) 28,000원(범선)

이상의 배상액을 합계하면 325만 5,690원인데 어민들의 피해 총액은 800만원이나 된다고 한다. 한편 확신할 만한 소식에 의하면 앞서 배상금을 받은 죽변의 피해자 오종석(吳鐘碩) 씨 외 수 명은 방금 서울 미군 당국에 대하여 배상액의 부당성을 지적하고 추가 배상을 요구 중이라 한다.

---

* 『자유신문』, 1948년 9월 3일, 2면, "묵호 어조에 325만원 독도사건 배상금"; 『조선일보』, 1948년 9월 3일, 2면, " 독도사건 미군 배상금 피해액의 절반도 부족 묵호 어업조합에 325만원 죽변 오씨 등은 추가 배상 요구"; 『조선중앙일보』, 1948년 9월 3일, 2면, "800만원 피해에 겨우 300만원 배상 독도사건"; 『수산경제신문』, 1948년 9월 3일, 2면, "독도사건, 이렇게 흐지부지할 셈? 반절도 못 되는 배상액 묵호 어조에 325만원, 죽변 피해자는 추가 배상 요구, 독도사건"; 『조선일보』, 1948년 9월 3일, 2면, " 독도사건 미군 배상금, 피해액의 절반도 부족, 묵호 어업조합에 325만원, 죽변 오씨 등은 추가 배상 요구"; 『평화일보』, 1948년 9월 3일, 2면, 독도사건의 미군 배상금, 묵호 어조에 겨우 350만원"; 『국제신문』, 1948년 9월 3일, 2면, "독도사건 배상금, 겨우 요것뿐이야, 묵호 어조에 325만원".

『조선일보』, 1948년 9월 17일, 1면

[사설]

독도사건 배상의 불철저

독도사건에 대해서 미국 당국은 책임을 명확히 했는가 어떤가 조선 사람에게는 아직 기억에 확실한 바를 모른다. 폭격 직후에는 사실을 부인하는 태도인 듯하다가 혹은 우발적인지 모른다느니 다시 조사를 한다느니 하기만 했지 미 일본점령군총사령부나 미 극동항공대사령부로나 명확히 그 책임의 소재와 사과의 뜻을 공명정대히 밝힌 바 있는지 없는지 우리는 아직 들은 기억이 없고 다만 미 조선점령군사령관이 책임 파견했던 소청위원이 현지에서 피해 상황을 조사했다 하고 위자(慰藉)의 손해배상금을 지불했다고 들었는데 그 지불액은 과연 어느 정도의 것이었느냐는 당시 일부 전하는 바로도 피해에 대하여 근소한 것이라고 말한 바 있었는데 최근 묵호 어업조합 관계자에 대한 배상이란 것도 피해의 반액에 불과하다 하니 도대체 대(大)미국의 이 무슨 처사냐. 오늘에 이르기까지 문제가 원만히 처리되지 않고 있는 이상 당연히 대한민국 정부는 정부의 책임으로써 미국에 대하여 공동 조사를 제의하여 독도사건의 전모를 조사하여 그 피해 배상을 철저히 할 것을 외교교섭에 넘겨야 할 것이다. 비록 점령 지역이었다고 하고 점령 기간 내의 일이었다고 하지만 외국 군대에 의하여 더구나 전투 아닌 연습에서 입은 피해요. 그 정도가 참혹한 터에 그 배상이란 것이 피해자들로서 도저히 용납할 수 없는 것이라 할 때 그 국가 그 정부는 응당 자권리사(自權利巳)로서 문제의 전반을 외교교섭으로 해결 방도를 구함이 당연한 책임인 것이다. 미국 당국의 반성과 정부 당국의 일고(一考)를 촉(促)하는 바이다.

『국제신문』, 1948년 12월 17일, 2면

뒤져본 무자(戊子) 수첩 6월

'어선을' 섬이란 웬 말?

동포의 원혼 바다 깊이 잠들다

(중략)

▲ B29폭격기: 6월 8월 상오 12시 15분경 울릉도 부근 독도에서 '미역'을 따고 있던 15척의 어선과 45명의 어부들에게 난데없는 원주(圓周) 내에 성표(星標) 있는 4동발 비행기 9대가 날아오더니 폭탄을 투하하고 태극기를 흔들면서 살려달라는 어부들에게 기총 사격을 가하니 덕택으로 11척의 어선은 무참히도 침몰하여 버리고 사망자 5명, 행방불명 11명, 중상자 3명, 경상자 8명이라는 참혹한 현실을 연출시킨 후 그들은 온데간데없이 사라져버렸다.

이 급보에 접한 3천만의 겨레들은 격분하며 책임 규탄의 원성이 늘었다. 9일 날 하오 7시에 구호선은 파견되었으나 20세기의 발달한 세계 최고의 화기(火器)에 희생된 그들을 어떻게 구한단 말인가? 그 후 15일에 이르러 미 극동항공대사령부에서는 사건이 발생한 지역은 그 근처의 암석을 표적으로 하는 폭격 연습장이라고 하며 미국기의 소위라고 하더라도 우발적이라고 확신한다는 발표가 있었다. 폭격 연습 지역이면 왜 사전에 아무러한 통고도 없었으며 항공대에서 우발적이라고 확신한다 하였으나 3천만은 고의적이 아닌가 의심하여 방방곡곡에서 민족의 울분만 격동하였다. 이 민족의 억울한 참사를 에워싸고 15일 국회에서는 약소민족의 '피'의 격분이 치열한 논전을 전개시키고 국내 각 정당, 사회단체에서는 책임을 규명하며 구호책을 강구하라는 소리가 점차로 높아갔다. 16일 극동사령부에서는 어선을 암석으로 오인했다는 변명이 있었다. 그 후 배상을 조사 중이던 미 소청위원회에서 피해 건수 36건에 대한 배상금을 죽변 관내 248만원이란 배상금만 가지고 제 마음대로 해결시켜 버렸으니 '사랑에 속고 돈에 울고'라는 말은 약소민족에게는 20세기의 진리인가 보다.

18. 1950년 6월 5일 ~ 13일 독도조난어민위령비 제막식 및 위령제

『동아일보』, 1950년 6월 5일, 2면

독도사건 2주년 조난자 위령비 건립*

【대구】 재작년 6월 8일 동해 독도에서 발생한 일대참사는 아직도 우리들의 기억에 생생한 바 있건만 어언 2주년 기념일을 맞이하게 되었다. 단기 81년 6월 8일 독도로 출어 중이던 어부 59명이 탄 18척의 우리나라 어선은 돌연 미군 연습기의 오인 폭격을 받아 사망 및 행방불명 14명과 중경상 6명 그리고 선박 피해 4척이란 대춘사(大椿事)가 발생하였던 것이다. 그런데 경북도에서는 동 사건 2주년을 맞이하여 조난 어민들의 명복을 빌며 그 유가족들을 위로하고 그 섬이 우리나라 영토임을 재천명하기 위하여 조난 현지에 '독도조난어민위령비'를 세우게 되었다는데 제막식은 조난 당일인 8일 정부 요로 및 내외 명사들이 참석한 가운데 엄숙히 거행하기로 되었다 한다.

* 『산업신문』, 1950년 6월 4일, 2면, "독도사건 2주년, 조난민 위령비 건립"; 『상공일보』, 1950년 6월 4일, 2면, "독도에 위령비 건립"; 『연합신문』, 1950년 6월 4일, 2면, "독도에 위령비 건립, 8일은 조난 사건 2주년 기념"; 『자유신문』, 1950년 6월 4일, 2면, "독도에 위령비 건립, 조난 2주년 기념"; 『한성일보』, 1950년 6월 4일, 2면, "독도에 위령비 건립, 조난사건 2주년 기념으로".

『경제신문』, 1950년 6월 7일, 2면

동해 신비 독도를 찾아 어족군유(漁族群游)의 보고를 탐방

【포항에서 이동춘(李東春) 본사 특파원 발 제1신】 단기 4281년 6월 8일 아직 세인(世人)의 기억에 사라지지 않은 동해의 고도(孤島)인 독도에서 미군 항공 연습기의 오폭(誤爆)으로 말미암아 바다의 보물을 캐던 대한의 해양 용사 14명이 행방불명되고 6명이 중경상을 입고 선박 4척이 파괴된 일대춘사가 발생한 지도 벌써 2주년을 맞이하는 오는 8일 수중 원혼을 위령하고자 경북도에서는 조난어민위령비를 건립하고 아울러 제례(祭禮)를 베풀고자 각계 인사를 초청하여 지난 6일 동해의 고도인 독도를 찾아가게 되었다.

왜제(倭帝)의 침략전인 소위 대동아전의 종결과 함께 부당하게도 우리나라의 최동단의 이 절해의 독도를 자국의 소속이라고 왜제의 침략몽(侵略夢)은 무인무수(無人無樹)의 화산도이며 대한의 수호도를 소유하려는 가증한 주장을 하고 있어 전 민족적 의분심을 금치 못하게 한 바 있다. 독도가 우리나라의 영토이라는 것은 새삼스레 말할 필요조차 없는 엄연한 사실일 뿐만 아니라 5,000년의 장구한 빛나는 역사가 증명하는 바이나 왜국은 왜 허황한 꿈에서 깨어나지 못하고 부당한 주장을 하는 것인가? 왜국과 우리나라를 접하는 해상의 요지이기 때문에 독도에 대한 영토적 야심에서 나온 것이라 하겠다.

동위 131도 57분에 위치한 화산회(火山灰)와 부석토로 합성된 암청색 알카리성 암석으로 된 독도는 대소 4, 5개의 적은 도(島)이다. 이 고도 근해에는 전복, 오징어, 해구(海狗) 등 어족의 회유 서식에 적절하므로 수산물이 풍부하여 울릉도 어민의 유일한 어획 지대로 되어 있으며 연산(年産) 해산물의 생산액은 심대한 것이다.

바다와 싸우면서 사람을 이어가는 우리의 해양 용사 59명은 18척의 어선에 분승하여 미역 따기와 고기잡이 출어 중 돌연 청천에 벽력과 같이 일대 폭음과 함께 열넷 어민은 창해(蒼海)의 고도를 바라보면서 수중의 원혼(怨魂)이 된 것이다. 다수의 희생을 낸 춘사가 발생하자 민족적 비애사에 대하여 본사에서는 위문 본부를 설치, 유가족하고의 위무 구호에 전력을 기울여 동포애의 결창(結唱)인 60여만원의 위문금과 위문품을 당시 모집하여 전달한 바 있거니와 춘사 발생 2주년을 맞이하는 날 독도를 찾는 기자의 심흉은 자못 복잡함을 금치 못하게 한다.

망망대해 한복판에 미움도 상쟁도 없는 정(靜)한의 평화경(平和境)! 무인 고도에 잠든 대한의 어민이 길이 잠 드신 동해의 절도(絶島)인 독도에는 천년 벽파(碧波)는 오늘도 내일도 또 그리고 수천 년 수백 년을 부딪히면서 수중고혼의 명복을 빌 것이며 무심한 갈매기도 혼을 위무하는 애절한 노랫소리를 들려줄 것이다. 태고의 정적경(靜寂境)인 고도 독도는 동해의 수호신으로써 긴 세월 우리 겨레를 괴롭히던 왜국의 방파제가 될 것을 믿으며 작(昨) 6일 포항역에 도착하였다.

『경제신문』, 1950년 6월 8일, 2면

원혼이여 잘 쉬어라!

오늘 기념비 건립코 위령제 성료

독도

재작 4281년 6월 8일 본도(本道) 동해 내의 고도 울릉도 근해에서 당시 미역을 따러 울릉도에서 어선 18척에 어민 59명이 분승하여 독도로 출어하였던 중 일본 본토에서 비행한 미군 연습기로부터 오인으로 인한 폭격과 기총 사격을 받고 억울하게도 어민 14명은 동해 바다의 고혼으로 사라지고 그 밖에도 중경상 6명과 어선 파괴 5척을 낸 일대 불상사는 아직도 우리의 뇌리에서 사라지지 않거니와 이 사건 발생 2주년을 맞이하여 경북도에서는 중대 관계당국과 연락 아래 동도(同島)의 대한민국의 영토임을 세계만방에 재확인시키는 동시에 바다에 사라진 어민들의 원혼의 복을 빌고자 사건 당일인 6월 8일을 기하여 독도에다 기념비를 건립함과 동시 물고(物故) 어민의 위령제를 집행하게 되었다 함은 기보한 바 있거니와 이의 기념비 건립의 제막식과 고혼의 명복을 비는 위령제는 오늘 오전 10시 현지 독도에서 관민 다수 참석 아래 엄숙 성대히 거행되었다.

즉 이날 식은 오전 10시 기념비 건립을 마치고 이의 제막식에 이어 어민 위령에 들어가 이(李) 서무과장의 개식사로 시작되어 독경과 경과보고가 있었고 조(曹) 지사로부터 제문(祭文) 낭독이 끝난 후 다시 이(李) 서무과장으로부터 조난사 낭독이 있은 다음 소향(燒香)과 독경(讀經)이 있은 후 이 과장의 패식사로 이날 제막식과 위령제는 엄숙 성대히 끝마쳤다. 그런데 이번의 기념비 건립과 위령제의 집행으로서 독도가 영원히 우리 영토임을 길이 세계에 증명될 것이다.

『연합신문』, 1950년 6월 8일, 1면

[사설]

희(噫)!! 독도사건 2주년

1

사망 및 행방불명으로 귀중한 14명의 동포 생명이 희생되고 14척의 선박이 파손된 독도 대춘사는 오늘로써 2주년을 맞이하게 되었으며 이날을 맞이하여 조난 어민이 명복을 빌며 아울러 수많은 유가족에게 심심한 위사(慰辭)를 보내는 바이다.

돌이켜 보건대 독도사건은 당시 59명의 어민이 14척의 선박에 분승하고 동해 독도에서 조업 중 미군 연습기의 오인 폭격으로 빚어낸 사건으로서 뜻하지 못한 결과에 대해 미군의 심심한 진사(陳謝)도 있었고 국내 각 방면의 조난자 및 그 유가족에 대한 물심양면의 동정이 집중된 것은 세인의 기억에 새로운 일이다. 그리고 이 춘사가 무인 도서로 오인함으로써 야기된 것인 만큼 미군의 책임을 여기에 또 다시 추궁하려고 하는 것은 아니며 또 추궁할 수 없는 불가항력의 사실이라고도 하겠으니 이날을 맞이하여 독도 자체의 영속(領屬) 문제에 대한 일본 정부의 태도를 규탄하지 아니할 수 없는 바이다.

2

즉 당시 일본 정부에서는 독도가 일본 영토라고 주장한 것이며 한편 한국의 수출물자 중 왕좌를 점령하고 있는 한국 어역(漁域)을 침범해온 것이 비일비재였으니 이는 독도를 일본의 영토라고 주장한 야망과 일련(一聯)의 관계를 갖는 것으로서 한국민의 격분을 자아내는 중대 사실이 아닐 수 없었던 것이다.

이와 같이 연합군 점령하 일본이 한국 어업권을 위협하고 있는 것은 앞으로 해외 시장에서 한국은 수산물에 관한한 그 강적임을 일본 정부가 잘 알고 있는 까닭이며 연합군사령부에 아부하는 일정(日政)이 맥아더 라인의 확장에 있어서 득의(得意)하는 등의 유리한 환경에서 어업 일본이 부당한 진출을 기도하고 실천하는 과거의 비(非)를 규탄하는 동시에 앞으로의 그 동향을 주시하려는 바이거니와 독도사건 2주년에 제(際)하여 국민은 다시 한번 한국에서의 어업의 중요성을 재인(再認)하여야 할 것을 강조하고 아울러 맥 사령부에 향하여 금후 일본이 또는 일본 어민이 한국의 어업권을 간접 또는 직접으로 위협하는 모든 사태를 그 미연에 방지하는 조치에 심심한 유의(留意)가 있기를 요망하여 마지 않는 바이다.

3

독도사건 2주년을 맞이하여 소관 경북도에서는 조난어민위령비의 제막식을 중앙청 각 부처장 UN한위(韓委)미대사관, 미 공보원 기타 국내 각계 대표 출석으로 거행하게 되었다는 것이다. 차(此) 일거(一擧)가 조난 동포의 명복을 빌고 그 유가족을 조위(弔慰)하는 점에서 이미 의의가 있는 일임은 물론이나 그보다 더 큰 의의는 동도(同島)가 한국 영유임을 당면(當面)적으로 재천명하고 금후에 있어서 역사적으로 입증시키는 데 있음을 통감(痛感)시키는 바 있다.

뿐만 아니라 이러한 기회에 어업의 신축(伸縮)이 실로 한국의 경제 부흥의 일대 관건인 소이(所以)를 전국민이 재인식한다면 금차(今次)의 제막식은 이중삼중의 의의가 있는 것이라 하겠다.

『연합신문』, 1950년 6월 8일, 2면

오늘 독도사건 2주년

고혼(孤魂)들의 명복을 빌며 현지서 위령비 제막식 거행

‘어선을 섬[島]으로 알았나…’는 무서운 오인은 …… 4281년 6월 8일 동해 한복판 우리 영토 독도 근해에서 평화적 어로에 종사하던 우리 어민 14명의 혼을 삼켰으며 중경상 6명 선박 4척 파괴라는 대춘사를 가져왔다.

오늘 6월 8일은 이런 일이 있은 지도 두 돌을 맞은 기념일이다.

탐욕 일제가 지정학상 인문학상 우리 영토임에 만번 틀림없는 독도에서 우리를 기 받치게 한 이 사건도 이제 주권국가 아래 한 많은 두 돌 맞이 날을 당하였다.

손해액을 다 채우지 못한 미군의 변상이었으나 거듭한 미국인의 진사와 사회의 동정 아래 역사의 한 토막을 남겨지는 □□을 당하여 주권 없는 민족이 어떠한 것이었는가를 다시 한 번 명심하고 뭉치던 당시의 마음을 토대로 통일 완수에 전진이 있어야 할 것이며, 다시 한 번 독도 즉 한민족의 판도임을 세계에 밝혀야 할 것이다.

이날을 당하여 경북도에서는 당시 조난 어민의 명복을 빌며 그 유가족을 위문하는 한편 독도 영유의 야욕을 채 버리지 못하는 일본의 불손한 주장을 없이 하기 위하여 조난 지역에다 위령비를 건립하고 있었는데 이의 제막식을 그날을 기하여 독도에서 거행하게 되었다.

식에는 유가족 및 정부 고관, 미국 대사, 유엔위원단을 비롯한 각계 인사 참가하에 거행한다는데 특히 동 실황을 촬영하여 국내 상연은 물론 맥 사령부에 보내니 일본 세계 각지에 소개하리라는 바 조(曺) 경북지사의 집필된 비문은 다음과 같다.

[전면] 독도조난어민위령비

[좌측면] 대한민국 경상북도 지사 조재천

[우측면] 단기 4283년 서기 1950년 6월 8일 건립

[후면] 단기 4281년 6월 8일이 독도에 출어 중이던 어민 59명이 18척의 어선에 분승 조업 중 미군 연습기의 오인 폭격을 받아 사망 및 행방불명 14명, 중경상 6명, 선박 파괴 4척의 일대춘사(一大椿事)가 발생하였다. 경도풍랑(鯨濤風浪)에도 불굴(不屈)하는 조국 재건의 해양용사들에게 이 무슨 원억(冤抑)한 횡액(横厄)이냐. 일즉* 미군의 진사와 사회적 동정이 답지하여 수중원혼(水中怨魂)과 혈유가족(孑遺家族)의 위무구호(慰撫救護)에 성의를 바친 바 있었으나 다한애정(多恨哀情)의 일단(一端)을 펴고자 사건 발생 2주년을 기하여 단갈(短碣)을 이룩하고 삼가 조난 어민 제위의 명복을 비노라.

* 일찍의 옛말이다.

『동아일보』, 1950년 6월 9일, 2면

독도사건 위령비

어제 엄숙한 제막식 거행*

4281년 6월 8일 '미역'을 채취코자 울릉도를 출발하여 독도로 출어 중 뜻하지 않은 사고로 59명의 조난 사건으로 희생된 어민의 원혼을 위로하고 아울러 독도의 한국 영토임을 감명(感銘)시키자는 의도 아래 경상북도에서는 8일 상오 10시 독도에서 조(曺) 경북도지사를 비롯하여 유가족 기타 관민 일백여 명이 참석한 가운데 조난어민위령비를 건립하고 그 제막식과 위령제를 동시에 거행하였다.

먼저 식은 이 경상북도 서무과장의 개식사로부터 시작하여 국민의례가 끝난 다음 위령비를 엄숙한 가운데서 제막하였다. 그리고 이어서 조난 어민의 명복을 기원하기 위하여 위령제를 집행해가는데 먼저 독경으로부터 시작하여 경과보고가 있었고 조 지사의 헌작과 제문 낭독이 있었다. 그리고 역시 이 서무과장의 조난문 낭독과 소향 독경으로 위령제는 원만히 끝마쳤다.

---

* 『국도일보』, 1950년 6월 9일, 2면, "바다의 고혼(孤魂) 위안, 독도 위령비 제막식을 엄수"; 『동방신문』, 1950년 6월 9일, 2면, "독도의 참사 2주년 위령비 제막식 엄숙"; 『자유신문』, 1950년 6월 9일, 2면, "원혼 길이 명복하라! 위령비 제막식을 거행, 독도사건 2주년을 맞아"; 『조선일보』, 1950년 6월 8일, 2면, "독도참변 2주년, 8일 위령비 제막식".

독도참사 2주기 위령비 제막 엄수*

지금으로 만 2년 전 6월 8일 오전 11시 40분 교룡의 휘파람 소리도 우렁찬 동해의 고도 독도에서 울릉도에 거주하는 58명의 어민들이 찬란한 여름의 햇빛을 담뿍 받으면서 조업을 계속 하고 있다가 돌연 동방으로 출현한 미군 연습기 14대의 오인 폭격으로 말미암아 청천의 벽력 그대로 대비할 방법도 없이 혹은 섬에서 혹은 선상에서 애석하게도 고(故) 김중선(金仲善) 이하 14명을 잃었던 참사는 아직도 우리 기억에 생생한 바 있는 것이다. 이제 이들이 돌아간 지도 어언 2주기를 맞이하여 이들의 원혼을 위로하고 명복을 비는 위령제와 위령비 건립 제막식이 무심한 파도 소리 거친 동해의 외딴 섬 독도에서 엄숙히 거행되었다. 즉 제식(祭式)은 8일 하오 11시경 경북지사 조재천(曺在千) 씨의 정성된 붓끝으로 새겨진 {의 제막에 이어 조난 어민의 명복 기도로 시작되었다.

그리고 영령을 조위하고자 창파(蒼波) 망망한 고도를 찾아온 도내 50여 명의 명사들이 손수 정성에 넘치는 분향과 더불어 조 지사로부터 "영령을 위무하고 아울러 피세(彼世)의 안락을 기원하노니 영령들이여 명복하시고 조국 강토의 동부(東部)를 영원히 수호하소서"라는 애절한 제문 낭독과 각처에서 보내어 온 눈물어린 조사(弔辭), 조전 낭독 등으로 동일 하오 1시경 식이 끝났다.

---

* 『상공일보』, 1950년 6월 9일, 2면, "독도의 참사 2주기, 현지서 위령제막식 엄수"; 『동광신문』, 1950년 6월 10일, 2면, "상기하자! 독도의 참사, 위령비 제막식 엄수".

『한성일보』, 1950년 6월 9일, 2면

죄 없이 쓰러진 고혼(孤魂)들이여

독도 참변 2주년, 위령비 제막식 엄수

【울릉도에서 본사 특파원 이상렬(李相烈) 발 특전】 재작년 6월 8일 울릉도 동쪽 60마일 지점에 있는 작은 섬 독도에서 일어난 참변은 아직도 우리들의 머리에 그 기억이 생생한 바 있거니와 그 피비린내 나는 폭풍이 스쳐간 지 2년. 기자는 지금 그 섬의 바위 위에 서서 두 볼을 적시는 뜨거운 눈물을 구태여 닦으려고 하지 않는다. 그날도 역시 이 섬 주민들 59명은 평화스럽게 바다에서 미역을 캐고 있던 중 돌연 상오 11시 50분경 동남방으로부터 나타난 14대의 미군 연습기가 하늘 높이 나타나자 무조건 폭격을 감행하였으므로 이 청천벽력을 맞은 우리 어선들은 이에 대비할 아무 방법도 없이 부근 섬에서 혹은 해상에서 애석하게도 몰침몰당하고 희생당하고 말았던 것이다. 당시 천신만고로 생환자가 전하는 이 비보를 들은 3천만 우리 겨레는 민족적 울분과 원한을 어찌할 도리도 없이 다만 하늘을 우르러 비절통분함을 금치 못했을 뿐이었다. 조국 해방과 더불어 왜제가 물러간 이 동해안 울릉도는 그들의 자유의 생활 근거지로서의 무대였으며 평화롭고 아름다운 고향이었다. 바다에 익숙한 솜씨와 연마된 기술은 장차 해양 대한건설을 굳게 약속하고 있었던 것으로 어부들의 꿈은 오로지 조국과의 바다와 함께 푸르고 넓고 양양하였던 것이다. 이제 그날을 회고하면서 □시 희생된 가족은 물론 우리 겨레의 원통한 감정도 새삼스러운 바 있는 듯 창파 위 갈매기도 슬피 운다.

참화의 기억도 생생

59 어민의 그 모습 지금은 어디

갈매기도 슬피 우누나

그러나 이 당시 미군의 성의 있는 사과와 두터운 원조로 희생된 어부의 가족들은 무난히 또 평온하게 지나는 중이다. 이 사건 발생 2주년을 기하는 이날 수중고혼이 된 그들의 명복을 빌고 그 유가족과 그 당시 생환한 동포들과 지방관민 다수가 정성을 들여 만든 위령비를 건설하고 또 위령제를 거행하여 그들의 령을 위로함과 아울러 후세의 안락을 기원하며 독도가 한국의 영토임을 감명시키고자 경상북도에서는 8일 상오 10시 독도에서 조 경북지사를 비롯하여 유가족 기타 관민 일백여 명이 참석한 가운데 조난어민위령비의 제막식을 거행하고 그 위령제를 동시에 거행하였다. 먼저 이 경상북도 서무과장의 개식사로부터 시작하여 국민의례가 끝난 다음 위령비를 엄숙히 개막하였다. 그리고 이어서 조난 어민의 명복을 기원하기 위하여 위령제를 집행하였는데 먼저 독경으로부터 시작하여 경과보고가 있었고 이어서 조(曺) 지사의 헌작과 별항과 같은 제문 낭독이 있은 다음 조난문 낭독과 소향, 독경으로 위령제는 끝났다.

왜제(倭帝)의 박해는 이곳에도

80 노옹이 말하는 고도(孤島)의 역사

【울릉도에서 본사 특파원 이상열(李相烈) 특전】 우리 일행은 포항서 7일 아침 해군 함정으로 이 섬에 도착하여 일행은 위령비 건립처인 독도를 향하여 출발하기 전에 이 섬에 최고령자인 홍□□(88)* 노인을 만나 이 울릉도의 역사와 □□여년 간의 도 생활의 일면을 듣기로 했는데 노인은 더듬더듬 과거 반세기 이상의 역사를 다음과 같이 말한다.

"지금으로부터 67년 전 하도 세상이 소란해서 강릉에서 이주해서 이 섬으로 왔다. 그런데 그 당시 이 섬의 명목을 도벌하는 왜놈들이 수백 명이나 있었고 그 후 일본 정부에서 직접 해산물을 잡아갔는데 당시 우리 동포의 세대는 겨우 아홉 세대뿐이었으며 일청전쟁, 일로전쟁 당시 로국 군함이 폭발하는 광경을 바로 눈앞에서 보았다. 그리고 왜정 초기에는 하도 왜놈들이 우리 동포들에게 야만적 행위를 감행하므로 이를 참지 못하여 반항하다가 왜놈들에게 박해도 당하였으나 내 평생 살아있는 동안에 조국 광복을 보아 이제는 원한도 없다."고 말하는 울릉도의 옛이야기는 꿈속 같은 감을 주었다.

---

* 홍재현(88)으로 추정된다.

[제문]

조(曺) 경북지사

아! 청천의 벽력!

평화를 깨트린 오인 폭격 원혼이여, 고이 잠드시라

단기 4283년 6월 8일 경상북도 지사 조재천(曺在千)은 독도사건에 원사(怨死)하신 고(故) 김중선(金仲善) 군 이하 14주(柱)의 영혼에 대하여 삼가 위문의 성(誠)을 바치고자 함에 새삼스러운 애도(哀悼)의 정을 이기지 못하는 바이외다. 회고하건대, 2년 전인 단기 4281년 금월(今月) 금일(今日) 고(故) 김중선(金仲善) 군 이하 59명은 태영환(泰榮丸) 외 18척의 어선에 분승(分乘)하고 근거지 울릉도를 출발하여 약포(若布)를 채택(採擇)고자 이 독도 근해에 투묘하였다. 조난 당시에 서남(西南) 강풍에 물결은 높았으나 초하(初夏)의 양광(陽光)을 담뿍 가두면서 혹은 바다에서 혹은 섬 위에서 작업에 열성을 기울이고 있던 중 오전 11시 40분경 동남방으로부터 출현한 미군 연습기가 독도 상공에 이르자 오인 폭격을 시작하였으므로 제위(諸位)들은 이 청천의 벽력을 피할 방법도 없이 혹은 섬에서 혹은 선상에서 애석하게도 쓰러졌던 것이다. 제위들은 왜정 40년간의 □구한 시□에 □요□한 어로를 왜적에게 박탈당하고 비□의 눈물을 뿌리다가 조국 해방과 동시에 □□의 보고(寶庫)를 회복한 환희를 가슴 가득히 간직하고 뱃노래도 우렁차게 동해에 진출하여 조국 재건의 생산 증강을 위하여 폭풍폭우와 교룡의 횟바람* 소리에 놀라지 않고 왕성한 투기(鬪氣)로서 수산 전사(戰士)로서 싸웠던 것이다. 왜적이 물러간 이 동해는 자유의 일터였고 그 익열(益熱)한 기술이 연마된 비력은 보람 있는 건설이 굳게 약속되었음에도 불구하고 합심(合心)의 활약을 앞두고 불의의 횡액(橫厄)에 멀어졌으니 지금 수부(水府) 깊은 곳에서도 원통할 것이며 때로 감돌아드는 갈매기도 소리 짙게 울고 가도다. 그러나 제위를 위하여 일찍 미군의 성의 가득 찬 사과의 두

---

* '휘파람'의 사투리다.

터운 조의가 있었고 국내 각계각층에서 따뜻한 동족애가 답지하였으며 오늘 사건 발생 2주년을 기하여 제위의 영령을 친히 조의(弔意)하고자 수륙 천리의 고도를 찾아 제위 유가족과 생환 동포들과 관민 다수 참석 아래 정성들인 기념비를 건립하고 위령하고 아울러 피세(彼世)의 안락(安樂)을 원하노니 영령(英靈)들이여 강복하시고 조국 강토의 동부(東部)를 수호하소서.

祭文

慶北知事 曺

아ㅣ 靑天의 霹靂!

平和를 깨트린 誤認爆擊

怨魂이어 고이 잡드시라

조재천 씨

통분한 회상 독도!
망령이여, 수호신 되라

우리나라 최동단의 고도인 독도에서 2년 전 6월 8일 미역 따고 고기 잡던 울릉도 어민 44명이* 애정(哀情)하게도 해저 고혼으로 사라져 전 민족적으로 애통함을 금치 못한 바 있었으나 이에 외로운 영령을 위문하고자 조난 어민의 위령비를 세우는 동시에 제례(祭禮)를 올려 고(故) 최덕식(崔德植) 외 13주(柱)의 망령(亡靈)으로 하여금 어업상으로나 군사상으로나 요지(要地)인 독도에서 왜국의 야비한 침략의 허무한 꿈을 물리치고 우리나라 영유임을 만방에 증명하고자 지난 6일 중앙을 위시하여 대구 및 도내의 사회 각계의 유지와 각 장관 언론계 공보처 영화반이 해상 천여 리의 황파(荒波)를 박차고 갖은 고난을 겪으면서 포항을 떠나 울릉도를 거쳐 해군 함정 2척 및 계림환(鷄林丸)으로 무인무수(無人無樹)의 고도에 혼령(魂靈)을 찾은 바 있다. 갈매기 울음소리도, 슬피 멀리서 들려오는 해구(海狗)의 구슬픈 울음소리와 함께 제례에 참석한 유가족, 도민, 백여 명의 참가한 유지는 목이 터져라고 울었으며 하늘도 바다도 목메어 울음을 그칠 줄 몰랐다.

극락왕생을 비는 승녀의 독경 소리는 폐부를 찌르며 그윽한 향연(香煙)은 궂은비 내리는 대공(大空)을 향하여 사라진다. 해군 병사의 조포성(弔砲聲)은 우리나라의 영유도(領有島)임을 일층 더 공고하여 제문(祭文) 조사(弔辭)의 낭독에 목메어 우는 유가족과 도민(島民)의 슬픔에 잠긴 모습에 국가의식(國家意識)을 더욱 굳게 한 바 있으며 민족애를 용솟음치게 한 바 있다. 천신만고로 생환한 어민은 당시를 회상하면서 참으로 뜻밖에 비행기가 날아와서 놀랐으며, 또한 폭격과 기관총 사격을 할 때 단지 이 섬에서는 피할 곳은 없고 동료는 쓰러지는데 일본 비행기가 날아온 것이라고 생각하였다고 하며 사건 발생 후 즉시 미군의 심심한

* 44명은 14명의 오타로 보인다.

진사로 오해는 풀렸다고 한다. 망망대해에 거센 파도와 바람을 받아 뼈만 남은 조그마한 섬에서 자연의 신비경(神秘境)에서 문화의 발진과 인□□□리하고 가끔 가다 난파선의 유일한 구호의 손길이 될 뿐이니라.

조국의 동방을 수호하면서 말없이 선 섬 그리고 14영령의 잠든 원한(怨恨)의 고독도(孤獨島)에 엄연히 서 있는 비석과 그칠 줄 모르는 갈매기의 울음소리를 들으면서 우리 일행은 말 없는 이별을 하고 독도를 멀리 8일 오후 8시 일로(一路) 포항으로 귀항하여 작(昨) 10일 오전 11시 5분 일행은 사명을 마치고 대구에 도착하였다.

사진 설명: 상(上)은 조난 어민의 위령비, 하(下)는 명목(瞑目)을 비는 승녀의 독경.

식량난이 극심
어민 천호, 농민 6백호

울릉도

독도의 고현(孤現)을 위령하기 위하여 지난 6일 포항을 출발한 참례인(參禮人) 전원은 지난 7일 울릉도를 찾았는데 이 섬은 원래가 자연적 요건으로써 순 농가(純農家) 589호에 비하여 순(純) 어업가호가 971호에 달하고 있으며 반농반어가 453호 그 외에 약간의 공업과 상업을 경영하는 사람이 있는데 해발 996미터의 성인봉을 중앙으로 전도(全島)는 화산석회암으로 이 불과 60정(町) 미만이며 전도(全島)는 산과 조그마한 빈자리만 있으면 밭을 갈아 전(田)이라는 천여 정보(町步)라 농업은 대맥(大麥)과 감자를 생산하고 있어 1년의 총생산 식량으로는 전도민의 4개월의 식량밖에는 충당하지 못하는 형편에 있다 한다.

그로 말미암아 총인구 1만 4,688명의 식생활을 해결하기 위하여는 본토에서 1년에 최소 미곡(米穀) 1만 1천여 석(石)을 수입하지 않으면 안 될 형편에 있다는데 이도 본토의 곡가(穀價) 고(高)로 인하여 수입이 잘되지 않아서 전도민은 식량난의 일대 위기에 직면하고 있다는데 조재천(曺在千) 도지사는 군내 3면(面)을 순회하면서 국민교(國民校) 아동의 식(食) 사정을 엿본바 약 8할 이상 점심을 모르고 결식(缺食)하고 있다 한다. 이에 대하여 관계 당국의 적절한 조치가 시급히 요청되고 있는 바라 하겠다.

『국도신문』, 1950년 6월 13일, 2면

원혼 길이 이 섬 지키시라

독도 조난 어민 위령제 참관기

갈매기 날아드는 천애의 고도

땅 치며 우짖는 유족 모습 처량

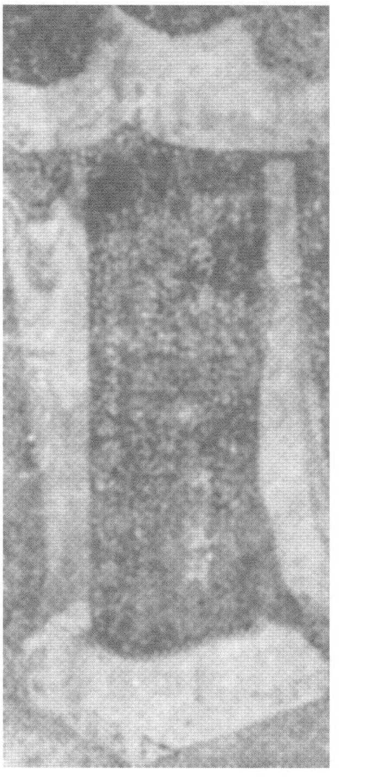

【울릉도에서 임광빈(任光彬) 특파원 발】 재작년 6월 8일 동해의 무인고도 독도 근해에서 발생한 미군 폭격대의 연습 포격으로 인하여 바다의 고혼(孤魂)으로 원통하게 사라진 열네 명의 어민 조난사건을 상기해보자. 기자는 사건 발생 두 돌을 맞아 이들 원혼들을 위로하고자 소관 경상북도에서 주최하는 현지 조난 어민 위령제에 참가하고자 지난 5일 서울역을 떠나 대구에서 조재천(曺在千) 경북지사와 관민 다수와 함께 다음 날인 6일 하오 7시경 포항에서 해군 함정에 편승하여 동해의 물결을 헤치며 울릉도 경유로 일로 절해의 고도 독도로 향하였다.

7일 새벽 아득한 수평선 위에 찬란한 날개를 펴고 솟아오르는 눈부신 태양에 감격적인 환호를 던지며 울릉도에 도착하였으며 8일 미명에 목적지인 독도를 향하여 일행은 다시 배에 올랐다. 거센 풍랑과 싸워가며 항해하기 8시간 만에 갈매기로 뒤덮인 독도에 도착하였다.

일망무제한 망망한 동해 위에 거대한 암석들이 가지런히 놓여 있는 섬 이 조그만 섬이 독도다. 미군 폭격으로 바위가 무너져 조그만 평지가 되어 있는 곳. 우리보다 하루 앞서 온 유가족들이 비석을 세워 놓고 제사 준비에 분망하다. 세 시 정각 제막에 이어 열네 주의 원혼의 명복을 비는 중(僧)의 독경 소리와 함께 위령제는 시작되었다. 조 지사의 헌주(獻酒)가 끝나자 하늘도 무심치 않았는지 갑자기 일진의 비가 쏟아졌다. [사진(상): 위령비 전경]

"불의의 횡액에 쓰러진 그대들이여, 지금 수부(水府) 깊은 곳에서도 원통할 것이다. 때때로 감돌아드는 갈매기도 슬피 울고 있도다. 이제 위령비를 세워 제위의 령을 위로하노니 피세의 안락을 축원하며 조국 강토의 동부를 수호하소서."

요지의 조 지사의 제문 낭독이 비 내리는 고도에 흐느끼듯 처량하다. 이어 유가족의 분향과 해군 장병의 조포(弔砲)로서 역사적인 위령제는 폐회하였다. 이번 행사가 단지 위령제로서 그치는 것이 아니고 앞서 일본 국회에서 어느 국회의원이 독도를 자기네 영토라고 주장한 것을 기억하여야 할 것이다. 독도가 우리의 영토라는 것은 사적 사실로 보아 새삼스럽게 말할 여지도 없으나 하잘 것 없는 이 섬이 독립국가인 대한민국의 전략적인 중요 지점은 물론이요. 원양어업으로 이 근해에서 '고래', '상어' 등 대어수류(大漁水類)를 잡는 지역이라는 것을 잊어서는 안 될 것이다. 일인들의 자기네의 영토라고 주장하는 것은 이상의 중요성과 이에 따라 말썽 많은 '맥아더 라인'이 자동적으로 확대된다는 것을 생각할 때 금번 위령제가 우리 영토라는 것을 재천명하는 중요한 역사적 계기가 된다는 것을 기억하여야 할 것이다.

[사진(하): 위령제]

『한성일보』, 1950년 6월 13일, 2면

절해의 독도를 찾아서

울릉도에서 이상렬(李相烈) 특파원 기(記)

하늘도 뜻이 있어

수평 위에 영원히 외로운 섬

이리도 설레는가

울릉도 여사(旅舍)에서 하룻밤을 새운 오늘이 바로 6월 8일 □□□□의 어민이 수중고혼이 된 독도사건이 발생한 날이다. 전날 밤까지 잠든 물결같이 고요하던 바다는 성난 맹수처럼 노호하고 어제까지 맑고 아득하던 하늘이 웬일인지 새까맣게 흐려서 구슬비가 부슬부슬 내리기 시작하였다. 경북지사 조재천(曺在千) 씨를 비롯한 일행 70여 명은 해군 당국의 특별한 성의로 □□준 두 대의 함정에 분승하여 일로 원한의 고혼이 사로이 잠긴 독도로 향하여 출범하였다.

두 대의 함정은 울릉도에서 남동 방향 39해리 지점을 향하여 용진에 용진을 한 지 약 6시간 후인 오후 1시경 절해의 고도 독도 앞바다에 도달하였는데 산더미 같은 파도는 간판 위를 휩쓸듯이 부닥치어 우리 일행의 거개가 멀미가 (□□)어낸 수차의 구토에 거의 실신 상태에 빠질 지경이 되어 있었으나 씩씩하고 젊은 우리 해군 용사들만은 작업을 계속하고 있는 믿음직한 그 모습과 특히 '마스터' 높이 휘날리는 태극기를 볼 때 우리의 함정을 우리의 손을 움직여 이곳까지 왔다는 감격에 마음 놓고 울고 싶은 감상을 억제할 수가 없었다.

우리 일행은 아직도 2년 전 그 당시의 폭탄의 파편이 산재한 독도에 상륙하였다. 궂은비는 여전히도 구슬프게 부슬부슬 내리고 있다. 이에 먼저 독도에 대한 소개를 간단히 하려 한다. 이 섬은 울릉도 동쪽 39해리 지점에 있는 주위 약 10리가량 되는 외섬으로서 대체로 단애절벽(斷崖絶壁) □□에서 꼭대기까지 오르기 어려울 뿐더러 섬 전체를 통하여 평탄한 곳을 찾아보기 어렵다. 이 섬은 멀리 성종조에 '삼봉도'라고 불리었던 분명한 우리나라 영내의 섬으로서 고종 18년(서기 1881년) 울릉도를 개척하기 전부터 울릉도 주민들이 '독도'라고 이름 불러왔던 것이라고 한다. 그 후 광무 9년(서기 1905년) 로일전쟁 당시부터 일본 령으로 다케시마(竹島), 불란서말로 '리양쿨', 영어로 '호넷드'로서 세계해에 나타나게 된 우리나라 영내의 섬인 것이다. 원래 이름은 돌섬(石島), 그 후 왜정 때에 송도(松島) 또는 독섬(獨島)으로 개칭되었던 것이라고 한다.

이러한 뚜렷한 유래를 가진 이 섬을 왜놈들이 저희 소유라고 하는 것을 얼토당토 이유에 닿지 않는 말인 것이다. 이 섬은 본래부터 '전복', '해삼', '미역' 등의 귀한 자연물을 풍부히 가졌으며 또 □□□□ 통하여 가장 좋은 어장이 있었었고 풍파를 만나 조난당한 어선의 피난처가 되어왔던 것이다.

왜적이 물러간 이 동해는 자유의 무대였고 약탈당했던 무진의 보고를 회복해 환희를 가슴 가득히 간직하고 노래도 우렁차게 이 바다(에) 진출하여 조국 재건의 생산 증강을 위하여 용맹히 싸워오던 우리의 어민들이 이 섬 상공에서 떨어지는 청천벽력을 피할 방법도 없이 혹은 섬에서 혹은 배 위에서 애석하게도 쓰러졌던 그들이 지금도 수부 깊이 잠겨 얼마나 원통할 것일까. 백설에 뒤덮히다시피 이 섬 전체에 모여든 갈매기들도 소리 슬프게 울고 있도다.

그러나 일찍 미군의 사과와 조의가 있었고 국내 각계각층에서 따뜻한 동포애가 환시하였으며 오늘 사건 발생 2주년을 기하여 수중 영혼을 친히 조위하고자 수륙 천리의 고도를 찾아 그대들의 유가족과 생환 동료들과 중앙 지방 관민 다수 참석리에 정성 드린 위령비(독도조난어민위령비)를 건립하고 위령제를 거행하였는데 구슬픈 독경이 계속되는 가운데서 먼저 본도 지사 조재천(曺在千) 씨의 애통 단절한 조사에 이어 신(申) 국방부 장관의 조사를 남(南) 포항 해군경비부 사령관이 대하였고 기타 관민 유지들의 조비가 있었으며 동 6시경 역사적인 고도에 행□는 엄숙히 끝마치었다.

하늘도 울고 바다도 울고 창파 위에 헤매는 갈매기까지도 이 섬에 영원히 잠긴 수중고혼을 애석하는 듯이 구슬픈 보슬비는 여전히도 내리고 있다.

다시 해군 함정 위에 서서 멀리 뵈이는 조그마한 비석을 바라보는 우리 일행의 어느 한 사람이나마 마음속 느끼지 않는 사람이 있었으리야! 영령이시여. 피세의 안락을 위원하노니 고이 명복하시고 조국 강토의 동부를 영원히 수호하소서…….

사진 설명: 사람도 나무도 없는 독도(조재천 지사의 엄곡).

3편

〈목록〉

1948년 독도폭격사건 관련 언론보도 기사 전체 목록

I. 국내 신문기사

1) 1948년

1948년 6월 11일

『조선일보』, 2면, "국적 불명의 비기(飛機)가 투탄 기총소사, 독도서 어선 파괴, 16명이 즉사"

1948년 6월 12일

『경향신문』, 2면, "정체 모를 비행기 울릉도 어선 폭격"

『공업신문』, 2면, "비기군(飛機群) 어선 습격, 울릉도 근해에서 11척 침몰"

『남조선민보』, 2면, "동조선 절해고도의 참극, 정체 불명 편대 비기 내습, 출어선에 기총소사, 순시(瞬時)에 선박 11척 침몰"

『남선경제신문』, 2면, "독도 부근서 우리 어선, 국적 불명의 비행기 습격으로 사망 16명 기타 조사 중"

『남선경제신문』, 2면, "어선 11척도 침몰!"

『대동신문』, 2면, "동해 독도에 비기(飛機), 폭탄 투하로 어선 11척이 침몰"

『대한일보』, 1면, "비기군(飛機群) 어선을 습격, 울릉도 근해에서 11척 침몰"

『동아일보』, 2면, "소속 불명의 비기, 어선을 폭격 소사, 사상 20여, 11척 침몰"

『민주일보』, 2면, "국적 불명의 비행기, 어선 11척을 폭침, 사상(死傷) 행방불명 등 24명"

『부인신보』, 1면, "정체 모를 외국 비행기, 어선을 습격! 울릉도 근해서 침몰"

『서울신문』, 2면, "동해에 살인 비기 출현, 어선을 폭격, 11척 침몰, 9명 사망"

『서울신문』, 2면, "기총사격까지, 피해자 배(裵) 씨 담"

『수산경제신문』, 2면, "출어 중의 어선을 폭격, 독도서 어선 11척 침몰, 사상 20여 명"

『수산경제신문』, 2면, "진상, 미군서 조사 중"

『자유신문』, 1면, "[사설] 독도 해상의 참변을 듣고"

『자유신문』, 2면, "비기군(飛機群) 어선 폭격, 사상, 어선 11척 침몰, 독도의 참사"

『조선일보』, 2면, "9기 편대로 어선을 맹폭, 무고한 죽음의 책임 추궁 요망"

『조선일보』, 2면, “민심에 큰 충격, 어선 침몰만 23척, 사상 24명, 독도폭격 현지 속보”

『조선일보』, 2면, “기영(機影) 일거에 참시(慘屍) 낭자, 폭풍 탄우(彈雨)로 독도는 생지옥화, 이 선장 조난 담, 독도폭격 제3특신”

『조선일보』, 2면, “독도폭격 진상, 미 당국서 조사 중”

『조선중앙일보』, 2면, “모국 비행기군이 습격, 울릉도 근해서 어선 11척 침몰”

『한성일보』, 2면, “소속 불명 비기(飛機) 어선 습격, 11척 침몰, 24명 사상, 독도 근해 참변”

『한성일보』, 2면, “독도폭격 사건 진상, 미군 당국서 조사 중”

1948년 6월 13일

『경향신문』, 3면, “누구의 악의인가, 독도폭격사건 피해 막대, 태극기 표시해도 공격했다, 조난자 담”

『경향신문』, 3면, “신문고”

『남조선민보』, 2면, “기(旗)의 표식도 본체만체, 고의로 기총으로 맹사, 김태홍 씨의 생환 담, 울릉도 사변 속보”

『대한일보』, 2면, “비기(飛機)에는 모국기 달고, 애매하게도 어선을 습격, 울릉도 사건 사망자 신분 판명”

『부인신보』, 1면, “‘태극기’ 휘날려도 투탄·기총소사! 사망자 급 피해선(船) 다수, 울릉도 사건, 군정 당국은 철저 조사하라”

『수산경제신문』, 2면, “우리의 어선을 습격하는 자 누구냐? 내습한 비행기 정체를 구명코, 안심하고 어업에 종사할 수 있도록, 해안 경비의 만전책 세우자!”

『수산경제신문』, 2면, “태극기 흔들었으나 못 본척하고 폭격을 계속, 구사일생의 조난자 목격담”

『자유신문』, 2면, “독도참사 후보, 사망자 등의 신분 판명”

『조선중앙일보』, 2면, “‘연습한다는 말도 없이 저공으로 폭격코 소사(掃射)’, 구사일생으로 귀환한 이 선장 담, 독도사건 현지 속보”

『조선중앙일보』, 2면, “태극기를 흔들었으나 결국 화를 면치 못했다, 생환자 담”

『한성일보』, 2면, “사상자 신분 판명, 시체 3명을 발견 속속 탐사 중, 독도사건 속보”

『한성일보』, 2면, “독도는 우리의 섬, 원명은 돌섬(석도)”

1948년 6월 15일

『경향신문』, 1면, “첨성대”

『경향신문』, 2면, “독도 맹폭 사건 어디로, 민족의 분격 절정에, 주목의 초점·소위 ‘모국기’”

『경향신문』, 2면, “시인 반 부인 반, 독도폭격과 재일 미군 당국 담”

『경향신문』, 2면, “야만적 행동, 독촉국민회 담화”

『경향신문』, 2면, “조사단 급파, 미 당국 조사 중”

『공업신문』, 1면, “독도폭격사건은 재일 미기 연습?”

『공업신문』, 2면, “독도폭격은 누구?, 미군에서 특별조사대 급파, 공보부 발표”

『남선경제신문』, 1면, “울릉도 근해는 미 공군 특별 연습 구역, 사건 발생일이 연습 당일 날!”

『남선경제신문』, 1면, “폭격사건 진상, 14일 판정 예상”

『대동신문』, 2면, “독도 어선 폭격, 비행 사실은 판명, 미 극동항공대서도 관련 조사 중”

『대동신문』, 2면, “14일에 판정 발표, 연습 중 촬영한 사진으로 판단”

『대동신문』, 2면, “책임을 추궁, 독촉(獨促) 담화 발표”

『대동신문』, 2면, “미군 조사대 파견”

『대중일보』, 2면, “울릉도 어선 폭격사건, 사건 진상 조사차, 미군 특별조사대 현지 향발”

『대중일보』, 2면, “폭격사건 진상, 14일 판정 예상”

『대한일보』, 2면, “독도 근해 어선 폭격은 재일 미기의 연습? 익부에는 원(圓)과 성(星)의 표장”

『동아일보』, 2면, “미 연습기 투탄? 독도사건 방금 조사 중”

『부인신보』, 1면, “미군 특별조사단 급파, 구호물품 다수 적재코 독도폭격사건 현장에, 철저 조사하고 진사 요구하라”

『서울신문』, 2면, “차마 볼 수 없는 참경, 구호선이 말하는 독도폭격사건”

『서울신문』, 2면, “미군 조사대 의료품 싣고 출발”

『서울신문』, 2면, “미군기가 관련? 폭격 책임은 극동항공대서 판정”

『세계일보』, “폭격사건 목격자, 흰 별 휘장을 단 비행기였다고 진술”* [Sei Kei Ilbo(World

* 이 기사는 국내 신문기사이지만 신문 자료 멸실 등의 이유로 해당 기사를 확인할 수 없어 당시 미군 측에서 영어로

Press), "Witness, Who Saw the Incident, Said that the Mark of the Airplanes was a White Star".]

『수산경제신문』, 2면, "독도 근해 어선 폭격 사건, 미 비행기 관련 유무 조사 중, 미 극동 항공대 성명"

『수산경제신문』, 2면, "미군 특별 조사대, 사건 조사 차 현지 향발"

『수산경제신문』, 2면, "억울한 희생자의 씨명(氏名)"

『수산경제신문』, 2면, "단호 조치 강구하라, 국민건의회서 담화"

『조선일보』, 2면, "고도(孤島)는 인영 절무(人影絶無), 행방불명자 즉사로 확인, 울릉도도 비통일색, 독도폭격 제4특신"

『조선일보』, 2면, "미군 조사대 파견"

『조선중앙일보』, 2면, "전 민족 격분 속에 판명되는 독도사건, 미 항공부대 폭격 연습, 미군 당국 고의 여부를 연구 중"

『조선중앙일보』 2면, "'미국 비기 습격', 울릉도서 경북 수산과에 전문"

『조선중앙일보』, 2면, "미군 특별조사단 조사차 현지 향발"

『조선중앙일보』, 2면, "독도의 위치와 도세(島勢)"

『한성일보』, 2면, "미 폭격 연습 부대에 관련? 극동항공대에서 성명, 동포 어선 폭격사건"

『한성일보』, 2면, "미 당국 14일 판정 예상, 동포 어선의 폭격 진상"

『한성일보』, 2면, "독도에 미군 조사대를 파견"

『한성일보』, 2면, "울릉도 답사 소기(상), 수산물 연 2억원, 축항 완성 도민들 갈망"

『현대일보』, 2면, "독도폭격사건 조사차 미군 특별조사대 파견"

『현대일보』, 2면, "독도사건 묵과 불능, 끝까지 책임 추궁"

번역한 것을 한글로 다시 번역한 것이다. 그래서 원래 기사 제목과 표현상 다소 다를 수가 있다. 이하 영어로 제목 붙인 국내 신문기사도 이와 같음을 밝혀 둔다.

1948년 6월 16일

『경향신문』, 1면, "전위로 별개 회의, 상위 선출을 촉진, 북조선 모 단체의 축하문도 공개, 국회 본회의 15일 경과"

『경향신문』, 1면, "공출문제가 쟁점, 국회 방청석"

『경향신문』, 2면, "독도폭격사건 진상 이렇다, 폭격·정찰·기총소사, 원주(圓周) 내에 성표(星標) 있는 4발동 비행기로 확인, 이 책임을 누가 지나, 민족의 울분만 격동"

『경향신문』, 2면, "국회서 분격의 논전(論戰) 전개, 외교·국방위원회에 일임을 가결"

『경향신문』, 2면, "설혹 미국기 소위라도 우발적임을 확신한다. 극동항공대사령부 발표"

『남선경제신문』, 2면, "조선 어선 침몰에 미기 책임 유무 미정, 미 극동항공군서 조사 발표"

『대동신문』, 1면, "독도사건과 하곡(夏穀)문제로 전례 없는 논전 전개, 국회 본회의"

『대동신문』, 1면, "조사? 정부수립 후? 각 의원의 주장 논지 내용, 독도사건"

『대중일보』, 1면, "국회 제11차 본회의, 하곡(夏穀) 수집, 독도문제 등을 논의"

『동아일보』, 2면, "독도사건 대책, 외무국방위회에 일임"

『동아일보』, 2면, "우발적 폭격일 듯, 미기 관련 여부 미확인, 독도사건"

『민주일보』, 2면, "어선 폭격사건 물의 비등, 폭격은 우발적으로 확신, 미 극동항공대에서 조사 발표"

『민주일보』, 2면, "근로대중당 담"

『민주일보』, 2면, "책임 규명을 요청, 독도사건에 민독당 담"

『부산신문』, 2면, "미국기 책임 유무는 상금 미판명, 폭격사건은 우발적이다, 소정 연습장이라고 극동항공대 발표"

『부산신문』, 2면, "준렬한 책임 구명을 요망 용서할 수 없는 만행이다, 독도사건에 민독당 담"

『부인신보』, 1면, "독도사건과 각계 여론, 조민당(朝民黨) 담화, 민독당(民獨黨) 담화"

『부인신보』, 1면, "인민은 먼저 자주 독립을 원한다, 수집 공출 등은 차차 문제 우선 정부 수립하고 보자, 독도, 미곡문제 등 상임위 일임, 국회 제 11차 본회의 15일 경과"

『수산경제신문』, 1면, "독도사건으로 논전, 국회 본회의"

『수산경제신문』, 2면, "독도 근해 어선 폭격 사건, 미기 책임 유무 상금 미정: 설혹 미기 관련이 판정됐대도 이 폭격은 우발적일 것을 확신, 미 극동항공대 조사 발표"

『수산경제신문』, 2면, "사건 진상 강구하라, 조민당서 담화"

『서울신문』, 2면, "무슨 원한 있기에 그들을 죽였는가, 몸서리치는 시체들, 무심한 갈매기도 목메어 운다, 생지옥화한 독도 현지보고"

『자유신문』, 1면, "설혹 미기(美機)라도 폭격은 전연 우발적, 조선 어선 피습, 미 항공대 발표"

『자유신문』, 1면, "울릉도 어선 사건, 대책강구를 긴급동의, 하곡수집 중지 여부로도 논전, 국회 본회의"

『자유신문』, 1면, "10정당도 궐기, 진상 규명 대책 수립 중"

『자유신문』, 1면, "폭격과 하곡에 고조된 국회의 화제, 국회 기자석"

『조선일보』, 1면, "독도사건에 분격, 진상 규명키로 결정, 국회 제11차 회의"

『조선일보』, 2면, "독도는 공군 연습 구역, 어선 폭격은 미확(未確), 미국 극동항공대사령부에서 발표"

『조선일보』, 2면, "육안에도 기표, 총소사는 피해자 확인"

『조선일보』, 2면, "폭격 책임자는 공개 처단하라, 대동청년단 담"

『조선일보』, 2면, "어민의 시험물 시(視)는 만행, 어선 폭격에 조민당 담화"

『조선일보』, 2면, "진상조사와 책임 밝히라, 민독당 담화"

『조선중앙일보』, 2면, "독도사건 화보"

『조선중앙일보』, 2면, "어민의 희생에 민족적 의분 격발! 독도사건의 비보에 각 정당, 책임 규명 요청"

『조선중앙일보』, 2면, "진상 밝히라, 근민당"

『조선중앙일보』, 2면, "인도상 용서할 수 없다, 민독당"

『조선중앙일보』, 2면, "민족적 격노, 근로대중당"

『조선중앙일보』, 2면, "책임 추궁하자, 신화당"

『한성일보』, 1면, "독도사건 조사를 제의, 외위(外委)에 회부키로 가결, 국회 11차 회의"

『한성일보』, 1면, "독도사건 등 토의, 12정당 회의"

『한성일보』, 2면, "미기(美機) 책임 미확증, 극동항공대 조사발표, 독도폭격사건"

『한성일보』, 2면, "울릉도 답사 소기(하), 2면 3교제(校制) 실시, 북면 수원지에 기대 다(多)"

『현대일보』, 1면,"독도사건 하곡 수집 등, 국회 11차 본회의서 논전"

『현대일보』, 2면, "불법행위에 배상 요청, 독도사건에 건의회 담화, 조선국민건의회 담화"

『현대일보』, 2면, "독도폭격사건을 규탄함"

1948년 6월 17일

『경향신문』, 2면, "진상을 조사 중 자의 판단 말라, 독도사건에 하 중장 성명"

『대구시보』, 1면, "독도사건에 여론 비등, 국회서 전례 없는 격론, 이러한 가해 감수는 천만부당",

『대구시보』, 1면, "민족적 참사니 엄중 처단 요망, 김구 씨 독도사건에 언급"

『대구시보』, 1면, "진상 조사 중! 조선부대 소속 아님은 확인, 하지 중장 성명"

『대동신문』, 2면, "독도사건 철저 조사 중, 진상 판명까지 자의 판단 말라, 하 중장 성명"

『대중일보』, 1면, "독도사건 신중히 조사, 미기라면 책임진다, 하 중장 특별성명"

『동아일보』, 1면, "미기 투탄이면 미군 당국 책임, 하 중장 독도사건에 성명"

『민주일보』, 1면, "독도사건에 대하여 하지 중장 성명 발표"

『민주일보』, 1면, "민족적 대모욕, 독도사건에 민련 담(談)"

『민주일보』, 1면, "독도사건에 민독당 담화 발표"

『부산신문』, 1면, "비인도적 만행, 독도사건 진상 구명, 국회 11차 본회의에서"

『부인신보』, 1면, "미기가 관련되었다면 군당국 책임질 터, 상금 조사 중이니 판단 삼가하라, 독도사건에 하지 중장 특별성명"

『서울신문』, "김구, 독도 폭격사건에 적절한 조치 취할 것"[Seoul Shin Mun(Seoul Daily News), "Take Proper Measures for It, States Mr. Kim Koo on the Dok Do Bombing Case"]

『세계일보』, "정당 성명 발표"[Sei Kei Ilbo(World Press), "Statement by the Parties"]

『수산경제신문』, 2면, "조선부대 소속 아님은 확인, 전모 발표할 때까지 자의 판단 삼가라, 독도사건에 하지 중장 성명"

『수산경제신문』, 2면, "수산국서도 파견, 탁(卓) 서무과장 금조(今朝) 출발"

『수산경제신문』, 2면, "엄정 처단 요망, 김구 씨 담화"

『영남일보』, 1면, "독도사건 국의(國議)서 논의, 진상조사 여부로 의원 응수전 전개"

『영남일보』, 1면, "하 중장 성명, 폭격 진상 조사 중, 조선 부대에의 소속 아님은 확인된 사실"

『영남일보』, 1면, "독도 비극 민족에 사과하라, 불청(佛靑) 담"

『자유신문』, 2면, "독도 폭격은 철저 규명, 조선주재 미군은 무관계로 판명, 하 중장 성명"

『조선일보』, 1면, "[사설] 독도폭격사건"

『조선일보』, 2면, "사건 진상 조사 중, 미군 관련이면 부책(負責) 당연, 독도사건에 하지 중장 성명"

『조선일보』, 2면, “적절 조치 요망, 독도건에 김구 씨 담”

『조선일보』, 2면, “책임 규명하라, 민련(民聯)서도 담화”

『조선일보』, 2면, “동해의 내 국토, 슬프다 유혈의 기록, 답사 회고, 홍종인(洪鐘仁) 기(記)”

『조선중앙일보』, 2면, “독도폭격사건에 민족의 분노 충천(인민공화당 담화, 사회민주당 성명, 민주한독당 담화, 민중동맹 성명, 불교청년당 담)”

『조선중앙일보』, 2면, “폭격 진상 조사, 하지 중장 독도사건에 성명”

『한성일보』, 1면, “[사설] 독도사건의 의혹”

『한성일보』, 1면, “독도폭격사건에 하지 중장 발표”

『한성일보』, 1면, “김구 씨 담화”

『한성일보』, 1면, “진상 규명 요구, 민련 선전국장 담화”

『현대일보』, 1면, “미기의 소행이라면 전적 책임지겠다, 독도사건 하 중장 성명”

1948년 6월 18일

『경향신문』, 1면, “첨성대”

『경향신문』, 2면, “과연 독도폭격기는 B29, 어선을 도서로 오인, 촬영한 사진으로 판명, 미 극동 사령부 16일 정식 발표”

『경향신문』, 2면, “진상을 계속 조사, 투탄자 처치는 급거부”

『군산일보』, 1면, “독도폭격기는 B29 어선들을 소도(小島)로 오인, 미극동공군 사령부발표”

『남조선민보』, 2면, “렌즈 자량(自量)이 웬 말, 어선 맹폭은 미제 B29, 어선을 도서로 오인”

『대동신문』, 2면, “독도사건 진상 판명, 어선을 소도서로 오인”

『대중일보』, 2면, “독도 폭격 희생은 B29의 작희, 어선을 소도서로 오인”

『동광신문』, 2면, “독도사건은 조사 중, 미기라면 책임진다, 하 중장 성명”

『동광신문』, 2면, “암석으로 오인하고, B29가 폭격! 독도사건 미당국 발표”

『동아일보』, 2면, “어선 폭격사건, 고공 폭격, 연습대로 인정, 미 극동항공대 공식 성명”

『민주일보』, 2면, “독도폭격기는 B29, 어선을 소도(小島)로 오인, 미 극동 공군사령부에서 발표”

『부산신문』, 2면, “조사 완료되면 상보(詳報) 발표, 유가족에 대한 위로만전 기하겠다, 독도사건에 하지 중장 담”

『부산신문』, 2면, “진상 발표하라, 처단 없으면 감정 악화”

『부인신보』, 2면, "'독도사건' 진상 조사차, 위원을 파견키로 결정"

『서울신문』, "독도사건"[Seoul Shin Mun(Seoul Daily News), "Dok Do Accident"]

『세계일보』, "미국 극동공군, 폭격사건 전모 공개"[Sei Kei Ilbo(World Press), "US Far East Air Force Disclosed the Facts on the Bombing Incident"]

『수산경제신문』, 2면, "50만 어민 격분의 노도(怒濤), 만일을 우려, 출어도 않고 전전긍긍! 어획 전선에 저기압 중첩"

『수산경제신문』, 2면, "어선 4척 침몰, 사상 7명, 독도사건에 울릉도 어조(漁組) 피해"

『수산경제신문』, 2면, "불원(不遠) 진상 발표, 딘 장관 기자회견 담"

『수산경제신문』, 2면, "지극히 불행한 유감사, 어선을 암석으로 오인? 극동항공대 사령부 발표"

『자유신문』, 1면, "천아성(天鵝聲)"

『자유신문』, 2면, "고공에서 B29 폭격, 어선을 소도서로 오인? 독도 해상의 참극 그 후의 경위 조사, 미군 극동항공대사령부 발표"

『조선일보』, 2면, "미 극동공군사령부서 독도폭격을 확인, 기총소사 여부는 아직도 조사 중"

『조선일보』, 2면, "미군 측 발표"

『조선중앙일보』, 2면, "연습 폭격 중 어선에 폭탄을 투하, 독도사건, 미 극동항공대 진상 조사 진보"

『한성일보』, 2면, "B29 폭격이 판명, 조사 후에 상부 사령(司令)에 보고, 독도폭격사건"

『현대일보』, 2면, "독도 폭격기는 B29로 판명, 어선을 소도서로 오인, 미 극동공군사령부 발표"

『현대일보』, 2면, "외세를 막자! 독도사건에 청총 담"

1948년 6월 19일

『경향신문』, 2면, "독도폭격사건에 원성 자자, 한미 우호관계에 암영(暗影), 문제는 기총소사? 맹폭?, 여론 비등"

『경향신문』, 2면, "빠르고 후한 해결책 필요, 여하한 설명으로도 부정할 수 없다, 독도폭격사건에 뉴욕타임스 사설"

『경향신문』, 2면, "책임을 규명, 구제책 강구하라, 한민당·건민회 담화"

『공업신문』, 1면, "사망한 어부 유가족에 조속히 절적(切適)한 해결책 강구하라, 뉴욕타임스지 독도사건 평(評)"

『군산신문』, 1면, "폭격 사실은 석명(釋明)이 불필요, 유가족 문제 조속 해결 지어라, 뉴욕타임스지 독도사건 담"

『남선신문』, 1면, "[사설] 울도(鬱島) 참변에 대하여"

『남선신문』, 2면, "미국은 번문욕례(繁文縟禮) 말고 사망자에 후한 보상하라. 죽도(독도) 참사에 미지 사설"

『대구시보』, 1면, "독도 참극 사건 보상의 지연은 단불용대(斷不容貸), 뉴욕타임스 지마저 사설로 비난"

『대구시보』, 1면, "책임 준엄히 추궁, 피해자 규제는 초급(焦急), 한민당(韓民黨) 담"

『대구시보』, 1면, "무도한 악행, 독도사건에 건민회 담"

『동아일보』, 1면, "[사설] 독도사건에 대하여"

『동아일보』, 1면, "독도사건 유감, 유가족 구제하라 한민당 담"

『민주일보』, 1면, "독도사건 충격 익대(益大), 위험 예방에 대실책, 지급지후(至急至厚)한 선후대책이 필요, 미지(美紙) 논평"

『민주일보』, 1면, "생명에 대위협, 근민당(勤民黨) 선전국 담화"

『민주일보』, 1면, "당사자를 처단하라, 근로대중당(勤勞大衆黨) 담"

『민주일보』, 1면, "소위 전쟁범죄다, 조선건민회(朝鮮健民會) 담"

『민주일보』, 1면, "전평(全評)서도 담화 발표"

『민주일보』, 1면, "책임을 규명하라, 한민당(韓民黨)서도 담화 발표"

『부산신문』, 2면, "얼빠진 과학이 원수! 독도 폭격은 B29, 쓰러진 원령, 도서로 오인"

『부산신문』, 2면, "양군 철퇴하라, 독도사건 태도 애매하다, 삼균주의 청동 부산지위 담"

『부인신보』, 1면, "[사설] 애국부인회 전국대회를 끝마치고"

『부인신보』, 1면, "사실 부정할 수 없다, 신속 진사(陳謝)하라, 미 공군 당국 위엄 지키라, 독도사건에 미지(美紙)의 논평"

『세계일보』, "뉴욕타임스, 독도사건 비판"[Sei Kei Ilbo(World Press), "Incident of Dok Do Criticized by New York Times"]

『세계일보』, "[사설] 유감스러운 불행"[Sei Kei Ilbo(World Press), "Editorial: Regrettable Misfortune"]

『수산경제신문』, 2면, "독도폭격사건 진상에, 어민의 의혹과 공포는 더욱 증가"

『수산경제신문』, 2면, “이해키 어려운 일, 수산국장 담화”
『수산경제신문』, 2면, “민족자주련 담”
『수산경제신문』, 2면, “책임지라, 전평(全評) 담”
『수산경제신문』, 2면, “건민회 담”
『수산경제신문』, 2면, “한미 친선에 유감, 한국민주당 선전부 담”
『자유신문』, 2면, “미군 위신 유지하려면 신속코 후히 해결하라, 천연(遷延) 불가, 당연히 보상해야 한다, 독도사건과 미국의 여론, 뉴욕타임스 사설”
『조선일보』, 1면, “미(美)의 위엄을 손상한 독도사건, 조상 전래의 어장을 교란, 맹폭(猛爆)의 책임 솔직히 인정하라, 미지(美紙)도 역설”
『조선중앙일보』, 2면, “여하한 설명으로도 미기(美機)에 의한 폭격 사실 부정 불능, 뉴욕타임스지(紙) 독도사건 논평”(자주학생총연맹, 각정당협의회 담, 건민회 담, 전국농련회 담, 반일구원회 담, 근로대중당 담, 민애청 담, 민주학련 담, 학병거맹 담화, 한국민주당 담)
『평화일보』, “[사설] 독도폭격사건에 진정성을 보일 것을 미군정청에 촉구한다”[Pyung Wha Ilbo(Peace Daily), “Editorial: We Urge the Sincerity of US Military Government Authorities for the Case of Air Raid on Dok Do”]
『한성일보』, 1면, “조미(朝美) 관계의 정상성(正常性), 안민세(安民世)”
『한성일보』, 2면, “참변 사건에는 보상하라, 해결 지연은 용납 불허! 뉴욕타임스 독도사건 평”
『현대일보』, 1면, “조속 해결하라, 뉴욕타임스 지 평, 독도사건”

1948년 6월 20일

『경향신문』, 1면, “미, 일 대책 등 한독당 담화”
『경향신문』, 2면, “소청위원회 조직, 현지조사 후 배상액 결정, 독도사건 그 후, 공보부장 발표”
『공업신문』, 2면, “관련 있으리란 추측 하, 배상액을 조사차 파견, 독도 어선 폭격 사건”
『대구시보』, 1면, “독도 소청위회 조직”
『대동신문』, 2면, “독도 소청위원회 조직, 피해 정도, 배상금액 등 조사”
『대중일보』, 2면, “독도사건 소청위 조직”
『동광신문』, 1면, “책임을 준엄 추궁, 독도사건에 한민당 담”
『동아일보』, 2면, “미군 조사위원회서 현지조사에 착수, 독도폭격사건에 대처, 공보부 발표”

『동아일보』, 2면, "독도사건 손해 배상, 미군 당국 소청위원회 설치"

『부인신보』, 1면, "소청위원회 파견 '배상액'을 강구, 독도사건"

『서울신문』, "독도사건과 안보"[Seoul Shin Mun(Seoul Daily News), "Dok Do Accident Case and the Security"]

『서울신문』, "선박을 섬으로 오인, 분노하는 대중"[Seoul Shin Mun(Seoul Daily News), "Public Criticism are Rising Because the Vessels were Mistaken as Islands"]

『서울신문』, "독도사건에 관한 대한독립촉성국민회 성명"[Seoul Shin Mun(Seoul Daily News), "Statement on the Dok Do Case by the National Society for Acceleration of Korean Independence"]

『서울신문』, "독도사건에 관한 민족자주연맹 성명"[Seoul Shin Mun(Seoul Daily News), "Statement on the Dok Do Case by the National Independence Federation."]

『서울신문』, "독도사건에 관한 한국민주당 성명"[Seoul Shin Mun(Seoul Daily News), "Statement on the Dok Do Case by the Hankook Democratic Party"]

『서울신문』, "독도사건에 관한 민주독립당 성명"[Seoul Shin Mun(Seoul Daily News), "Statement on the Dok Do Case by the Democratic Independence Party"]

『서울신문』, "독도사건에 관한 근로대중당 성명"[Seoul Shin Mun(Seoul Daily News), "Statement on the Dok Do Case by the Council of All Korea Labor"]

『서울신문』, "독도사건에 관한 조선민주당 성명"[Seoul Shin Mun(Seoul Daily News), "Statement on the Dok Do Case by the Chosun Democratic Party"]

『서울신문』, "독도사건에 관한 조선건민회 성명"[Seoul Shin Mun(Seoul Daily News), "Statement on the Dok Do Case by the Korean Society for Promoting Health in Mind and Body"]

『서울신문』, "독도사건에 관한 신진당 성명"[Seoul Shin Mun(Seoul Daily News), "Statement on the Dok Do Case by the New Progressive Party"]

『서울신문』, "독도사건에 관한 여상면 성명"[Seoul Shin Mun(Seoul Daily News), "Statement on the Dok Do Case by Yaw Sang Myawn"]

『서울신문』, "미군, 독도사건 소청위원회 설치"[Seoul Shin Mun(Seoul Daily News), "Appeal Committee for the Dok Do Case is Formed by the US Army Forces"]

『세계일보』, “공보부, 독도사건에 관한 성명 발표”[Sei Kei Ilbo(World Press), “Department of Public Information Gave Out a Statement Concerning Dok Do Incident”]

『세계일보』, “민주민중전선이 말하는 독도사건”[Sei Kei Ilbo(World Press), “Democratic People's Front Talked on Dok Do Incident”]

『세계일보』, “한국독립당이 말하는 독도사건과 미국의 대일정책”[Sei Kei Ilbo(World Press), “Korean Independence Party Talked on Dok Do Incident, USA Policy to Japan, etc.”]

『수산경제신문』, 2면, “배상액 결정 지불코자 미군 당국 소청위원회 설치, 독도사건”

『수산경제신문』, 2면, “사건은 해괴, 한독당 선전부 담”

『자유신문』, 2면, “손해배상하게 미군 소청위원회 구성, 독도사건”

『조선일보』, 1면, “책임을 추궁, 한민 독도사건 담”

『조선일보』, 2면, “배상 지불에 대처, 특별 소청위원회 설치, 독도사건에 공보부 발표”

『조선중앙일보』, 1면, “독도사건 손해배상에 미군 당국 소청위원회를 설치”

『조선중앙일보』, 1면, “독도 참사에 민전(民戰)에서 담화, 미군 대거 철퇴 요망”

『조선중앙일보』, 1면, “일 재무장 반대, 독도사건에 격분! 한독당 담”

『조선중앙일보』, 1면, “독도사건에, 유연(儒聯) 한국 학생 성명”

『한성일보』, 2면, “공보부 발표, 소청위원회 조직, 독도사건 피해에 배상”

『현대일보』, 2면, “독도사건 배상액 결정차 미측 소청위원 파견”

1948년 6월 22일

『서울신문』, “독도사건에 관한 재일본조선인총연합회 서울위원회 성명”[Seoul Shin Mun(Seoul Daily News), “Statement of the Dok Do Incident by the Seoul Committee of the Korean Residents' Association in Japan”]

『수산경제신문』, 2면, “피 끓는 동지애 발휘, 서해 어민들 수(遂) 궐기, 관계 요로(要路)에 항의문 발송 결의, 독도사건”

『조선일보』, 2면, “동해여 말하라! 독도사건 동포 애사(哀詞). 신영철(申瑛澈)”

1948년 6월 23일

『경향신문』, 1면, “표연(飄然), 동경에 어선 폭격사건 협의? 하지 중장”

『경향신문』, 1면, “첨성대”

『남선경제신문』, 2면, “독도의 동포 폭격한 미군, 극형에 공개 처단하라, 경북도 문련(文聯) 담화 발표”

『남선경제신문』, 2면, “약소민족에 신의 지키라, 근민당서 담화”

『대구시보』, 1면, “독도 부근의 폭격 연습 중지”

『대한일보』, 1면, “하 중장 동경 돌현, 맥 원수와 회담 예정, 어선 폭격 사건도 협의 호(乎)”

『동아일보』, 1면, “하지 중장 돌연 동경에, 맥 원수와 회담 예정, 어선 폭격 사건도 협의”

『동아일보』, 2면, “금후 독도 부근 중심한 폭격 행위 금지, 미 당국 발표”

『수산경제신문』, 2면, “독도에 비기 내습 빈번, 피해 조사에 일대 지장, 사망자 중 시체 발견 불과 2명”

『수산경제신문』, 2면, “폭격 연습 중지, 조선 주둔 미군 당국 발표”

『자유신문』, 2면, “미공군 독도 연습을 중지”

『조선일보』, 2면, “독도 부근 폭격 연습 중지”

『조선중앙일보』, 1면, “독도사건에 각 단체 성명”

『한성일보』, 1면, “하 중장 돌연 동경행, 맥 사령(司令)과 회담코 귀환, 독도사건 협의로?”

『한성일보』, 2면, “미국 공군 독도 부근 연습 중지”

『현대일보』, 2면, “미군 독도 폭격 연습 중지”

1948년 6월 24일

『수산경제신문』, 2면, “독도 동방 10해리 한계, 폭격 연습 금지를 진정, 수산국서 하지 중장에 의뢰”

『조선중앙일보』, 1면, “독도 부근 폭격 연습 중지, 조선 주둔 미군 당국 발표”

1948년 6월 25일

『대구시보』, 1면 “통일정부 수립으로 조국의 위기를 타개, 김구 씨 당면 제문제에 언급”

『대구시보』, 2면, “엄중 처단하라, 독도사건에 대청(大靑) 담화 발표”

『조선중앙일보』, 1면, “군정 불원 무용화, 김구 씨 기자단과 일문일답”

『한성일보』, 1면, “하 중장 일본 왕래는 중대, 독도사건의 해결 기대”

1948년 6월 26일

『경향신문』, 2면, "금월 내 조사 완료, '소위' 보고대로 곧 배상, 독도사건 그 후"

『공업신문』, 2면, "조사 완료는 6월 말경, 최종 보고 오면 일반에게 발표, 독도사건"

『남선경제신문』, 1면, "독도 조난 동포 위문금 위문품 모집, 독도 조난 동포 위문금 위문품 모집, 주최 본사 경상북도 경북 어련(漁聯) 후원 하에 착수, 25일부터 7월 10일까지 본사 취급"

『남선경제신문』, 2면, "동족애 분발하라! 독도사건 조난 동포 위해 위문금품 내자! 본사에서 25일부터 취급 개시"

『남선경제신문』, 2면, "본사 솔선 3만원, 사원들의 총의로 갹출"

『남선경제신문』, 2면, "독도사건에 도농련(道農聯) 담화"

『대구시보』, 1면, "독도사건, 피해 상황을 월말경 발표"

『대동신문』, 2면, "독도 소청위원 현지행, 보고 있는 대로 일반에게 발표"

『동아일보』, 2면, "독도사건 금월 말 진상판명, 조사 끝나면 배상 건의"

『부인신보』, 2면, "독도폭격사건, 금월 말경은 조사 완료"

『수산경제신문』, 2면, "독도사건 피해 진상, 월말경 조사 완료?"

『자유신문』, 2면, "독도사건 조사 월말이면 보고"

『조선일보』, 2면, "독도사건 유가족에 순정어린 의연금, 성도(城都) 중학생 본사에 기탁"

『조선일보』, 2면, "독도사건 배상을 건의, 소청위원회 조사 결과 주목"

『조선중앙일보』, 2면, "금월 중에 완료"

『평화일보』, "이달 말경 독도 공중 폭격사건 조사 완료 후 부상자 숫자 및 실제 상태 발표 예정"[Pyung Wha Ilbo(Peace Daily), "Investigation of the Air Bombing Case on Dok Do Will Be Completed by about the End of This Month. When It Is Finished, the Number and Real Condition of the Injured Will Be Made Public"]

『한성일보』, 2면, "독도사건 조사, 월말에는 완료"

『현대일보』, 2면, "독도사건 피해, 월말까지엔 조사 완료"

1948년 6월 27일

『남선경제신문』, 1면, "[사고(社告)] 본사 주최 독도 조난 동포 위문금 위문품 모집"

『남선경제신문』, 2면, “독도 조난 동포 위문금 위문품 모집, 동정하라 참상당한 독도 조난 동포를!”

『남선경제신문』, 2면, “조난 동포에 동정심 비등, 본사 주최 위문금품 모집 운동 각계 호응”

『남선경제신문』, 2면, “위문금 속속(續續) 기탁, 대구옥란회사 1만원, 김동출 씨 3천원”

『서울신문』, 3면, “□혹 높은 독도사건, 기총소사 위증 사실 제시하라, 교육자협회 성명”

1948년 6월 29일

『남선경제신문』, 2면, “독도 조난 동포 위문금 갹출자 방명”

『대구시보』, 2면, “독도 참변의 위문대 파견”

『조선중앙일보』, 2면, “조사 결과 주목! 제3조사대가 최종, 독도사건”

『조선중앙일보』, 2면, “생환자 일동 좌담회 개최”

『조선중앙일보』, 2면, “진상 밝혀라, 교육자협회 회담”

『조선중앙일보』, 2면, “전범 이상의 죄, 기독교민주동맹 담”

1948년 6월 30일

『경향신문』, 2면, “피해 건수 36, 소위(訴委) 독도사건 조사 완료”

『남선경제신문』, 1면, “독도사건 조사 완료, 배상 해결 위원 현지 향발”

『남선경제신문』, 2면, “독도 조난 동포 위문금품 모집, 동정하라, 참상당한 독도 조난 동포를!”

『대한일보』, 2면, “독도사건 조사 완료”

『동아일보』, 2면, “독도폭격사건 불일(不日) 진상 발표, ‘위’ 위원 배상 해결차 출발”

『부인신보』, 2면, “독도사건의 피해 진상 33건 조사, 3건 미완”

『수산경제신문』, 2면, “기총소사의 흔적 역연(歷然), 수산국 탁(卓) 과장 현지조사 보고, 독도사건”

『자유신문』, 2면, “독도 폭격 피해 36건, 배상 방법과 액수는 추후 결정, 공보부 발표”

『조선일보』, 2면, “독도사건, 발표 없는 배상 현지 행에, 민족적 의혹은 재연, 진상 발표·배상에는 격의 없는 성의 요망”

『조선일보』, 2면, “공보부 발표”

『조선중앙일보』, 2면, “독도사건 조사 완료”

『조선중앙일보』, 2면, "[시] 독도, 박산운(朴山雲)"

『평화일보』, "독도사건 피해 건수 36건으로 추정되며 미군 당국이 보상할 예정, 며칠 내에 사건의 전모 공개할 것"[Pyung Wha Ilbo(Peace Daily), "The Number of Cases of Damage on Dok Do is Estimated 36, and US Army Authorities are to Compensate for Them. The True Situation Will Be Made Public in a Few Days"]

『한성일보』, 2면, "33건 조사 완료, 나머지도 조사 후에 직시(直時) 배상, 독도사건 속보"

『현대일보』, 2면, "독도사건 피해 36건으로 판명"

1948년 7월 1일

『남선경제신문』, 1면, "독도사건 조사 결과 발표하라, 이(李) 법조(法曹) 회장 담화"

『남선경제신문』, 2면, "독도 조난 동포에 위문금품 보내자!, 본사 주최 후원 경상북도 경북 어련(漁聯) 방금 본사에서 취급 중"

『동광신문』, 2면, "독도사건 조사 완료, 배상 해결차 위원 현지 향발"

『서울신문』, 2면, "민족 시청(視聽) 모은 독도사건, 먼저 진상 발표하라, 배상 운운은 그 다음 문제"

『조선중앙일보』, 2면, "조선 민족에 대한 보상은 철병(撤兵)으로 하라! 일방적인 발표만으로 끝이려는가, 독도사건"

『조선중앙일보』, 2면, "지상(紙上) 토론, 구국 문학의 이론과 실천, '실사구시'의 시③"

『호남신문』, 2면, "독도사건 조사 완료, 배상 해결코자 위원 현지 향발"

1948년 7월 2일

『강원일보』, 2면, "정정(訂正)"

『경향신문』, 2면, "소위(訴委) 보고 들어 진상 발표, 독도사건에 딘 장관 기자회견 담"

『남선경제신문』, 1면, "[사고] 본사 주최 독도 조난 동포 위문금 위문품 모집"

『남선경제신문』, 2면, "독도 조난 동포 위문금 갹출자 방명"

『대동신문』, 2면, "독도 보고 불원 발표"

『대한일보』, 2면, "공산(共産) 여론은 관심 없다, 독도사건은 미국의 책임이다, 딘 장관 기자단과 회견"

『동아일보』, 2면, "식량 증배 불능, 독도 진상 불원 발표, 딘 장관"

『수산경제신문』, 2면, ""피해배상 할텐데 너무 떠들지 마오", 딘 장관, 독도사건에 언급"

『조선일보』, 2면, "완전 통제냐 해제냐. 식량난의 해결책은 양도(兩途). 독도사건은 조사 끝난 후 사과, 딘 장관 담"

『조선중앙일보』, 2면, "독도사건 조사 끝나면 미군당국으로서 사과 말 있을 것, 딘 장관 담"

『조선중앙일보』, 2면, "통분사 재발 않도록 외군 즉시 철퇴하라, 독도사건에 민중동맹 담"

『조선중앙일보』, 2면, "[시] 수장(水葬), 독도의 악보(惡報)를 받고, 이병철(李秉哲)"

1948년 7월 3일

『남선경제신문』, 2면, "독도 조난 동포에 위문금품 보내자! 본사 주최 후원 경상북도 경북 어련 방금 본사에서 취급 중"

『대구시보』, 1면, "최종 보고 있는 대로 독도사건 발표할 터, 지방청 산립기구 개혁 고려 중, 딘 장관 담"

『대한일보』, 2면, 비기 13대 30분 폭격, 살아온 박 씨 표식 확인, 춘천 공보원에서 조사 발표

『자유신문』, 2면, "조난자를 구휼, 명동 1가 3통 미거(美擧), 본사 기탁"

『평화일보』, 2면, "비기 13대가 계속 폭격, 독도사건에 춘천 공보원서 발표"

1948년 7월 4일

『남선경제신문』, 2면, "독도 조난 동포 위문금 갹출자 방명"

『호남신문』, 1면, "비기 13대가 30분간을 폭격, 춘천 공보원 독도사건 발표"

1948년 7월 6일

『남선경제신문』, 2면, "독도 조난 동포 위문금 갹출자 방명"

『남선경제신문』, 2면, "독도 조난 동포에 위문금품 보내자! 본사 주최 후원 경상북도 경북 어련 방금 본사에서 취급 중"

『대구시보』, 2면, "비료 20여만 입(叺) 확보, 피검(被檢)된 직원 중에 무죄 석방자는 복직, 하곡(夏穀) 수집 감량은 기대 박약, 장 지사 귀임 담"

『조선중앙일보』, 2면, "적산 문제 등에 청우당서 성명"

『호남신문』, 2면, “기사 취소”

1948년 7월 7일

『남선경제신문』, 1면, “독도 조난 동포에 위문금품 보내자! 본사 주최 후원 경상북도 경북 어련 7월 10일 마감 절박”

『남선경제신문』, 2면, “독도 조난 동포에 위문금 갹출자 방명”

『대구시보』, 1면, “대통령의 직선안 부결”

『동아일보』, 1면, “국회 여적”

1948년 7월 8일

『강원일보』, 2면, “자주적 조사 주장, 독도사건에 민독당 담”

『군산신문』, 1면, “민족적 조사대 편성, 독도사건에 민독당 담화”

『남선경제신문』, 1면, “독도폭격 책임자 군법회의에 회부”

『남선경제신문』, 2면, “넘치는 동족애, 지방 각 군서 위문금 속속”

『남선경제신문』, 2면, “독도 조난 동포 위문금 갹출자 방명”

『수산경제신문』, 2면, “전 민족은 감시, 진상 밝혀라, 독도사건”

『수산경제신문』, 2면, “조사대 편성하자!, 민독당서, 미군의 맹성(猛省) 촉구”

『수산경제신문』, 2면, “근일 발표, 폭격한 비행사들 군법회의 회부?”

『자유신문』, 1면, “독도 조사대 편성, 민독당에서 주장”

『조선일보』, 2면, “독도사건 배상책 강구, 책임 비행사, 군법회의 회부”

『조선일보』, 2면, “우리의 조사대 편성과 외군(外軍) 즉시 철퇴를 요구, 독도사건에 민독당 담화”

『한성일보』, 2면, “독도사건 진상 밝히라”

『한성일보』, 2면, “민족적인 커다란 비분! 성의 있는 당국 석명(釋明) 요망”

『한성일보』, 2면, “독도 폭격한 비행사들 군법회의에 회부, 귀추 주목”

『한성일보』, 2면, “독도사건에 조사단 파견하자, 민독당에서 담화 발표”

1948년 7월 9일

『강원일보』, 2면, “유가족에겐 배상해줬다, 독도 소위 보고 근근 공표”

『경향신문』, 2면, "독도사건 배상 지불, 7백만원 사건 폭로 원치 않는다, 딘 군정장관 기자회견 담"

『공업신문』, 2면, "독도사건은 급속 배상, 액수 알 수 없으나 유가족이 감사, 딘 군정장관 담"

『남선경제신문』, 2면, "독도 조난 동포 위문금 갹출자 방명"

『남조선민보』, 1면, "울도 참변 유가족에 충분한 배상 공여, 딘 장관 기자단에 언급"

『대동신문』, 2면, "독도사건 배상을 지불, 석탄 시내 반입 제한은 폐지, 딘 장관 회견 담"

『대한일보』, "독도 폭격사건의 미국 조종사 군사재판 회부"[Dae Han Ilbo(Great Korean Daily), "US Flyers, Who Created Dok Do Incident, Courts-martialed"]

『동광신문』, 2면, "독도폭격 책임 비행사 군법회의에 회부"

『부인신보』, 2면, "독도사건 배상하겠다, 7백만원 사건 정부 수립 후 발표? 딘 장관 기자단 회견 석상서 언급"

『서울신문』, 4면, "이미 배상했다고 문제의 독도사건에 딘 장관 담"

『수산경제신문』, 2면, "기총소사는 한 일 없고 피해 배상은 지불했다, 세목(細目)은 추후 하지 중장이 발표, 독도사건"

『자유신문』, 2면, "배상 지불했다, 기총소사만 없는 일, 독도사건에 딘 군정장관 담(談)"

『조선일보』, 1면, "[사설] 독도사건 처리에 대하여"

『조선일보』, 2면, "일방적 조사와 배상은 민족 감정의 무시, 내용 모를 당국 처리에 의혹 점대(漸大), 독도사건"

『한성일보』, 2면, "신탄(薪炭)의 반입 통제는 해제! 독도사건 소청위원들 5일 귀선, 딘 장관 기자단 회견"

『현대일보』, 2면, "딘 장관 언명, 28 유가족에 배상금, 독도사건 소위 보고 추후 발표"

『호남신문』, 1면, "독도사건 조사대 편성하자, 민독당서 일방적 조사 논란"

『호남신문』, 1면, "독도폭격 책임자들, 군법회의에 회부"

1948년 7월 10일

『공업신문』, 2면, "[시평(時評)] 독도사건"

『경향신문』, 2면, "독도사건의 이재민 구제금 본사에 기탁"

『남선경제신문』, 1면, "[사고(社告)] 본사 주최 독도 조난 동포 위문금 위문품 모집, 모집기간

7월 15일까지 연기"
『남선경제신문』, 2면, "독도 조난 동포 위문금 갹출자 방명"
『동광신문』, 2면, "독도사건 배상한다, 딘 장관 기자회견 담"
『동아일보』, 2면, "민족의 여론 참작, 적절한 배상을 요망, 독도사건"
『평화일보』, 1면, "피해에 대한 배상 내용과 조사 결과가 묘연!, 미 당국의 일방적 처사에 물의 비등, 독도사건"
『호남신문』, 1면, "28명의 유가족에 배상, 독도 '소위' 보고 근일 중 공포, 딘 장관 기자단에 언명"

1948년 7월 11일

『남선경제신문』, 2면, "독도 조난 동포에 위문금품 보내자! 본사 주최 후원 경상북도 경북어련 모집기간 7월 15일로 연기"
『대공일보』, 1면, "일반의 의아 초래, 독도사건 해결 지연으로"
『조선중앙일보』, 2면, "처리는 너무 고답적, 조선 인민의 의아는 짙어갈 뿐, 독도사건"
『조선중앙일보』, 2면, "진상 발표 요망, 인공당 담"
『조선중앙일보』, 2면, "민족을 무시, 대국 아량 보이라, 사회민주당 담"

1948년 7월 13일

『남선경제신문』, 2면, "독도 조난 동포 위문금 갹출자 방명"

1948년 7월 14일

『남선경제신문』, 2면, "천막촌 자녀들이, 독도 조난 동포에 위문금"
『남선경제신문』, 2면, "독도 조난 동포 위문금 갹출자 방명"
『대한일보』, 2면, "왜 재무장 반대투쟁 강화, 제주 독도사건 토의, 제3차 확대주비회 개최"
『부산신문』, 1면, "조국 운명은 풍전등화, 동족상잔 벌이고, 민족 역량을 반일투쟁에, 일 재무장대책준위에서 성명"
『조선중앙일보』, 2면, "독도사건에 조련(朝聯) 서울위(委) 담화"
『한성일보』, 2면, "독도사건 등 토의, 일본 재무장 대책 확대 주비회서"

1948년 7월 15일

『경향신문』, 2면, "독도 희생자에 위문사절 파견"

『남선경제신문』, 2면, "독도 조난 동포에 위문금품 보내자! 본사 주최 후원 경상북도 경북 어련 오늘 15일 마감"

『대한일보』, 2면, "독도 위문사절 파견, 수산업회 독도 위문품도 배포"

『동아일보』, 2면, "독도에 보내는 뜨거운 동족애, 수산업회에서 위문품 증정"

『독립신보』, 2면, "독도에 위문, 사절을 파견, 수산업회서"

『수산경제신문』, 2면, "원혼이여! 눈을 감으라, 21일 현지서 위령제 거행, 독도 희생자"

『수산경제신문』, 2면, "수산업회 위문사절, 14일 현지 향(向) 출발"

『자유신문』, 2면, "독도 위문사절, 수산업회서 위문"

『조선중앙일보』, 1면, "독도사건에, 민전(民戰)·남로(南勞)에서 성명"

『조선중앙일보』, 1면, "진사 요구, 독도 건에 기민(基民) 담"

『조선중앙일보』, 2면, "독도에 위문사절을 파견, 수산업회서"

『평화일보』, 2면, "독도에 위문사절 파견"

『호남신문』, 1면, "신호(神戶) 사건 동포 무조건 석방하라, 일본 재무장대책협의회서 성명서 발표"

1948년 7월 16일

『경향신문』, 2면, "독도사건 배상, 죽변(竹邊) 어업조합 관내 248만원"

『남선경제신문』, 2면, "독도 조난 동포 위문금 갹출자 방명"

『동아일보』, 4면, "독도사건 배상 지불, 죽변 관내에 248만원"

『민주일보』, 2면, "독도사건 배상, 죽변 관내 24만원"

『수산경제신문』, 2면, "독도사건 배상 지불, 죽변 관내만 248만원"

『자유신문』, 2면, "독도 희생자 배상은 얼마? 7명분에 2백여만원, 울진군 죽변 관내에 지불한 총액"

『조선일보』, 2면, "5백만원 피해에 68만원 배상. 죽변 어조(漁組) 관내에 248만원 야(也)"

『조선중앙일보』, 2면, "독도사건 배상, 관내 죽변 248만원"

『평화일보』, 2면, "독도사건에 배상금 지불, 죽변 어조 관내엔 248만원"

1948년 7월 17일

『남선경제신문』, 2면, "비분! 독도 조난 동포, 위령제 27일 울릉도서 거행, 본사서 위문사를 파견"

『남선경제신문』, 2면, "독도 조난 동포 위문금 갹출자 방명"

『조선중앙일보』, 2면, "독도사건 배상에 의혹 크다!, 실피해액의 14%, 이것이 충분한 배상인가"

『조선중앙일보』, 2면, "민족의 통분사, 정당히 배상하라, 사민당(社民黨) 담"

『조선중앙일보』, 2면, "묵과키 곤란, 전국 유련(全國儒聯) 담"

『조선중앙일보』, 2면, "민족 앞에 진사하라, 여맹(女盟) 담"

『조선중앙일보』, 2면, "진상 발표하라, 과학동맹(科學同盟) 담"

『조선중앙일보』, 2면, "민족의 의아 격증 시킬 뿐, 교협(敎協) 담"

『조선중앙일보』, 2면, "놀라운 일!, 농림기술연맹 담"

『대공일보』, 1면, "울릉도와 독도(1)"

1948년 7월 18일

『남선경제신문』, 2면, "독도 조난 동포 위문금 갹출자 방명"

『조선중앙일보』, 2면, "터무니없는 배상액, 누가 만족하겠는가, 독도사건에 불교청년 담"

1948년 7월 19일

『국제신문』, 2면, "독도사건, 기민(基民) 성명"

1948년 7월 20일

『남선경제신문』, 2면, "독도 조난 동포 위문금 갹출자 방명"

『수산경제신문』, 2면, "독자논단, 독도의 물개①, 수시(水試) 포항지장 박재동"*

『호남신문』, 2면, "단결로 야망 분쇄, 광주 민독당서 담화"

---

* 이 기사는 7월 20일~25일까지 "독도의 물개"라는 제목으로 5회 연재되었다. 그리고 이 시기 독도폭격사건에 관한 내용은 없지만 울릉도와 독도에 관한 이해를 제고하는 기사도 게재되었다. 대공일보, 1948년 7월 17일~23일, "울릉도와 독도"(유하준)(6회 연재) 참고.

1948년 7월 21일

『국제신문』, 2면, "독도사건에, 미술동맹서 성명"

1948년 7월 22일

『남선경제신문』, 2면, "이것이 미 당국의 책임 있는 조치인가? 독도사건의 배상 내용, 울도(鬱島) 관계 212여만원을 지불, 백지 날인도 의아 불소(不少)"

『대구시보』, 2면, "본도 관계 보상금 불과 210만원, 독도사건"

1948년 7월 23일

『남선경제신문』, 2면, "넘치는 동족애 가지고 독도 조난 동포 유족 위문사 25일 울도(鬱島) 향발"

1948년 7월 24일

『남선경제신문』, 2면, "본사 독도 조난 동포 유족 위문사 증원, 김병대 총무국장도 파견"

『대구시보』, 2면, "본사 위문사절, 울릉도 도착"

『조선중앙일보』, 2면, "독도사건 울릉도 관내 배상, 경상에 12만원, 중상에 7만원, 사망엔 6만원도 지불"

1948년 7월 25일

『남선경제신문』, 2면, "각계 대표들도 참석, 본사 위문사 작일 출발, 독도 조난 동포 27일 위령제"

『남선경제신문』, 2면, "경북 과물동업조합서 위문품, 능금 3상을 기탁"

1948년 7월 27일

『남선경제신문』, 2면, "독도사건 희생 동포 위령제, 오늘 울릉도서 집행"

1948년 7월 28일

『수산경제신문』, 2면, "'어촌 위안의 밤', 28일 오후 7:30 방송"

1948년 7월 29일

『남선경제신문』, 2면, "독도 희생 동포 위령제, 27일 울릉도서 엄숙 집행, 본사의 위문금품 도 전달"

『동광신문』, 2면, "독도폭격 책임비행사 군법회의에 회부"

1948년 7월 31일

『수산경제신문』, 2면, "기범선(機帆船) 수리비 불과 만여원, 울릉도 어조 관내에 212만원, 독도사건 배상 지불"

1948년 8월 3일

『남선경제신문』, 2면, "독도 조난 동포 유족 위문사 보고"

『대구시보』, 2면, "길이 명목(瞑目)하라, 독도사건 위령제 성대"

1948년 8월 4일

『남선경제신문』, 2면, "독도사건의 유족들, 살아갈 앞길은 아득하고 격랑 같은 원한 무엇으로 풀리!"

『수산경제신문』, 2면, "독도사건 피해자에 강원 어련(漁聯)서 위문금"

1948년 8월 5일

『남선경제신문』, 2면, "무서웠던 그날, 생환자들의 생생한 회상, 독도사건 현지 좌담회(1)"

1948년 8월 6일

『남선경제신문』, 2면, "독도사건 현지 좌담회(2)"

1948년 8월 7일

『남선경제신문』, 2면, "독도사건 현지 좌담회(3)"

1948년 8월 31일

『강원일보』, 2면, "독도사건 후문, 배상액은 피해액의 약 반"

1948년 9월 3일

『국제신문』, 2면, "겨우 요것뿐이야, 묵호 어조(魚組)에 325만원, 독도사건 배상금"

『대한일보』, 2면, "독도사건 미군 배상금, 묵호 어조에 325만원"

『동아일보』, 2면, "독도사건 배상, 묵호 어민이 추가 요구"

『수산경제신문』, 2면, "이렇게 흐지부지할 셈? 반절도 못되는 배상액, 묵호 어조에 325만원, 죽변 피해자는 추가 배상 요구, 독도사건"

『자유신문』, 2면, "묵호 어조에 325만원, 독도사건 배상금"

『조선일보』, 2면, "독도사건 미군 배상금 피해액의 절반도 부족, 묵호어업조합에 325만원, 죽변 오 씨 등은 추가 배상 요구"

『조선중앙일보』, 2면, "8백만원 피해에 겨우 3백만원 배상, 독도사건"

『평화일보』, 2면, "독도사건의 미군 배상금, 묵호 어조에 겨우 350만원

1948년 9월 4일

『수산경제신문』, 1면, "수산업계의 회고와 전망(6), 이재 어민이 구휼책 막연, 인명과 선박 손실은 일대 치명상"

1948년 9월 5일

『수산경제신문』, 1면, "수산업계의 회고와 전망⑦, 근해에 왜 밀어선(密漁船) 빈번, 교활한 수단으로서 재침 기도"

1948년 9월 10일

『조선중앙일보』, 2면, "[독자투고] 20세기의 기적, 전사(田史)"

1948년 9월 17일

『조선일보』, 1면, "[사설] 독도사건 배상의 불철저"

1948년 12월 17일

『국제신문』, 2면, "뒤져본 무자(戊子) 수첩 6월, '어선을' 섬이란 웬말?, 동포의 원혼 바다 깊이 잠들다"

1948년 12월 30일

『평화일보』, 1면, "1948년 일지(2)"

1948년 12월 31일

『평화일보』, 1면, "1948년 일지(完)"

2) 1950년

1950년 6월 4일

『국도신문』, 2면, "조난 어민의 명복 기원, 2주기 맞아 독도에 위령비 건립"
『연합신문』, 2면, "독도에 위령비 건립, 8일은 조난 사건 2주년 기념"
『산업신문』, 2면, "독도사건 2주년, 조난민 위령비 건립"
『상공일보』, 2면, "독도에 위령비 건립"
『자유신문』, 2면, "독도에 위령비 건립, 조난 2주년 기념"
『한성일보』, 2면, "독도에 위령비 건립, 조난사건 2주년 기념으로"

1950년 6월 5일

『경향신문』, 2면, "독도조난 2주년, 현지서 위령 추도"
『동아일보』, 2면, "독도사건 2주년, 조난자 위령비 건립"

1950년 6월 7일

『경제신문』, 2면, "동해 신비 독도를 찾아, 어족군유(漁族群游)의 보고를 탐방"

1950년 6월 8일

『경제신문』, 2면, "원혼이여 잘 쉬어라! 오늘 기념비 건립코 위령제 성료, 독도"

『연합신문』, 1면, "[사설] 희(噫)!! 독도사건 2주년"

『연합신문』, 2면, "오늘 독도사건 2주년, 고혼(孤魂)들의 명복을 빌며, 현지서 위령비 제막식 거행"

『조선일보』, 2면, "독도참변 2주년. 8일 위령비 제막식"

1950년 6월 9일

『국도일보』, 2면, "바다의 고혼 위안, 독도 위령비 제막식을 엄수"

『동방신문』, 2면, "독도의 참사 2주년 위령비 제막식 엄숙"

『동아일보』, 2면, "독도사건 위령비, 어제 엄숙한 제막식 거행"

『상공일보』, 2면, "독도의 참사 2주기, 현지서 위령 제막식 엄수"

『연합신문』, 2면, "독도참사 2주기 위령비 제막 엄수"

『자유신문』, 2면, "원혼 길이 명복하라! 위령비 제막식을 거행, 독도사건 2주년을 맞아"

『한성일보』, 2면, "죄 없이 쓰러진 고혼(孤魂)들이여, 독도 참변 2주년 위령비 제막식 엄수"

『한성일보』, 2면, "참회의 기억도 생생, 59 어민의 그 모습 지금은 어디, 갈매기도 슬피 우누나"

『한성일보』, 2면, "왜제(倭帝)의 박해는 이곳에도, 80 노옹이 말하는 고도(孤島)의 역사"

『한성일보』, 2면, "[제문] 조 경북지사, 아! 청천의 벽력!, 평화를 깨트린 오인 폭격, 원혼이여, 고이 잠드시라"

1950년 6월 10일

『동광신문』, 2면, "상기하자! 독도의 참사, 위령비 제막식 엄수"

『자유민보』, 2면, "독도참사 2주기, 조난 어민의 명복 기원, 현지서 위령비 제막식 엄수"

1950년 6월 11일

『경제신문』, 2면, "통분한 회상 독도! 망령이여, 수호신 되라"

『경제신문』, 2면, "식량난이 극심, 어민 천호, 농민 6백호, 울릉도"

1950년 6월 13일

『국도신문』, 2면, "원혼 길이 이 섬 지키시라, 독도 조난 어민 위령제 참관기, 갈매기 날아드는 천애의 고도, 땅 치며 우짖는 유족 모습 처량"

『한성일보』, 2면, "절해의 독도를 찾아서, 울릉도에서 이상렬(李相烈) 특파원 기(記), 하늘도 뜻이 있어, 수평 위에 영원히 외로운 섬, 이리도 설레는가"

2. 잡지 기사

『신천지』 제3권 제6호(1948년 7월), 97~101쪽, 한규호, "독도사건 현지 보고, 참극의 독도"

『민성』, 제4권 제7·8호(1948년 8월), 32~34쪽, 조춘정, "독도폭격사건 진상"

3. 해외 언론 기사*

1948년 6월 11일

Reuters, "14 S. Koreans Killed by Plane Bombing"

San Francisco Chronicle, "Korea Papers Say U.S. Planes Have Bombed Ships"

1948년 6월 12일

Reuters, "Bombing 'May Have Involved FEA Force'"

San Francisco Chronicle, "Koreans Say Planes Bore U.S. Insignia"

---

* 해외 언론 기사의 일자는 미국 현지 시간 기준이다.

1948년 6월 13일

New York Times, "U.S. Planes in Area as Korean Were Hit"

San Francisco Chronicle, "Air Force Admits Bombers May Have Sunk Korean Ships"

Stars and Stripes, "Airplane Bomb Sinks Korean Fishing Boats"

Stars and Stripes, "Airplane Bombs, Sinks Korean Fishing Boats, Reports Disagree on the Identity of Plane"

Washington Post, "AF Probes Korea Sinking"

1948년 6월 14일

Reuters, "Strafing Mission in Japan Sea Denied"

1948년 6월 15일

Central News, "FEA Force Admits Accidental Bombing"

1950년 6월 16일

San Francisco Chronicle, "Fatal Target Practice 'Regrettable', Air Force Admits Korea Bombing Error"

Stars and Stripes, "Check Pictures On Bomb Attack"

Stars and Stripes, "FEAF Waits Bomb Report"

1948년 6월 17일

New York Times, "'Shocked' at Bombings, Gen. Hodge Tells Koreans U.S. Will Compensate Bereaved"

New York Times, "A Case for Restitution"

Stars and Stripes, "FEAF Reveals Bomb Accident"

1948년 6월 19일

Nippon Times, "To Fix Reparations, Claims Board to Probe Losses Caused by

Bombing"

1948년 6월 20일

Stars and Stripes, "Board Of Claims Set Up In Korea"

1948년 6월 23일

Stars and Stripes, "Hodge Confers With MacArthur"

색인

자료 출처 및 참고문헌

신문 및 잡지

○ 국립중앙도서관(디지털화 자료: 신문)

『강원일보』, 『경제신문』(구 『남선경제신문』), 『공업신문』, 『군산신문』, 『남선신문』, 『남조선민보』, 『대구시보』, 『대동신문』, 『대중일보』, 『대한일보』, 『동광신문』, 『민주일보』, 『부산신문』, 『부인신보』, 『수산경제신문』, 『연합신문』, 『영남일보』, 『자유신문』, 『조선중앙일보』, 『평화일보』, 『한성일보』, 『현대일보』, 『호남신문』

○ 국사편찬위원회

『남선경제신문』, 『서울신문』

○ 국회도서관

『민성』, 『신천지』

○ 국내 및 해외 신문사

- 『경향신문』, 『남선경제신문』(매일신문), 『동아일보』, 『조선일보』
- *New York Times*, *San Francisco Chronicle*, *Washington Post*

○ 미국 국립문서기록관리청(NARA)(국립중앙도서관 해외 한국 관련 기록물 사이트)

- *Central News*, *Nippon Times*, *Reuters*, *Stars and Stripes*
- 한국 신문(영문 번역): *Dae Han Ilbo(Great Korean Daily)*, *Pyung Wha Ilbo(Peace Daily)*, *Sei Kei Ilbo(World Press)*, *Seoul Shin Mun(Seoul Daily News)*

○ 통일부 북한자료실

『노동신문』

문서 및 사진

○ 국가기록청

- 경상북도 지사가 내무부 장관에게 보낸 문서(1951. 9. 1.): 「독도(죽도)에 관한 조사의 건(對4284년 8월 31일 무전 통첩)」
- 경상북도 지사가 외무부 장관에게 보낸 문서(1952. 9. 24.), 「독도 연해 조난사건 전말 보고의 건(外情 제1318호, 4285. 9. 5일자)」

○ 국회 회의록

「제1회 국회 속기록 제11호」(1948년 6월 15일), 「제1회 국회 속기록 제27호」(1948년 7월 7일)

○ 독도조난어민위령비 제막식 및 위령제 사진

촬영: 최계복, 소장: 타임캡슐박물관

○ 미국 공군역사연구소(AFHRA)

「History 93d Bombardment Group(VH) for June 1948」(IRISNUM=00081295, CALL=GP-93-HI(06/01/1948, 06/30/1948)

○ 미국 국립문서기록관리청(NARA)

- Bombing off Liancourt Rocks(June 24, 1948)[RG 554 Entry A1 1378 Box 141 (USAFIK Adjutant General, General Correspondence(Decimal Files) 1945~1949, 674 Heating to 686 Air Army Bases and Aviation Fields)]
- Question and Answers for Gen. Dean's Press Conference(국립중앙도서관 해외 한국 관련 기록물 사이트: RG554〉 USAFIK: XXIV Corps, G-2 Historical Section, 1945-1948 〉 USAMGIK: Press Releases April-August 1948 〉 55. Question and Answers for Gen. Dean's Press Conference: 기록자료, 1948.06.17.)
- Special Press Release(June 16, 1948)(국립중앙도서관 해외 한국 관련 기록물 사이트: RG554〉 USAFIK: XXIV Corps, G-2 Historical Section, 1945-1948 〉 USAMGIK: Press Releases April-August 1948 〉 56. Special Press Release: 기록자료, 1948.06.16.)
- Special Press Release(June 19, 1948)(국립중앙도서관 해외 한국 관련 기록물 사이트: RG554〉 USAFIK: XXIV Corps, G-2 Historical Section, 1945-1948 〉 USAMGIK: Press Releases April-

August 1948 〉 53. Special Press Release: 기록자료, 1948.06.17.)

- Special Press Release(June 22, 1948)(국립중앙도서관 해외 한국 관련 기록물: RG554〉 USAFIK: XXIV Corps, G-2 Historical Section, 1945-1948 〉 USAMGIK: Press Releases April~August 1948 〉 51. Special Press Release: 기록자료, 1948.06.22)
- Telegram from CG USAFIK to CINCFE(INFO: FEAF, CG FIFTH AIR FORCE, CO KIMPO AIR BASE)(Jun. 15, 1948), Telegram from COMAF 5 to CG USAFIK(Jun. 16, 1948)[RG 554 Entry A1 1378 Box 141(USAFIK Adjutant General, General Correspondence (Decimal Files) 1945-1949), 674 Heating to 686 Army Air Bases and Aviation Fields].

저서 및 논문

- 정병준, 2010, 『독도 1947: 전후 독도문제와 한·미·일 관계』, 돌베개.
- 홍성근, 2020, 「1948년 독도폭격사건의 인명 및 선박 피해 현황」, 『영토해양연구』 20호.

동북아역사 자료총서 60

광복 후 독도와 언론보도 Ⅰ

1948년 독도폭격사건

초판 1쇄 인쇄 2020년 12월 15일
초판 1쇄 발행 2020년 12월 25일

엮은이 홍성근
발행처 동북아역사재단

등록 제312-2004-050호(2004년 10월 18일)
주소 서울시 서대문구 통일로 81 NH농협생명빌딩
전화 02-2012-6065
팩스 02-2012-6189
홈페이지 www.nahf.or.kr
표지디자인 역사공간
제작·인쇄 역사공간

ISBN 978-89-6187-585-1 94910
978-89-6187-584-4 (세트)